星载合成孔径雷达海洋应用技术

邵伟增 袁新哲 李欢 陈鹏 郑罡 编著

海洋出版社

2020年·北京

图书在版编目（CIP）数据

星载合成孔径雷达海洋应用技术 / 邵伟增等编著.
— 北京：海洋出版社，2020.9
ISBN 978-7-5210-0650-6

Ⅰ.①星… Ⅱ.①邵… Ⅲ.①合成孔径雷达－应用－海洋遥感－研究 Ⅳ.①P715.7

中国版本图书馆CIP数据核字(2020)第176550号

XINGZAI HECHENG KONGJING LEIDA HAIYANG YINGYONG JISHU

责任编辑：苏　勤
责任印制：安　淼

海洋出版社 出版发行
http://www.oceanpress.com.cn
北京市海淀区大慧寺路8号　　邮编：100081
鸿博昊天科技有限公司印刷　　新华书店北京发行所经销
2020年9月第1版　2020年9月第1次印刷
开本：787mm×1092mm　1/16　印张：17
字数：230千字　定价：298.00元
发行部：010-62100090　邮购部：010-62100072　总编室：010-62100034
海洋版图书印、装错误可随时退换

《星载合成孔径雷达海洋应用技术》编委会

委员：邵伟增　袁新哲　李　欢　陈　鹏
　　　　郑　罡　徐　青　韩　冰　孙　建
　　　　赵良波　诸　帅　胡宇逸　丁莹莹
　　　　孙展凤　徐珊珊　夏颖颖　李　琰
　　　　潘　嵩　李　程　刘昭阳　王国松

前　言

众所周知，21世纪是海洋世纪，对于世界沿海各国来说，海洋的战略地位越来越重要，海洋成为人类生存和发展的物质保障来源和国际政治权益斗争的主要舞台，在当今世界政治、经济、军事中的地位日趋突出。沿海各国竞相制定了各自的海洋发展战略，以争夺海洋权益。党的十八大报告指出"提高海洋资源开发能力，发展海洋经济，保护海洋生态环境，坚决维护国家海洋权益，建设海洋强国"，党的十九大报告指出"坚持陆海统筹，加快建设海洋强国"。作为海洋强国建设的重要科学技术支撑，海洋观测和监测技术因此日益受到重视，其中，海洋卫星遥感技术通过快速覆盖全球海洋和进行大量多要素探测的优势，成为不可替代的有效掌握海洋动力环境要素信息和海上突发事件动态的高科技手段，在海洋强国建设中发挥着不可替代的作用。

在各类海洋卫星遥感技术中，星载合成孔径雷达（synthetic aperture radar，SAR）作为一种微波主动成像雷达，与可见光和红外成像载荷相比，具有成像不受气候、昼夜等因素的影响，能够进行全天候观测的优点，与其他微波载荷相比，其能够获取二维空间高分辨率的雷达图像。至此，星载合成孔径雷达（以下简称星载SAR）已成为海洋观测和监测的重要技术手段之一，SAR主要应用于以下几个方面：①针对海面风场、海浪、海洋内波等海洋动力环境要素的遥感反演；②针对浅海水深地形等海洋地理现象的遥感观测；③针对海上溢油等海洋污染信息的遥感监测；④针对海上舰船等海上目标信息的遥感探测。经过几十年的发展，星载SAR在海洋观测和监测方面取得了一系列成果。继美国于20世纪70年代发射了搭载SAR的卫星Seasat-A之后，1991年俄罗斯发射了搭载SAR的Almaz-1卫星，同年，欧空局发射搭载了SAR的ERS-1卫星。2002年，欧空局还发射了Envisat多用途遥感卫星，搭载了先进的合成孔径雷达ASAR。此外，加拿大发射的Radarsat-1/2卫星、德国发射的 TerraSAR-X 卫星等均搭载了 SAR。我国星载 SAR 海洋遥感技术起步较晚，但发展较快，经过多年努力，我国在星载 SAR 海洋遥感技术方面取得了可喜的进展，缩短了与世界先进水平的差距。2016 年 8 月 10 日，我国发射了首颗分辨率达到 1 m 的 C 频段多极化 SAR 卫星高分三号。该卫星是高分辨率对地观测系统重大专项"形成高空间分辨率、高时间分辨率、高光谱分辨率和高精度观测的时空协调、全天候、全天时的对地观测系统"的目标重要组成部分，能够获取可靠、稳定的高分辨率 SAR 图像，并实现不同应用模式下 1～500 m 分辨率，10～650 km 幅宽的微波遥感数据获取，服务于海洋环境监测与权益维护、灾害监测与评估、水资源评价管理、气象研究及其他多个领域，是我国实施海洋开发、进行陆地资源监测和应急防灾减灾的重要技术支撑。该卫星的应用，将大大改善我国民用天基高分辨率 SAR 数据全部依赖进口的现状，在引领我国民用高分辨率微波遥感卫星应用中起到了重要示范作用。在海洋观测应用上，高分三号卫星上 SAR 的数据可以反演近岸精细的海面风场结构，如果与海洋卫星散射计扫描的风场匹配使用，可以形成从近海到远海海面散射风场的全覆盖。另外，在海洋污染监测方面，针对 2018 年春季中国东海发生的"桑吉"轮溢油事件，我国涉海相关部门通过对 300 多景 SAR 数据和其他在轨卫星的数据，全程跟进"桑吉"轮爆炸过程，共发布了 100 多期报告，为海上溢油监测提供了充分的数据信息，也为溢油的漂移扩散动态预测提供了很好的比对结果，为海上溢油控制和溢油清理做出了示范性的业务化支撑。由此可见，海洋遥感技术尤其是 SAR 技术的发展和应用已成为保护我国海洋环境、维护我国海洋权益、推进我国海洋高新技术发展的有力技术支撑，已成为当前和今后海洋前沿技术的主要领域之一。

  本书紧密围绕 SAR 的成像原理，依据作者已有的研究成果和对他人成果的提炼，完成了 SAR 对海洋环境动力要素的反演以及海上环境安全保障监测功能的研究和总结，体现了我国"十三五"规划海洋环境观测和海洋环境安全保障体系建设中一些重要的研究成果。本书中，第 1 章简要介绍了 SAR；第 2 章对海面风场反演进行了技术方法介绍、研究数据集描述以及代表性案例分析；第 3 章对海浪反演进行了技术方法介绍、研究数据集描述以及代表性案例分析；第 4 章对海洋内波反演进行了技术方法介绍、研究数据集描述以及代表性案例分析；第 5 章对海底地形反演开展了技术方法介绍、研究数据集描述以及代表性案例分析；第 6 章对海面溢油监测进行了技术方法介绍、研究数据集描述以及代表性案例分析；第 7 章对海面舰船监测进行了技术方法介绍、研究数据集描述以及代表性案例分析；第 8 章对台风与台风浪反演进行了技术方法介绍、研究数据集描述以及代表性案例分析。本书对各项 SAR 反演和监测关键技术的算法和原理进行了深入探讨，详细阐述，使读者能够充分了解这些关键技术，包括我国在该领域目前已达到的水平和今后的发展方向，此举有益于发展我国的 SAR 海洋观测监测技术，从而完善我国"十四五"规划海洋环境观测和海洋环境安全保障体系。

  本书内容有望为广大从事海洋卫星遥感研究人员和海上突发事件安全保障应急人员提供科学依据和重要参考，由于本书作者水平有限，书中难免有不足之处，望读者给予批评指正！

编 者

2020 年 9 月 10 日于浙江舟山

目 录

第 1 章　星载合成孔径雷达

1.1　合成孔径雷达原理 ………………………………………………………… 1
1.2　星载合成孔径雷达发展概况 ……………………………………………… 3
　1.2.1　国外 SAR 发展与应用 ……………………………………………… 3
　1.2.2　我国民用 SAR 的发展 ……………………………………………… 7
参考文献 …………………………………………………………………………… 9

第 2 章　海面风场反演技术

2.1　概述 ………………………………………………………………………… 11
　2.1.1　结合 CMOD4 和 CMOD5 反演海表面风场研究背景 …………… 11
　2.1.2　利用改进的极化比模型 XPR2 反演海面风速研究背景 ………… 12
　2.1.3　利用 CMOD5N、PR 和 C-SARMOD 模型以及两种修正方法进行
　　　　　风场反演研究背景 …………………………………………………… 13
2.2　数据集 ……………………………………………………………………… 14
　2.2.1　结合 CMOD4 和 CMOD5 来反演海表面风场的数据集 ………… 14
　2.2.2　利用改进的极化比模型 XPR2 反演海面风速的数据集 ………… 15
　2.2.3　利用 CMOD5N、PR 和 C-SARMOD 模型以及两种修正方法进行
　　　　　风场反演的数据集 …………………………………………………… 18
2.3　反演技术 …………………………………………………………………… 22
　2.3.1　结合 CMOD4 和 CMOD5 来反演海表面风场 …………………… 22
　2.3.2　利用改进的极化比模型 XPR2 反演海面风速 …………………… 27
　2.3.3　利用 CMOD5N、PR 和 C-SARMOD 模型以及两种修正方法进行
　　　　　风场反演 ……………………………………………………………… 30
2.4　验证与分析讨论 …………………………………………………………… 32

2.4.1 结合 CMOD4 和 CMOD5 来反演海表面风场验证与分析讨论 ·················· 32

2.4.2 利用改进的极化比模型 XPR2 反演海面风速验证与分析讨论 ·············· 32

2.4.3 利用 CMOD5N、PR 和 C-SARMOD 模型以及两种修正方法进行
风场反演验证与分析讨论 ··· 35

2.5 本章小节 ··· 42

参考文献 ·· 45

第 3 章　海浪反演技术

3.1 概述 ··· 53

3.1.1 利用 PFSM 算法反演 X 波段 SAR 图像中波浪参数研究背景 ·············· 53

3.1.2 基于 C 波段 VV 极化 Sentinel-1 SAR 图像的海浪参数反演的
半经验算法研究背景 ··· 54

3.1.3 从同极化 X 波段 SAR 图像中反演波浪的经验算法研究背景 ············· 54

3.1.4 利用改进算法 CSAR_WAVE2 进行同极化 SAR 图像海浪参数反演 ······ 56

3.2 数据集介绍 ·· 57

3.2.1 利用 PFSM 算法反演 X 波段 SAR 图像中波浪参数的数据集 ············· 57

3.2.2 基于 C 波段 VV 极化 Sentinel-1 SAR 图像的海浪参数反演的
半经验算法的数据集 ··· 59

3.2.3 从同极化 X 波段 SAR 图像中反演波浪经验算法的数据集 ················ 62

3.2.4 利用改进算法 CSAR_WAVE2 进行同极化 SAR 图像海浪
参数反演的数据集 ·· 63

3.3 技术思路 ·· 66

3.3.1 利用 PFSM 算法反演 X 波段 SAR 图像中波浪参数 ························· 66

3.3.2 基于 C 波段 VV 极化 Sentinel-1 SAR 图像的海浪参数反演的
半经验算法 ··· 68

3.3.3 从同极化 X 波段 SAR 图像中反演波浪的经验算法 ························· 74

3.3.4 利用改进算法 CSAR_WAVE2 进行同极化 SAR 图像上海浪参数反演 ······ 77

3.4 验证 ·· 81

3.4.1 利用 PFSM 算法反演 X 波段 SAR 图像中波浪参数的验证 ················ 81

3.4.2 基于 C 波段 VV 极化 Sentinel-1 SAR 图像的海浪参数反演的
半经验算法的验证 ·· 84

  3.4.3 从同极化 X 波段 SAR 图像中反演波浪的经验算法的验证 ·················· 86

  3.4.4 利用改进算法 CSAR_WAVE2 进行同极化 SAR 图像海浪

     参数反演的验证 ·· 91

3.5 结论 ·· 93

  3.5.1 利用 PFSM 算法反演 X 波段 SAR 图像中波浪参数结论 ················ 93

  3.5.2 基于 C 波段 VV 极化 Sentinel-1 SAR 图像的海浪参数反演的

     半经验算法结论 ·· 94

  3.5.3 从同极化 X 波段 SAR 图像中反演波浪的经验算法结论 ················ 95

  3.5.4 利用改进算法 CSAR_WAVE2 进行同极化 SAR 图像海浪参数反演结论 ···· 96

参考文献 ·· 97

第 4 章　海洋内波反演技术

4.1 海洋内波 SAR 成像机理 ·· 104

4.2 海洋内波反演的方法 ·· 104

  4.2.1 基于 EEMD 的 SAR 海洋内波参数反演 ··································· 104

  4.2.2 序列 SAR 图像内波参数反演的仿真修正方法 ···························· 107

  4.2.3 基于合成孔径雷达图像内波参数反演方法 ································ 110

  4.2.4 基于压缩感知和 EMD 的 SAR 海洋内波探测方法 ······················ 113

4.3 方法数据集 ·· 116

  4.3.1 方法一的数据集 ·· 116

  4.3.2 方法二的数据集 ·· 117

  4.3.3 方法三的数据集 ·· 118

  4.3.4 方法四的数据集 ·· 119

4.4 实验结果及分析 ·· 120

  4.4.1 基于 EEMD 的内波参数反演 ·· 120

  4.4.2 基于仿真修正的序列 SAR 图像内波参数反演方法 ······················ 124

  4.4.3 基于合成孔径雷达图像内波参数反演方法 ································ 127

  4.4.4 基于压缩感知和 EMD 的 SAR 海洋内波探测方法 ······················ 129

4.5 总结 ·· 132

参考文献 ·· 134

第 5 章 海底地形反演技术

5.1 SAR 浅海水深遥感成像机理 137
5.2 SAR 浅海水深遥感图像特征 139
    5.2.1 我国台湾浅滩 SAR 浅海水深遥感图像特征分析 139
    5.2.2 辽东浅滩 SAR 浅海水深遥感图像特征分析 140
5.3 SAR 浅海水深遥感探测技术 142
5.4 总结与展望 143
参考文献 146

第 6 章 海面溢油监测技术

6.1 SAR 海面溢油监测基本原理 151
6.2 海面溢油监测的方法 152
    6.2.1 人工神经网络算法 152
    6.2.2 马尔柯夫链法 153
    6.2.3 阈值分割方法 153
    6.2.4 基于伽玛和对数正态组合的 MRF 海面溢油图像分割算法 156
    6.2.5 基于极化特征 SERD 的 SAR 溢油检测 160
    6.2.6 基于 GA-WNN 的极化 SAR 海洋溢油检测方法研究 162
6.3 各方法的数据集 168
    6.3.1 方法一和方法二的数据集 168
    6.3.2 方法三的数据集 170
    6.3.3 方法四的数据集 170
    6.3.4 方法五的数据集 172
    6.3.5 方法六的数据集 172
6.4 实验方法结果分析 173
    6.4.1 人工神经网络算法和马尔柯夫链法的结果分析比较 173
    6.4.2 阈值分割方法结果分析 174
    6.4.3 基于伽玛与对数正态组合的 MRF 分割算法的实验结果分析 175
    6.4.4 基于极化特征 SERD 的 SAR 溢油检测结果分析 176

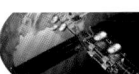

6.4.5 基于 GA-WNN 的极化 SAR 海洋溢油检测方法研究	177
6.5 总结	183
参考文献	185

第 7 章　海面舰船监测技术

7.1 基于 K-Gamma 分布的船只检测技术	187
7.1.1 参数估计方法	188
7.1.2 检测流程	189
7.2 SAR 图像船舶尾迹快速检测技术	191
7.2.1 基于改进的 Hough 变换尾迹检测算法	191
7.2.2 SAR 图像尾迹快速检测技术	193
7.3 船舶及尾迹联合检测实例	199
7.4 总结	201
参考文献	202

第 8 章　台风与台风浪反演技术

8.1 概述	204
8.1.1 台风风场反演的研究背景	204
8.1.2 台风浪反演的研究背景	205
8.2 数据集	207
8.2.1 C 波段 SAR 台风风速反演算法的数据集	207
8.2.2 VH 极化 GF-3 SAR 的台风风速经验反演算法的数据集	210
8.2.3 VV 极化 GF-3 SAR 的台风浪经验反演算法的数据集	214
8.2.4 改进的 CWAVE 台风浪经验反演算法的数据集	218
8.3 具体方法	222
8.3.1 C 波段 SAR 台风风速反演方法	222
8.3.2 VH 极化 GF-3 SAR 台风风场反演算法	224
8.3.3 VV 极化 GF-3 SAR 的台风浪经验反演算法	227
8.3.4 改进的 CWAVE 台风浪经验反演算法	229

8.4 验证与讨论……………………………………………………………… 235
　　8.4.1 C 波段 SAR 台风风速反演算法结果的验证和讨论……………… 235
　　8.4.2 VH 极化 GF-3 SAR 的台风风速经验反演算法的结果验证与讨论 ……… 239
　　8.4.3 VV 极化 GF-3 SAR 的台风浪经验反演算法的结果验证与讨论 ……… 243
　　8.4.4 改进的 CWAVE 台风浪经验反演算法的结果验证与讨论…………… 246
8.5 本章小结…………………………………………………………………… 248
参考文献………………………………………………………………………… 251

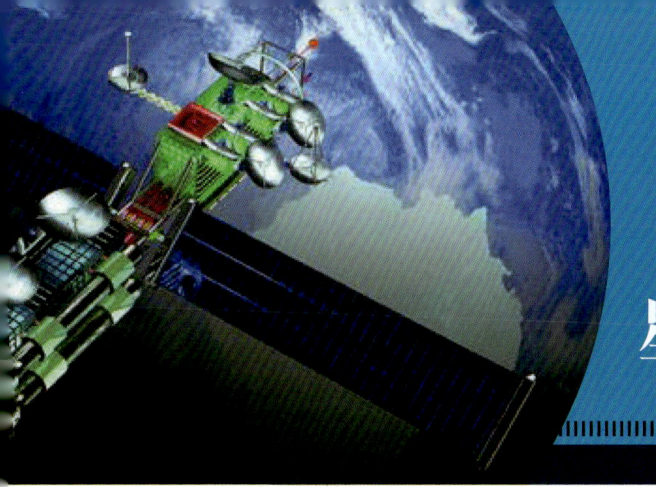

第1章
星载合成孔径雷达

海洋占地球表面积 71% 以上，它对维持当前气候，调节地球热量平衡，控制地球上水循环和碳循环起着重要作用。海洋自身是人类生产及活动的重要场所，也是人类社会生存和可持续发展的有机组成部分，并对沿海国家的安全和社会经济发展产生重大影响。

与陆地、大气环境不同，海洋是四维动态变化水体，其环境要素发生着从厘米到数千千米的空间尺度和从秒到年际变化的时间尺度的波动。由于卫星平台具有浮标观测、岸基与船载观测所不具有的探测范围大、不受地域限制、且能全球探测的特点，自20世纪60年代起，国外开始利用卫星平台搭载不同的遥感载荷获取多尺度、多要素的海洋信息。目前，世界各国已发射的具有可见光、红外、主被动微波载荷的海洋遥感卫星多达50余颗（陈求发，2012），主要用于监测海洋水色要素、获取海洋动力环境要素以及监视海上目标，并且基于这些卫星数据建成了多个业务化运行的应用系统，在海洋学研究、海洋环境监测、海洋防灾减灾、海上权益维护以及应对全球变化等领域取得了重要成果（林明森等，2015）。

在这些遥感载荷之中，合成孔径雷达（synthetic aperture radar，SAR）作为一种微波主动成像雷达，与可见光和红外成像载荷相比，具有成像不受气候、昼夜等因素的影响，能够进行全天候观测的优点；与其他微波载荷相比，SAR能够获取二维高空间分辨率的雷达图像。因此，SAR已成为海洋观测乃至对地观测的重要技术手段之一。

1.1 合成孔径雷达原理

与其他微波雷达相比，SAR成像的特点主要体现在方位向上。实孔径雷达方位向天线尺寸为D，发射信号波长为λ，雷达到地面目标的距离为R，则实孔径雷达方位向波束宽度β为

$$\beta = \frac{\lambda}{D} \tag{1-1}$$

实孔径雷达地面方位向分辨率为

$$\rho_a = \frac{\lambda R}{D} \tag{1-2}$$

从上式可以看出，实孔径雷达方位向分辨率即为波束在地面上方位向照射范围。方位向分辨率与雷达发射信号波长与天线尺寸有关，并且与雷达到目标的距离呈正比。

SAR 利用天线的运动，在不同位置上以一定的脉冲频率重复发射和接收信号，并把一系列回波信号存储并做相干处理。如同在所经过的一系列位置上都由一个天线单元在同时发射和接收信号，达到一个大尺寸阵列天线的效果，以获得很窄的波束宽度。这种等效的阵列天线的长度称为合成孔径长度 L_s，L_s 等于发射波束在地面方位向照射范围

$$L_s = \frac{\lambda R}{D} \tag{1-3}$$

等效的阵列天线的波束宽度用 β_s 表示

$$\beta_s = \frac{\lambda}{L_s} \tag{1-4}$$

对于合成孔径天线阵列，它的各个单元不像真实阵列那样同时发射和接收，而是先后依次发射和接收。因此，各单元间的相位差是收发双程距离差所引起的，这就相当于阵列长度 L_s 加长了一倍，则合成孔径雷达的理论方位向分辨率为天线方位向尺寸的一半（禹卫东，1997；魏钟铨，2001）：

$$\rho_s = \frac{\lambda}{2L_s} = \frac{D}{2} \tag{1-5}$$

SAR 在距离向通过发射大带宽的发射信号，经过脉冲压缩处理达到距离向高分辨率。雷达距离向分辨率 ρ_r 为

$$\rho_r = \frac{c}{2B_r} \tag{1-6}$$

式中，B_r 为发射信号带宽；c 为光速。

1.2 星载合成孔径雷达发展概况

1.2.1 国外 SAR 发展与应用

1）美国

1978 年 6 月，美国成功地发射了第一颗载有 L 频段 SAR 系统的海洋一号卫星（Seasat-A），揭开了星载 SAR 对地观测的序幕。Seasat-A 卫星载有多个遥感载荷，其中 L 频段 HH 极化 SAR 载荷是世界上第一个星载 SAR，其主要任务是获取全球海浪场和极地海冰数据，同时验证 SAR 在海洋应用中的潜力。卫星在轨道工作期间，观测并获取到海面风、内波、海面溢油、海上涡旋、海上船舶及尾迹等大量海洋现象与海上目标观测数据，验证了星载 SAR 在海洋应用领域的巨大潜力，为世界各国发展星载 SAR 提供了参考。

2）日本

日本于 1992 年 2 月 11 日发射了 JERS-1 卫星，其 SAR 载荷为 L 频段，HH 极化，分辨率为 25 米。其后，日本于 2006 年 1 月 24 日发射了 Alos 卫星，该卫星搭载多个遥感载荷，其中的 L 频段相控阵 SAR 具有多入射角、多极化、多工作模式的特性，最高分辨率能达到 7m。

Alos-2 是 Alos 卫星的后续计划，于 2014 年 5 月 24 日发射升空，Alos-2 只搭载 L 频段全极化 Palsar-2。Alos-2 具有 3 种成像模式，其中高灵敏度观测模式，通过优化等效噪声系数（NESZ）提高了对水体等弱散射目标观测效果。极化方式方面，Alos-2 增加了紧缩极化试验模式，相对于分时极化方式，能够在不降低观测范围的情况下，获取地物极化信息。

Alos-2 系统参数如表 1-1 所示（Japan Aerospace Exploration Agency，2014）。

日本 SAR 卫星主要用于陆地测图、全球环境监测、灾害监测、资源调查等方面，具体的海洋应用包括：海上灾害监测、海上交通监测、海冰与极地冰川监测等。

表 1-1　Palsar-2 成像模式主要技术参数

成像模式	聚束	条带			扫描	
		超精细	高灵敏度	精细	扫描	宽幅扫描
分辨率（m）	3×1（距离×方位）	3	6	20	100	60
入射角（°）	8～70	8～70	8～70	8～70	8～70	8～70

续表1-1

成像模式	聚束	条带			扫描	
		超精细	高灵敏度	精细	扫描	宽幅扫描
幅宽（km）	25×25（距离×方位）	50	40～50	30～70	350	490
极化方式	SP	SP/DP	SP/DP/CP/FP	SP/DP/CP/FP	SP/DP	SP/DP
NESZ（dB）	-24	-24	-28～-25	-26～-23	-26～-23	-26

注：SP：HH或HV或VV；DP：HH+HV或VV+VH；FP：HH+HV+VV+VH；CP：紧缩极化。

3）欧空局（ESA）

欧空局分别于1991年7月和1995年4月，发射了欧洲遥感卫星ERS-1和ERS-2，卫星装载了C频段SAR，天线波束指向固定，采用VV极化方式，可以获得30m空间分辨率和100km观测带宽的高质量图像。Envisat于2002年3月发射升空，卫星搭载的Envisat Advanced SAR（Envisat-ASAR）继承了ERS-1/2的成像模式和波束模式，具有多种极化、可变入射角、大幅宽等新特性。

Sentinel-1卫星是欧空局哥白尼计划中的重要组成部分，由Sentinel-1A、Sentinel-1B卫星组成。2颗卫星分别于2014年4月3日和2016年4月25日发射升空。Sentinel-1卫星保持欧空局ERS-1、ERS-2、Envisat-ASAR的C频段SAR观测数据的连续性。

Sentinel-1主要技术指标见表1-2（European Space Agency，2013）。

表1-2 Sentinel-1成像模式主要技术参数

成像模式	入射角（°）	分辨率（m）（方位×距离）	观测刈幅（km）	极化方式
条带模式	20～45	5×5	80	SP/DP
干涉宽模式	29～46	5×20	250	SP/DP
超宽模式	19～47	20×40	400	SP/DP
波模式	22～35　35～38	5×5	20×20	SP

注：SP：HH或VV；DP：HH+HV或VV+VH。

海洋是欧空局SAR卫星最重要的应用领域之一，包括全球海浪场、全球风场、海上溢油、海冰与极地冰川、海上船舶监测、海岸带监测以及海洋科学研究等。欧空局SAR卫星保持了长达20多年的连续观测，是海洋科学研究最重要的SAR数据源之一。

4）加拿大

加拿大航天局（CAS）于 1995 年 11 月 4 日在美国范登堡空军基地成功发射了世界上第 1 颗商业雷达卫星 Radarsat-1。该卫星运行在 780 km 的近极地太阳同步轨道上，工作在 C 频段，采用 HH 极化方式，具有 7 种成像模式。Radarsat-1 卫星首次采用了可变视角的扫描工作模式，观测刈幅达到了 500 km，有效提高了卫星覆盖能力。

Radarsat-2 是加拿大继 Radarsat-1 之后的新一代商用雷达卫星，它继承了 Radarsat-1 所有的工作模式，并在原有的基础上增加了多极化工作方式、高分辨成像模式以及双侧视能力，以满足不同商业用户的观测需求。

Radarsat-2 参数见表 1-3（MacDonald, Dettwiler, Associates Ltd, 2003）。

表 1-3 Radarsat-2 系统主要性能指标

轨道参数	太阳同步轨道，高度 798 km，倾角 98.6°
轨道周期	100.7 min
重复周期	24 d
每天轨道数	14 条
升交点	18:00

工作模式					
波束模式	成像带宽（km）	空间分辨率（m）		入射角（°）	极化
		距离	方位		
超精细	20	3	3	30～40	可选单极化
多视精细	50	8	8	30～50	
精细四极化	25	12	8	20～41	四极化
标准四极化	25	25	8	20～41	
精细模式	50	8	8	30～50	可选双极化
标准条带	100	25	26	20～49	
宽幅条带	150	30	26	20～45	
窄幅扫描	300	50	50	20～46	
宽幅扫描	500	100	100	20～49	
扩展高入射角	75	18	26	49～60	单极化
扩展低入射角	170	40	26	10～23	

由于 Radarsat-1/2 卫星具有多种成像模式和高质量的特点，该卫星数据被应用于海洋监视监测和海洋科学研究各个领域。Radarsat-2 卫星是目前世界上数据应用最广泛的商业雷达卫星。

5) 意大利

2007 年 6 月，意大利国防部与航天局合作项目的首颗 SAR 卫星 Cosmo-Skymed-1 卫星的发射入轨标志着 Cosmo-Skymed（地中海－空天卫星星座）项目的启动。Cosmo-Skymed 卫星工作在 X 频段，具有多极化、多入射角的特性，具备 5 种成像模式。Cosmo-Skymed 为 SAR 卫星星座，共包括 4 颗 SAR 卫星。

Cosmo-Skymed 主要技术指标见表 1-4（Italian Space Agency，2007）。

表 1-4 Cosmo-Skymed 主要技术指标

轨道	619.5 km，倾角 97.86°，太阳同步轨道			
频率	9.65GHz			
视角	25°～51°			
工作模式			分辨率（m）	幅宽（km）
	聚束	单极化	1	10
	精细条带	单极化	1.5	30
	条带	可选双极化	3	40
	扫描	可选单极化	30	100
	宽幅扫描	可选单极化	100	200

作为全球第一个分辨率高达 1 m 的 SAR 卫星星座，Cosmo-Skymed 系统特有的高重访周期和高空间分辨率能力，为 SAR 应用于海上溢油等海上灾害监测、海上船舶、海事管理以及军事领域等研究拓宽了道路。

6) 德国

TerraSAR-X/TanDEM-X 卫星编队为德国军民两用雷达卫星。TerraSAR-X、TanDEM-X 卫星分别于 2007 年 6 月 15 日、2010 年 6 月 21 日从拜科努尔航天中心发射升空。2 颗卫星工作技术参数完全一致，都工作在 X 频段，具备 4 种成像模式。2 颗卫星至少一起工作 3 年。

TerraSAR-X/TanDEM-X 主要技术参数见表 1-5（European Space Agency，2010）。

第 1 章　星载合成孔径雷达

表 1-5　TerraSAR-X/TanDEM-X 主要技术指标

轨道	514.8 km，倾角 97.44°，太阳同步				
重访周期	11 d（=167 条轨道）				
频段/频率	X 频段/9.65GHz				
极化	单极化，双极化，全极化模式				
入射角范围	条带：20°～45°				
	扫描：20°～45°				
	滑动聚束：20°～55°				
	聚束：20°～55°				
观测刈幅（地距）		条带	扫描	滑动聚束	聚束
	方位（km）	>50	>150	10	5
	距离（km）	30	100	15	15
分辨率	方位（m）	3	15	2.0	1.0
	距离（斜距）（m）	3	16	1.2	1.2

TerraSAR-X/TandEM-X 卫星编队数据主要用于地形测绘，在海浪、海面风、海上目标监视中也有应用。该卫星编队是目前世界上唯一的星载合成孔径雷达干涉（interferometry synthetic aperture radar，InSAR）系统，采用顺轨干涉方式首次实现了高分辨海表面流场的直接测量。

1.2.2　我国民用 SAR 的发展

目前我国已发射了 2 颗民用 SAR 卫星。

1.2.2.1　环境与灾害监测小卫星 C 星（HJ-1-C）

HJ-1-C 卫星于 2012 年 11 月 19 日成功发射，是我国首颗民用 SAR 卫星。该卫星工作于 S 波段，VV 极化，最高分辨率 5 m。主要用于环境与灾害监测。

1.2.2.2　高分三号卫星

2016 年 8 月 10 日，高分三号（GF-3）卫星在太原卫星发射中心成功发射。GF-3 卫星是我国完全自主研制的第 1 颗民用 C 频段多极化 SAR 卫星，是我国高分辨对地观测系统重大专项的重要组成部分，该卫星设计有 12 种成像模式以满足海陆不同应用需求。主要服务于海洋、减灾、水利、气象以及其他多个领域，是我国实施海洋开发、进行陆地环境资源监测和应急防灾减灾的重要支撑。

GF-3 卫星于 2017 年 1 月 23 日正式投入使用，其主要技术参数见表 1-6，目前卫星状态良好。

表 1-6　GF-3 卫星成像模式主要技术参数

成像模式	入射角(°)	标准像素（m）	幅宽（km）	极化
聚束模式（SL）	20～50	1	10	VV/HH
超细条纹图（UFS）	20～50	3	30	VV/HH
细条纹图-I（FS-I）	19～50	5	50	(VV+VH)/(HH+HV)
细条纹图-II（FS-II）	19～50	10	100	(VV+VH)/(HH+HV)
标准条形图（SS）	17～50	25	130	(VV+VH)/(HH+HV)
四极化条纹图-I（QPS-I）	20～41	8	30	VV+VH+HH+HV
四极化条纹图-II（QPS-II）	20～38	25	40	VV+VH+HH+HV
窄幅扫描（NSC）	17～50	50	300	(VV+VH)/(HH+HV)
宽幅扫描（WSC）	17～50	100	500	(VV+VH)/(HH+HV)
全球观测模式（GLO）	17～53	500	650	(VV+VH)/(HH+HV)
波成像模式（WAV）	20～41	10	5	VV+VH+HH+HV
扩展入射角模式（EXT）	10～20 50～60	25 25	130 80	(VV+VH)/(HH+HV) (VV+VH)/(HH+HV)

GF-3 卫星的海洋应用领域主要包括：海洋权益维护、海洋防灾减灾及海上重大环境事件应对、海洋动力环境监测与海洋科学研究、海岸带综合管理与海域使用管理、极地环境监测与航行保障等领域。林明森等（2017）利用 GF-3 卫星数据进行海上台风监测；袁新哲等（2018）使用 GF-3 卫星数据对"桑吉"号油轮海上溢油事故进行有效监测；与此同时，GF-3 卫星数据在第 33、第 34 次南极科考"雪龙"号科考船的航行保障等应用中也发挥了重要作用。

参考文献

陈求发, 2012. 世界航天器大全 [M]. 北京: 中国宇航出版社.

林明森, 张有广, 袁欣哲, 2015. 海洋遥感卫星发展历程与趋势展望 [J]. 海洋学报, 37(1): 1-10.

林明森, 等, 2017. 高分三号卫星在台风监测中的应用 [J]. 航天器工程 (26): 171.

魏钟铨, 2001. 合成孔径雷达卫星 [M]. 北京: 科学出版社.

禹卫东, 1997. 合成孔径雷达信号处理研究 [D]. 南京: 南京航空航天大学.

袁新哲, 等, 2018. 高分三号卫星在海洋领域的应用 [J]. 卫星应用 (6): 17-21.

EUROPEAN SPACE AGENCY, 2010. TerraSAR-X basic product specification document. Oct.15.

EUROPEAN SPACE AGENCY, 2013. Sentinel-1 User Handbook. Sep. 1.

ITALIAN SPACE AGENCY, 2007. COSMO-SkyMed system description & user guide. Apr. 05.

JAPAN AEROSPACE EXPLORATION AGENCY, 2014. ALOS-2/PALSAR-2 Level 1.1/1.5/2.1/3.1 GeoTIFF Product Format Description. May. 23.

MACDONALD, DETTWILER, ASSOCIATES LTD, 2003. RADARSAT-2 Product format definition. Nov 11.24.

第2章
海面风场反演技术

近年来,随着科学技术的迅猛发展,人们研究海洋的手段越来越多。其中,应用SAR数据来反演海洋要素的研究愈发广泛。

一般而言,利用散射计和微波辐射计来远距离测量海表面风,它们具有一定的空间分辨率(可达12.5 km),但这达不到区域海洋学研究对精细空间分辨率的要求,而合成孔径雷达(SAR)具有较高的空间分辨率,是观测大面积海面风场最有效的方式之一。搭载有SAR传感器的卫星,通常在C波段(ERS-1/2,Envisat-ASAR,Radarsat-1/2,Sentinel-1,Gaofen-3)、L波段(Seasat,J-ERS,Alos/Palsar-1/2)和X波段[TerraSAR-X(TS-X),TanDEM-X(TD-X),Cosmo-SkyMed,KOMPSAT-5]工作,此外,更多的搭载有不同波段的SAR传感器的卫星,如德国的L波段TanDEM-L也计划在未来几年发射。即使在极端天气条件下,SAR图像也有很大的覆盖范围(Li,2015;Shao et al., 2017a),从SAR图像中反演得到的海表面风场可以描述大气现象的详细结构的能力(Gerling, 1986;Alpers et al., 1994;Stoffelen et al., 1997a;Stoffelen et al., 1997b;Shimada et al., 2004)。因此,近年来出现了很多利用合成孔径雷达(SAR)反演海面风场的相关研究。

本章就海表面风场的反演提出3种研究方法,分别是结合CMOD4和CMOD5反演海表面风场、利用改进的极化比模型XPR2反演海面风速以及利用CMOD5N、PR和C-SARMOD模型和两种修正方法进行风场反演。

(1)方法一:结合CMOD4和CMOD5反演海表面风场。其关键是地球物理模型函数(GMF),具体包括CMOD4、CMOD5、XMOD1、XMOD2、SIRX-MOD、极化比(PR)和C-SARMOD等模型。虽然CMOD5模型提高了高风速的反演精度,但存在低风速下风速模糊和归一化雷达散射截面(NRCS)梯度的问题,而CMOD4在中低风速下反演效果较好。因此,本书介绍了一种结合CMOD5和CMOD4的反演方法,经反演获得的风速均方根误差(RMSE)为0.75 m/s,相关系数(COR)为0.84;而单独用CMOD4 GMF模型反演得到的风速均方根误差为1.01 m/s,相关系数为0.72。

第 2 章　海面风场反演技术

理论与实验都表明，两个模型结合所反演的海表面风场更为理想。

（2）方法二：使用改进的 X 波段极化比模型。该方法称为 XPR2，从 HH 极化 X 波段星载合成孔径雷达 TerraSAR-X、TanDEM-X 数据反演海表面风场，该模型考虑了入射角对于海面风速的影响。结果表明，该模型反演的海表面风场的精度较高，均方根误差为 1.79 m/s，偏差为 0.68 m/s，比改进前的模型效果更好。

（3）方法三：利用地球物理模型（GMF）中的 CMOD5N、极化比（PR）模型和 C-SARMOD 模型在收集到的同极化 GF-3 SAR 图像中反演风场，风向可从 GF-3 SAR 图像中直接得到。之后，将从 SAR 图像中反演的风速与搭载在 Metop-A/B 上的高级散射计和微波辐射计 WindSAT 的测量结果（精度为 0.25°）进行比较。基于上述分析，提出了两种改进 GMF 的经验修正方法。研究结果表明，VV 极化和 HH 极化的 GF-3 SAR 反演的风速标准偏差（STD）分别为 1.63 m/s 和 1.71 m/s，偏差分别为 0.19 m/s 和 0.26 m/s。利用同极化 GF-3 SAR 图像反演风场极大削弱了 GF-3 SAR 图像中同极化通道（VV 和 HH）上风条纹对风速反演的影响，提高实时从 SAR 图像反演风场的精度。

2.1　概述

2.1.1　结合 CMOD4 和 CMOD5 反演海表面风场研究背景

地球物理模型反映了观察到的归一化雷达散射截面与相应的海表面风场及雷达参数之间的关系。针对 C 波段电磁波的 CMOD 模型已经发展得较为成熟，不同研究者建立了多种 CMOD 模型并不断改进。Stoffelen 和 Anderson（1992，1997a，1997b）通过比较 NRCS 与实测风场及大量的模型预测风场，促进了 CMOD4 模型函数的发展。之后，IFREMER（1996）开发了相似的 CMOD-IFR2 模型。验证表明，CMOD4 和 CMOD-IFR2 在中低风速下（Lehner et al., 1998；Lehner et al., 2000；Monaldo et al., 2004）反演的风场与散射计数据有相当好的一致性，误差在 2 m/s 以内。到 20 世纪初，欧洲中期天气预报中心（ECMWF）获得了更多 ERS-2 SAR 数据和风场模型数据。在此基础上，Hersbach 等（2003，2007）弥补了 CMOD4 GMF 模型的部分缺陷，建立了 CMOD5 模型。该模型在拟合过程中包含了达到 33 m/s 的风速值，更适用于极端天气条件（Horstmann et al., 2005；Xu et al., 2011）。之后，Hersbach（2010）将 CMOD5 的系数重新调整，适用于稳定大气边界层条件下的海面风反演，建立了 CMOD5N 模型，对于 C 波段的 SAR 风场反演具有更稳定的适用性。再后来，美国国家海洋与大气管理局（NOAA）开发了名为 CMOD5H 的地球物理模型函数（Soisuvarn et al., 2013），

11

其在高风速条件下的反演效果优于 CMOD5。

但这些模型函数都是独立的 GMF，针对风场的两个未知变量即风速和风向，反演风向仍存在较大困难。为了解决这个问题，相继开发出不同的风向反演方法，大致可分为三类。

第一种方法是利用初始风向信息来预估风向。有时可以运用二维频谱（Wacherman et al.，1998；Fetterer et al.，2002）或者局地梯度方法（Koch，2004）直接从 SAR 图像中提取风向（Alpers et al.，1994），但仍需用来自 ECMWF 或者 Quik-SCAT 的外部风向数据来解决风向 180° 模糊的问题。

第二种方法是基于统计风速算法（SWRA）（Portabella et al.，2002）。该方法将 SAR 后向散射信息和背景风场（如高分辨率有限区域模型）相结合，建立一个具有风向和后向散射测量的代价函数。最后，再利用最大似然法对反演的风向进行最小代价估计，最终得到反演风速结果。

第三种方法是基于 SAR 系统在方位角中由于海水粒子的轨道运动而运行的原理（Kerbaol et al.，1998）。此方法的关键步骤是从图像光谱中估算出与风速直接相关的方位截断波长，并在获得风速后，利用地球物理模型函数（如 CMOD4 或 CMOD5）直接反演风向。

在解决风向反演问题之后，发现最新的地球物理模型函数 CMOD5 在低风速条件下，存在风速模糊和 NRCS 梯度的问题。因此，提出了一种利用现有的 CMOD4 和 CMOD5 这两种模型反演低风速条件下风场的可行方法。

2.1.2 利用改进的极化比模型 XPR2 反演海面风速研究背景

如上节所述，C 波段的 GMF 地球物理模型不断发展，CMOD4 在强风下的一些不足得到了改善，即使是飓风也可在一定程度上进行反演（Horstmann et al.，2005），CMOD5 和 CMOD5N 也得到重大改进。由于 CMOD 函数只适用于 VV 极化的 SAR 数据，在运用到 HH 极化 C 波段 Radarsat-1 图像反演风场过程中，一般是通过建立依靠于雷达入射角的经验极化比模型（Thompson，1998；Vachon et al.，2000；Horstmann et al.，2000；Wackerman et al.，2002a）来实现。Mouche 等（2005）和 Liu 等（2013）利用 Envisat-ASAR 图像和外部风场的风向信息来反演风场时，分别是从入射角的指数函数和局部风向的积分这两方面建立了 C 波段 PR 模型。Bergeron 等（2011）和 Zhang 等（2011）提出了利用现场浮标观测的风速和从 Radarsat-2 全极化数据反演风速建立 C 波段 PR 模型的新方法，其中 PR 被设计为雷达入射角和风速的多项展开式。

自 2007 年载有 X 波段（9.65GHz）SAR 传感器的 TS-X 发射以来，已开展了多项利用 VV 极化 X 波段 GMF 进行风场反演的研究。包括线性 XMOD1（Ren et al., 2012；Lehner et al., 2012）、非线性 XMOD2（Li et al., 2014；Wang et al., 2016）和 SIRX-MOD（Ren et al., 2015）。此外，Thompson 等（2012）还提出了一种通过经验插值 C 波段和 Ku 波段 GMF［CMOD5 和 NSCAT（Wentz et al., 1999）］导出的经验方法。由于大于 20 m/s 的高风速数据不足，所有 X 波段的 GMF 被认为在中低风速反演中是有效的。在实际运用中，这两种仅涉及入射角的 C 波段 PR 模型，也可利用有限的双极化（VV 和 HH 极化）TS-X 数据扩展到 X 波段。XPR（Shao et al., 2012，2014a）模型则通过更多的双极化 TS-X 数据，根据 X 波段雷达 NRCS 和入射角（Masuko et al., 1986）的关系来构造。

综上所述，大部分 X 波段和 C 波段 SAR 数据风场反演的 PR 模型仅与入射角有关。其中，X 波段 SAR 数据反演算法一般忽略了气象条件（即风速和海况）的影响，但在先前的研究中已发现（图 2-13），在 PR 模型中，海面风速才是其重要输入量（Bruck et al., 2013；Shao et al., 2015）。基于此，建立了基于入射角和海表面风速的 XPR2 模型，提高了从 HH 极化 X 波段 SAR 数据中反演海面风速的精度。

2.1.3 利用 CMOD5N、PR 和 C-SARMOD 模型以及两种修正方法进行风场反演研究背景

2016 年 9 月，中国资源卫星数据与应用中心正式发布了中国 C 波段（约 5.3GHz）高分三号 SAR 数据。国家卫星海洋应用中心（NSOAS）是将 GF-3 SAR 数据应用于海洋的主要推动者。到目前为止，已有大量中国海域的记录图像。GF-3 SAR 的轨道高度为 755 km，重复周期为 26 d，它可以在各种成像模式下工作，即全极化（VV 极化、HH 极化、VH 极化、HV 极化），图像模式（QPS-I）分辨率大小为 8 m，QPS-II 模式分辨率大小为 25 m。

根据 2.1.1 节中的介绍，不同的研究小组使用了特定的 GMF，但 CMOD 适用于从不同的 C 波段 SAR 数据中反演风场，如 Radarsat-1/2（Yang et al., 2011b；Zhang et al., 2011；Shao et al., 2014b）、Envisat-ASAR（Xu et al., 2008，2010；Yang et al., 2011a）和 Sentinel-1（Monaldo et al., 2017；La et al., 2017）。由于独立的 GMF 中存在两个未知变量即风速和风向，因此在风场反演过程中需要有风向的初始信息。Gerling（1986）的研究结果表明，在 SAR 图像中，大气边界层滚动产生的周期性风条纹与风向平行。但是，由 SAR 直接提取的风向具有 180° 的模糊性，因此通常使用一个独立

的数据源来消除这种模糊性，即数值预报和遥感测量。

我们知道，在将 CMOD 系列应用于 HH 极化的 GF-3 SAR 图像时，还需应用 C 波段 PR 模型。但最近，一种能直接应用于 HH 极化 SAR 图像且无需任何 PR 模型支持的 C-SARMOD 模型由 Mouche 和 Chapron（2015）开发出来，它是基于极化的 Envisat-ASAR 图像和 ECMWF 与散射计（ASCAT）的风场数据来开发的。将 VV 极化的 Sentinel-1 SAR 反演的风速与美国近海海域的浮标数据相比较，标准差（STD）仅为 1.6 m/s（Lin et al., 2017），证明这个模型可以得到高精度的风场数据。

基于以上设计，利用 NOAA 的美国国家资料浮标中心的实测数据，对 GF-3 SAR 风场反演进行了初步评估（Shao et al., 2017b；Wang et al., 2017），并进一步研究在台风期间，从 VH 极化的 GF-3 SAR 图像中反演海面风速的可行性（Shao et al., 2018）。但是，关于 GF-3 SAR 的 C 波段 GMF 和 PR 模型的反演精度还需更多的数据来验证分析，特别是在中国海域。众所周知，同极化后向散射信号会在强风条件下达到饱和（Hwang et al., 2010），而交叉极化 SAR 可以在强风条件下保持相关特征，后向散射信号不会饱和，特别是在热带气旋中（Hwang et al., 2010b）。因此，在发现收集的 1000 多张 QPS-I/II 模式下的全极化 GF-3 图像中风速最大值达到 15 m/s，说明将传统的风反演技术应用于同极化 C 波段 GF-3 SAR 图像，不存在信号饱和问题。在同极化信道中采集的 GF-3 SAR 图像适合于对各种 GMF 反演风场的系统评估。

2.2 数据集

2.2.1 结合 CMOD4 和 CMOD5 来反演海表面风场的数据集

本方法使用数据集包括：① ECMWF 1.5°×1.5° 分辨率的再分析数据，称为 ERA-40，时间自 1957 年至 2011 年 45 年间，每天 00:00、06:00、12:00 和 18:00（UTC 时间）的数据；② 物理海洋学分布式主动存档中心的 QuikSCAT 数据；③ 0.25°×0.25° 分辨率的 SWATH 数据。

另外，我们还选择了 2009 年在中国海南岛附近获取的 VV 极化 Radarsat-2 SAR 影像。Radarsat-2 SAR 是 2007 年发射的一种新型 C 波段星载合成孔径雷达，其主要技术参数和获取时间见表 1–3。但不足的是，收集到的 5 幅 VV 极化 Radarsat-2 SAR 图像与 QuikSCAT 产品之间存在几个小时的时间差，这可能导致反演结果与 QuikSCAT 产品之间的误差。

图 2-1 中（a）和（b）分别显示了 2009 年 10 月 10 日 10:49（UTC 时间）拍摄

的 Radarsat-2 SAR 图像以及 Radarsat-2 SAR 图像的地理位置。图 2-1（b）中等值线为水深，黑色框架大小与 SAR 图像的完整大小相一致。

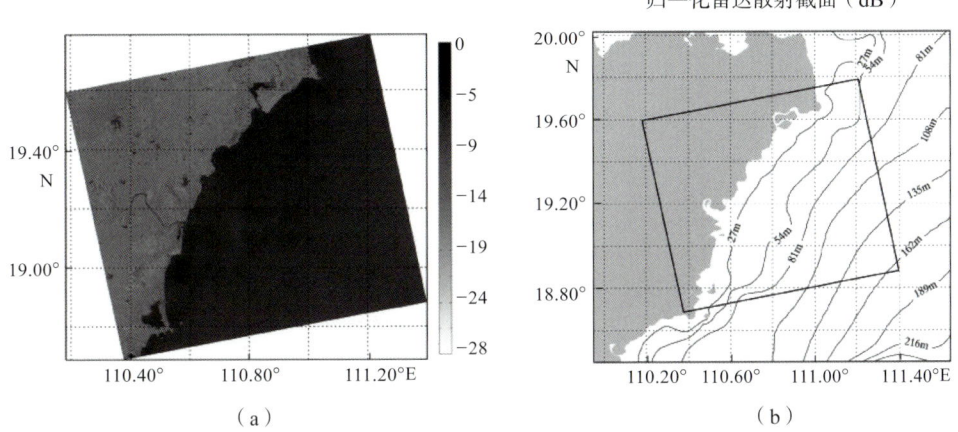

图 2-1　2009 年 10 月 10 日 10:49（UTC 时间）的 Radarsat-2 的影像及地理位置
（a）Radarsat-2 SAR 图像；（b）Radarsat-2 SAR 图像的地理位置

2.2.2　利用改进的极化比模型 XPR2 反演海面风速的数据集

本方法使用数据集包括：

（1）2008—2014 年间 56 张 TS-X/TD-X 双极化图像。该数据海面后向散射均匀性，没有被降雨、油污、上升流等影响，无显示模糊。

图 2-2（a）显示了 2012 年 7 月 12 日 11:50（UTC 时间）靠近赤道处，拍摄的 TS-X 条带模式双极化图像。所采用的假彩色合成方案为：红色表示 HH 极化 NRCS；绿色表示 VV 极化 NRCS；蓝色表示 HH 与 VV 极化 NRCS 之间的偏差。目视解译发现，位于海岛后部的蓝色通道较亮，推测是由于低风所引起的，显示出较高的 PR 差异，这表明风速会对 X 波段 PR 造成影响。

图 2-2（b）为 2012 年 7 月 12 日 12:00（UTC 时间）ECMWF 海面风场，其中黑色矩形表示 TS-X 图像所覆盖的区域。

使用 SIRX-MOD 和 XMOD2 方法从 TS-X 图像中反演的海表面风场分别如图 2-2 中（c）和（d）所示。Li 等（2014）和 Ren 等（2015）通过与实测浮标的数据的比较分别对 XMOD2 和 SIRX-MOD 进行了验证，结果表明这两种方法反演 SAR 图像的效果都比较理想，但 XMOD2 与 SIRX-MOD 之间存在细微的差异。因此，我们利用现有的两种非线性 X 波段 GMF 与唯一的 ECMWF 再分析海面风场数据相对比，对反演结果的精确度进行研究，以便选择适合的 X 波段 GMF。

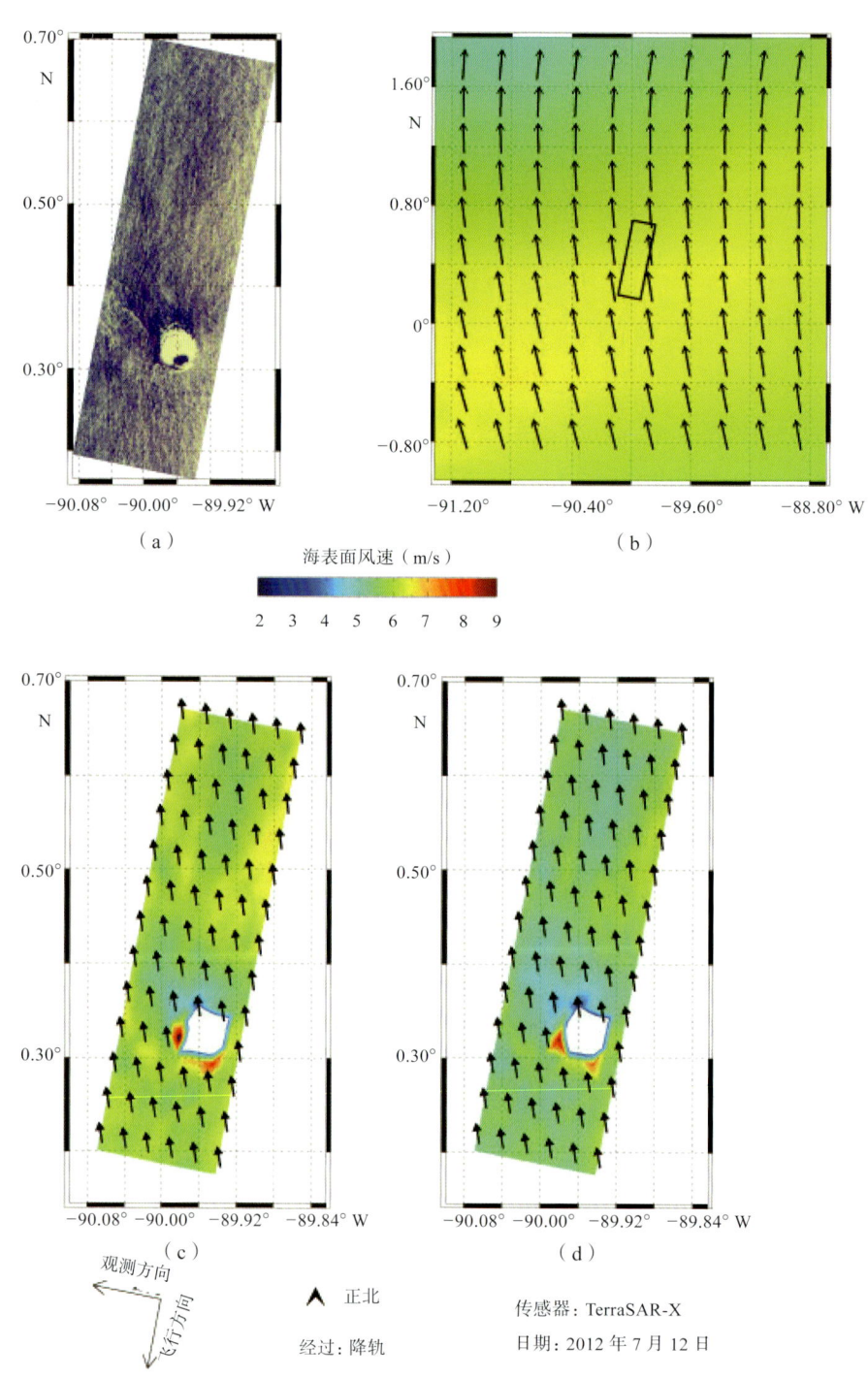

图 2-2 所选图例

（a）2012 年 7 月 12 日 11:50（UTC 时间）条带模式的 TS-X 图像示例；（b）ECMWF 海面风场；
（c）SIRX-MOD 反演的海面风场；（d）XMOD2 反演的海面风场

（2）其他数据集。具体有利用 PR 模型从 VV 和 HH 极化的 TS-X/TD-X 子图像中的平均 NRCS 反演风场、子图像的中心入射角 θ 和采集的 ECMWF 海面风速 U_{10} 的匹配数据。收集到的子图像的详细信息见表 2-1。

欧洲中期天气预报中心为世界各地的用户提供数值预报数据，并自 1979 年以来每天连续提供高空间分辨率（0.125°×0.125°）的全球大气-海洋再分析数据，间隔时间为 6 h。在这里收集了 ECMWF 再分析数据，以研究两个 X 波段 GMF 反演结果的准确性，并对 XPR2 进行了校正。ECMWF 风场分辨率高达 0.125°×0.125°，而收集的图像数据也具有较高的空间分辨率，在 2～6 m 之间。因此，TS-X/TD-X 图像被划分为多个子图像，每个子图像空间覆盖范围是 3km。选取覆盖 ECMWF 网格数据位置的子图像，在时间尺度上采用双线性插值方法计算相应的 ECMWF 风速。

表 2-1 从 TS-X/TD-X 图像中收集到的子图像的中心区域位置

日期	纬度（°N）	经度（°W）	日期	纬度（°N）	经度（°W）
2008-08-03	-41.20	174.61	2009-08-23	56.31	3.03
2008-08-14	-41.20	174.61	2009-09-20	56.48	3.08
2009-06-02	56.23	3.00	2009-09-24	56.47	3.13
2009-06-17	56.26	3.06	2009-10-18	40.53	-70.89
2009-06-18	56.24	2.9	2009-11-19	56.50	3.13
2009-06-22	56.27	3.07	2009-11-18	56.49	3.18
2009-07-29	24.11	-163.93	2009-12-15	56.45	3.18
2009-07-30	24.16	-162.00	2009-12-21	56.45	3.18
2009-08-01	56.31	3.02	2009-12-22	56.46	3.13
2009-08-03	24.11	-163.93	2009-12-24	23.38	-163.76
2009-08-03	45.80	-126.20	2009-12-25	41.21	-70.77
2009-08-05	56.30	3.10	2010-01-14	32.03	-70.29
2009-08-07	56.47	3.13	2010-02-03	56.49	3.18
2009-08-08	32.12	-70.25	2010-02-04	56.50	3.14
2009-08-10	42.82	-58.07	2010-02-14	56.49	3.18
2009-08-11	56.34	3.19	2010-02-15	56.51	3.03
2009-08-12	56.31	3.02	2010-08-06	-1.31	-165.76
2009-08-14	23.30	-163.77	2010-08-07	-1.89	-165.78
2009-08-16	56.30	3.10	2012-01-23	27.30	-63.00
2009-08-22	56.34	3.19	2012-01-24	27.74	-63.01

续表 2-1

日期	纬度 (°N)	经度 (°W)	日期	纬度 (°N)	经度 (°W)
2012-02-03	27.44	-63.06	2014-04-19	43.00	-48.00
2012-02-04	27.74	-63.01	2014-04-20	41.44	-50.46
2012-07-11	-1.33	-91.46	2014-05-09	23.50	-58.61
2012-07-12	0.60	-89.86	2014-05-20	24.9	-58.86
2012-12-20	40.61	-137.54	2014-05-21	23.53	-58.18
2012-12-22	40.79	-137.47	2014-06-05	24.40	-61.89
2013-07-21	38.35	74.40	2014-06-10	24.50	-62.57
2014-04-17	46.2	-41.78	2014-06-12	25.08	-58.38

由于 SAR 使用的是单视雷达波束，所以两个未知的变量包括风速和风向不能同时在一个 GMF 中得到。风向可通过计算波长在 800～3 000 m（Alpers，1994）的二维 SAR 图像谱来提取；也可以通过风条纹直接提取。据 Lehner 等（1998）研究，SAR 风条纹反演的风向与荷兰皇家气象研究所（KNMI）产品的相关系数为 0.99。局部梯度法是反演风向的另一种方法，其思想是风向与局部 SAR 图像谱的梯度方向正交（Koch，2004；Wang et al.，2016）。上述方法都依赖于 SAR 图像中可见的风条纹，但都存在 180° 的模糊性。通常使用独立的数据，例如 ECMWF 的风向来消除这种模糊性，以获得真实的风向。在此基础上，再利用 GMF 反演风速。这里根据明显的风条纹获得含有 180° 模糊风向，并利用 ECMWF 风向来消除模糊性，再结合先前研究中运用的插值方法获得整个图像上的风向。然而，在大约 30% 的子图像中，由于无法获得可见的风条纹来得到初始风向，故 ECMWF 风向无法直接用于整个 TS-X/TD-X 图像。

（3）浮标测量数据。来自美国国家海洋与大气管理局国家资料浮标中心（NDBC）浮标每 10 min 可获取一次风数据，测量的是海面以上 5 m 的风速。将该数据与 38 幅在条带模式下获取的 HH 极化 TS-X SAR 图像反演结果对比，以验证 XPR2 模型的有效性。在假定稳定海洋-大气条件下的情况下，根据 Hsu 等（1994）的研究，可利用广泛使用的幂律风廓线，将浮标观测风速换算为自海面以上 10 m 高的风速。

2.2.3 利用 CMOD5N、PR 和 C-SARMOD 模型以及两种修正方法进行风场反演的数据集

本方法使用数据集包括以下方面。

（1）1 023 幅在 QPS-I/II 模式下获取的 GF-3 SAR 图像。这些图像是 GF-3 卫

星（其成像模式及其相关参数见表 1-6）在中国海域拍摄的，并处理为一级的产品（L-1A）。将这些图像与 0.25°分辨率的 ASCAT 或 WindSAT 风场数据相匹配。图 2-3 显示了所有 GF-3 SAR 图像的位置，并用黑色矩形标记其覆盖范围。收集的数据显示，在同极化通道得到的 GF-3 SAR 图像上有可见的均匀风条纹。

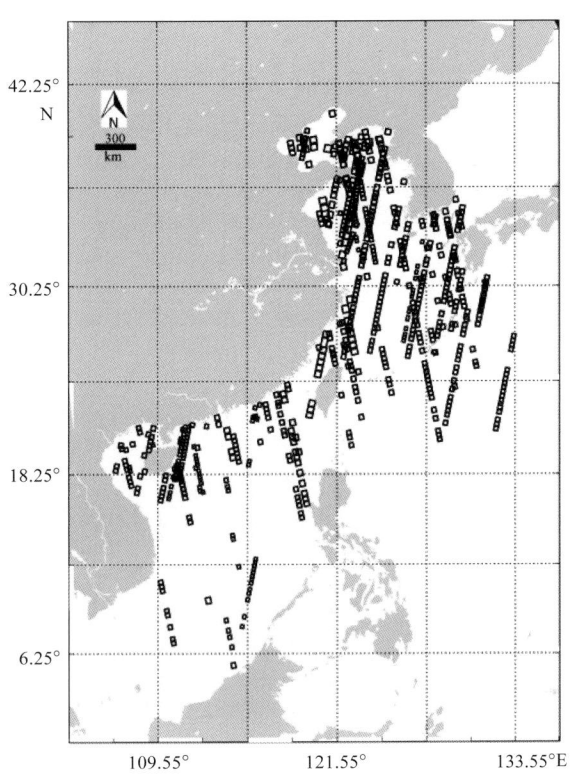

图 2-3　可用数据集的研究区域位置

图 2-4 中的（a）和（b）分别给出了在 2017 年 8 月 23 日 15:54（UTC 时间）黄海附近拍摄的入射角范围为 35°～37°，VV 极化和 HH 极化快视图像的数据实例，由图中可见存在清晰的风条纹。根据 Shao 等（2017b）给出的校准方法对 L-1A 模式的 GF-3 SAR 图像校正后发现，虽然特定的海洋现象也会导致图像中存在相对黑的区域，但仍可观察到明显的风条纹［如图 2-4（a）中红线所示］。具有 180°模糊性的风向可利用风条纹进行提取（Alpers et al., 1994）或使用局部梯度法（Zhou et al., 2017）得到。依据 Lehner 等（1998）的研究，SAR 风条纹和荷兰皇家气象研究所产品的风向相关系数高达 0.99。因此，可利用 ASCAT/WindSAT 风向作为外部数据并消除这种模糊性。同时，对图像中存在的其他海面特征，可采用 Shao 等（2014b）提出的插值方法去除其影响。

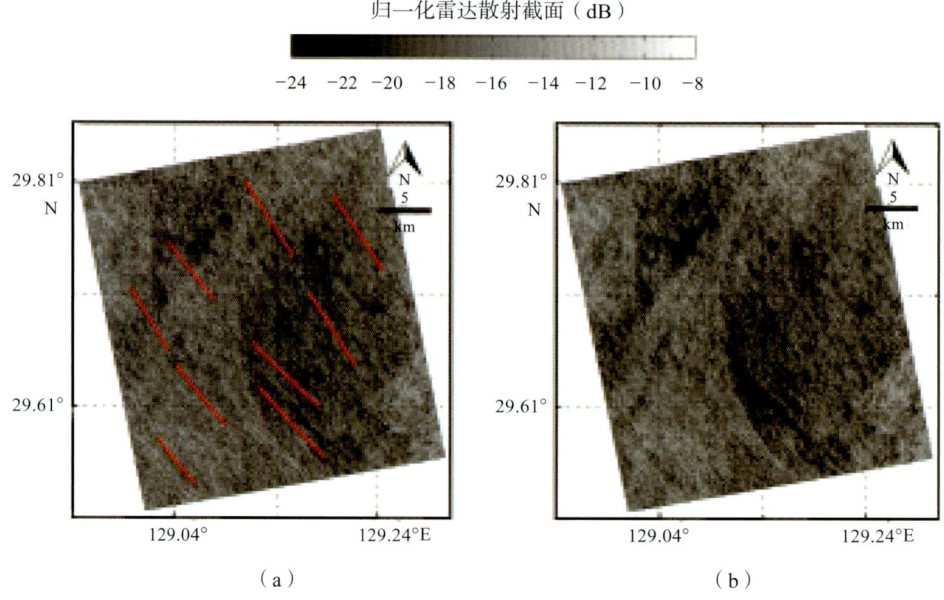

图2-4 2017年8月23日15:54（UTC时间）在黄海附近进行校准后拍摄的处于下降轨道上的GF-3 SAR图像示例

(a) VV极化；(b) HH极化

(2) ASCAT和WindSAT的风场数据（注意：GF-3 SAR图像与ASCAT/WindSAT之间的时间差在4 h以内）。ASCAT是搭载在Metop-A/B上的新一代全天候散射计仪器之一，其风场数据于2007年2月发布，其与浮标实测数据的验证表明，风速的均方根误差为1.8 m/s（Verspeek et al., 2009）。WindSAT是另一颗利用极化辐射计测量海面风场的星载卫星，其优点是更大的空间覆盖范围（超过350 km的幅宽），但仍存在无法探测的区域，其风场数据于2003年发布。Meissner和Wentz（2012）指出，WindSAT的风速与飞机测量值相比时，风速的STD大概为1.4 m/s。这些验证结果表明，ASCAT和WindSAT的风场数据都具有较高的质量，可满足全球风场监测的要求。然而，在强风情况下这两者都是不可靠的。

图2-5显示了2017年8月23日12:12（UTC时间）在黄海附近下降轨道上拍摄的ASCAT风场图，其中黑色矩形表示图2-4相对应的GF-3 SAR图像的覆盖范围。图2-6（a）和（b）分别给出了拍摄于2017年6月4日09:35（UTC时间）的SAR图像VV极化和HH极化的快视图，类似于之前的观测结果，也可见均匀的风条纹。图2-6所示的例子位于东海附近，可与WindSAT风场相匹配。图2-7显示了10:12（UTC时间）在下降轨道上拍摄的WindSAT风场图，其中黑色矩形表示图2-6中相应的GF-3 SAR图像的覆盖范围，入射角范围为35°~37°。

第 2 章 海面风场反演技术

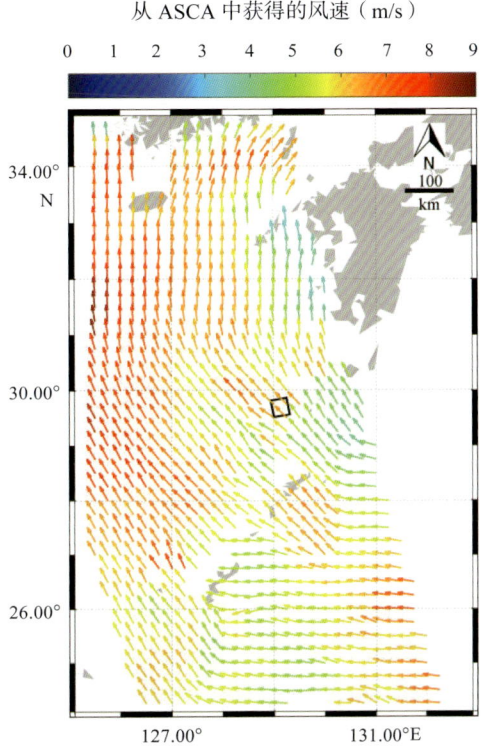

图 2-5 2017 年 8 月 23 日 12:12（UTC 时间）在黄海附近下降轨道上拍摄的 ASCAT 风场图

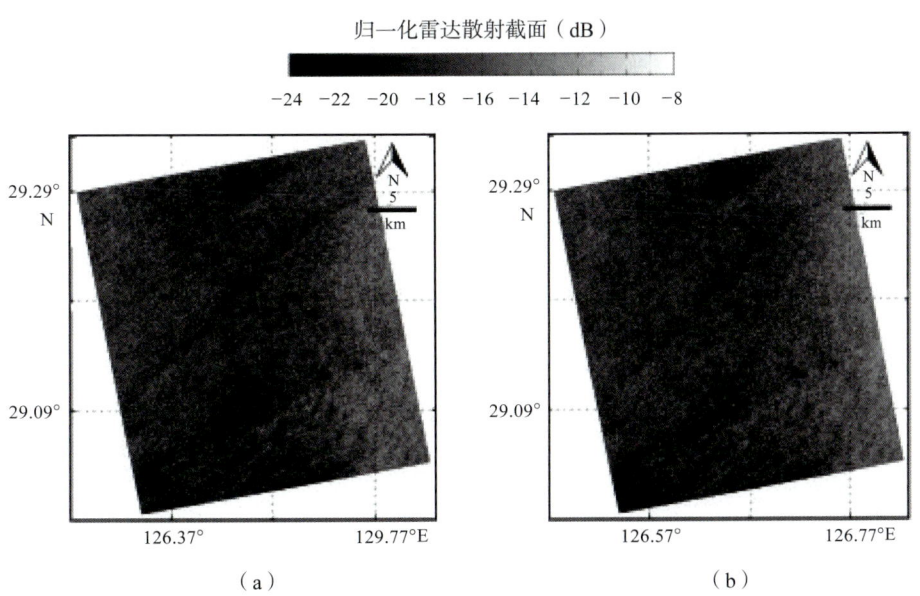

图 2-6 拍摄于 2017 年 6 月 4 日 09:35（UTC 时间）东海附近校准后 GF-3SAR 快视图
（a）VV 极化；（b）HH 极化

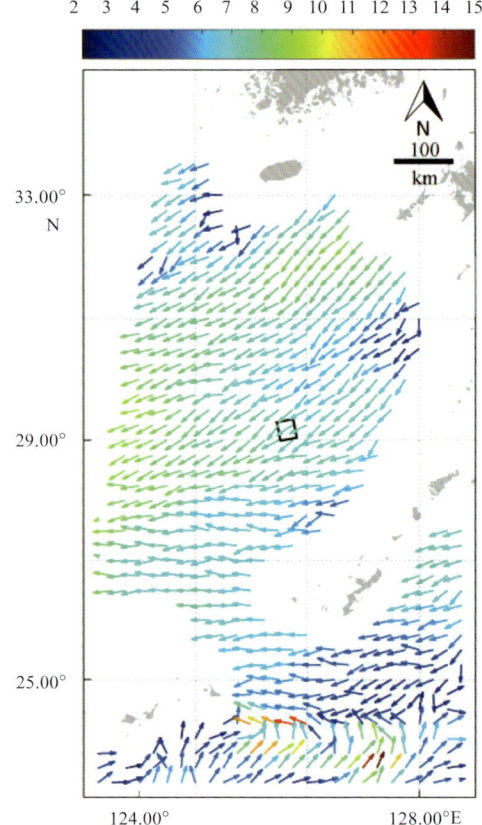

图 2-7 2017 年 6 月 4 日 10:12（UTC 时间）在下降轨道上拍摄的 WindSAT 风场图

2.3 反演技术

2.3.1 结合 CMOD4 和 CMOD5 来反演海表面风场

2.3.1.1 地球物理模式函数中的 CMOD 系列

地球物理模型函数最初是一种为散射计开发的经验函数，研究发现，该函数同样适用于从 SAR 图像中反演海面风场，包括 ERS、RADARSAT 和 ENVISAT 等多种卫星的 SAR 数据（Lehner et al., 1998；Monaldo et al., 2002；Horstmann et al., 2004；Zhang et al., 2011），CMOD 系列模型由此开始被开发用于 C 波段 SAR 图像数据风场反演。之后几年，Offiler（2009）和Stoffelen等（1992，1997a，1997b）对GMF进行系统的研究，促进了CMOD4模型函数的发展，证明CMOD4是ERS-1 SAR风场反演最合适的模型。Hersbach等（2003，2007）开发的CMOD5也是重要的进步，该方法是基于ERS-2散射计数据与ECMWF风场的比较。在拟合过程中，重新严格设计CMOD5公式，有效地实现了对CMOD4忽略的高风速的反演。因此，CMOD5是其前身CMOD4与CMOD-IFR2的更新版本。

CMOD系列中风速与NRCS之间的关系如下所示：

$$\sigma^0(U,\phi) = A(\theta)U^{\gamma(\theta)}[1 + B(U,\phi)\cos\phi + C(U,\phi)\cos 2\phi] \tag{2-1}$$

其中，σ^0为归一化雷达散射截面；U为风速；ϕ为雷达波束指向和风向的夹角（$\phi = 0^0$表示顺风，$\phi = 90^0$表示风向横穿雷达波束）；θ为入射角；A，B，C是由海表面风况所决定的参数；γ为入射角的函数。

2.3.1.2 方法基础

CMOD5是为了改进目前广泛使用的CMOD4模型的一些不足而开发的，式（2-1）中的A，B，C的表达式被重新设计，在未来的改进中有更多的灵活性。CMOD5在高风速情况下有很好的风场反演效果（Quilfen et al., 1998；Horstmann et al., 2005；Shen et al., 2006），但这并不意味着CMOD4不适用于风场反演，相反，我们发现在低风速下CMOD4比CMOD5有更好的反演效果。

图2-8中的（a）、（b）、（c）分别是入射角20°、30°、40°时，NRCS在CMOD4和CMOD5中与风速和风向的关系。风向与雷达波束指向平行为顺风，垂直则为横风。从图中可以看出，CMOD5存在模糊的风速（虚线），且从低到中风速出现了NRCS梯度；另外，CMOD4和CMOD5的差异仅在低风速条件下显著，随着风速的增加其差异显著性减小。

为了避免这些现象的影响，设计了如图2-9所示的SAR风场反演流程。首先采用CMOD5对固定入射角和先验风向下的NRCS进行数值模拟，同时计算了NRCS的梯度。然后它将清楚地确定在模拟中NRCS的最大梯度与风速的关系。接着以对应最大梯度的点作为判断观测到的NRCS是否存在风速模糊度的判据。最后进行判断，如果观测到的NRCS比标准值小，则将CMOD4用于风速的反演。反之，则将CMOD5用于风速的反演。

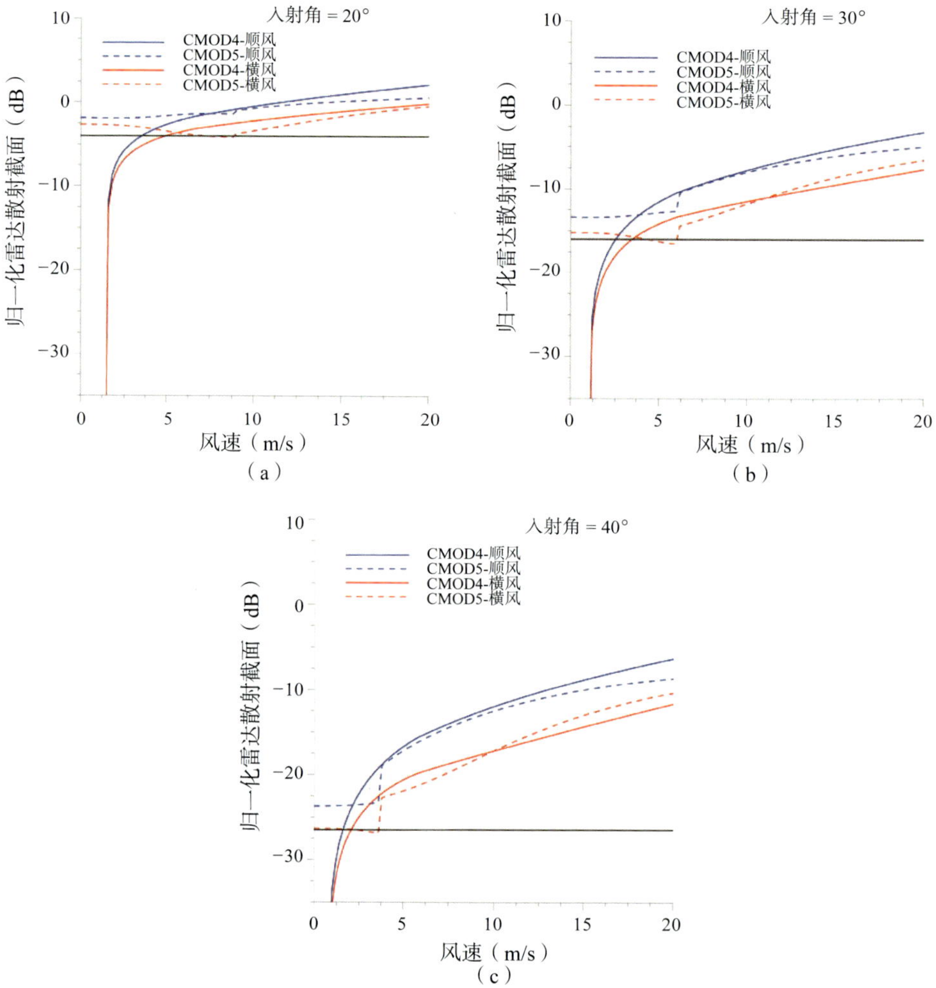

图 2-8 归一化雷达后向散射截面在 CMOD4 和 CMOD5 中与风速和风向的关系

（a）入射角为 20°；（b）入射角为 30°；（c）入射角为 40°

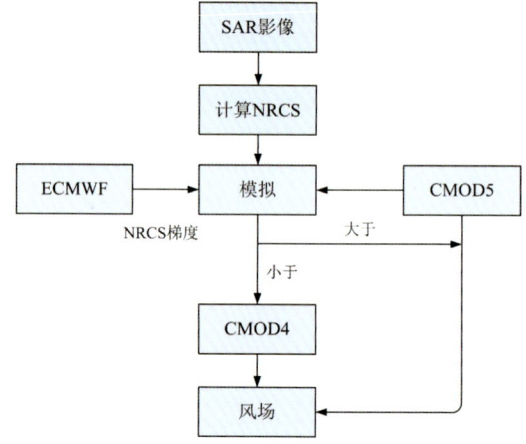

图 2-9 SAR 风场反演流程

2.3.1.3 SAR 图像预处理

CMOD4 和 CMOD5 都被用于风场反演，在具体反演前，需从 SAR 图像中提取归一化雷达散射截面。从 VV 极化的 Radarsat-2 SAR 图像中计算归一化雷达散射截面公式如下所示：

$$\sigma^0 = \frac{DN^2}{DF} \times \sin\theta \tag{2-2}$$

其中，σ^0 为归一化雷达后向散射截面；DN 为可直接从 SAR 图像中获取的像素值；DF 为从注释文件中直接获得的每个像素的增益参数；θ 为每个像素点的入射角。

在计算归一化雷达散射截面过程中，要消除如风、海洋浮油、海浪等大气和海洋现象的信息干扰，否则会影响到归一化雷达散射截面计算结果在风场反演中的准确性。得到每个像素点的归一化雷达散射截面后，计算用于消除干扰信息的 256×256（像素）的子图像归一化雷达后向散射截面平均值，之后就可提取出 40×40 的归一化雷达后向散射截面子图像。

这里以 2009 年 3 月 17 日 10:45（UTC 时间）的 Radarsat-2 SAR 图像为例，应用所提出的方法来反演风场。

2.3.1.4 外部风向信息

使用二维谱的方法（SWDA：SAR 风向算法）进行风向估计。但是，当 SAR 图像中风条纹不明显时，很难利用 SWDA 从 SAR 图像中提取风向信息。这是由于其他海洋现象（如海洋浮油或锋面等），会使 SAR 成像效果变差，导致在寻找与风条纹相关的光谱峰值时，二维谱解译错误。由于选择的 SAR 图像数据大都是低风速下拍摄的，弱风会产生均匀但不明显的风条纹，使得 SWDA 不能用于提取这种数据集的风向信息。因此，我们选用 ECMWF 风向数据作为风向输入，具体是采用 Reppucci 等（2008）提出的方法获取每个子图像的风向。

图 2-10 是 2009 年 3 月 17 日 12:00（UTC 时间）获得的 ECMWF 风场，该数据与 Radarsat-2 SAR 成像时间最接近，图中黑色方框表示 Radarsat-2 SAR 图像的成像区域。

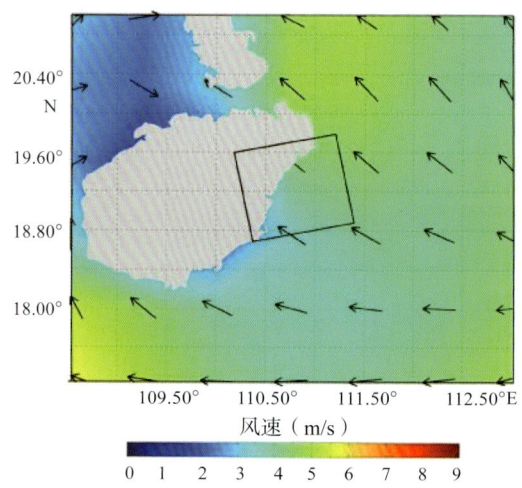

图 2-10 2009 年 3 月 17 日 12:00（UTC 时间）获得的 ECMWF 风场

2.3.1.5 风速反演

由于 CMOD5 在低风速情况下的模糊性，仅使用 CMOD5 地球物理模型函数反演风速是不可能的，这里采用 CMOD4 和 CMOD5 模型组合的方法来进行风速反演。图 2-11 是以 2009 年 3 月 17 日 10:45（UTC 时间）的 Radarsat-2 SAR 图像为例的反演结果。其中，图 2-11（a）是 CMOD4 和 CMOD5 结合的方法反演结果；图 2-11（b）是单独用 CMOD4 函数反演结果。之后，利用 QuikSCAT 的风场数据与之对比发现，结合的方法比单独使用 CMOD4 模型反演的风场更准确，特别是风速大于 4 m/s 的反演结果与 QuickSCAT 风场更为接近。

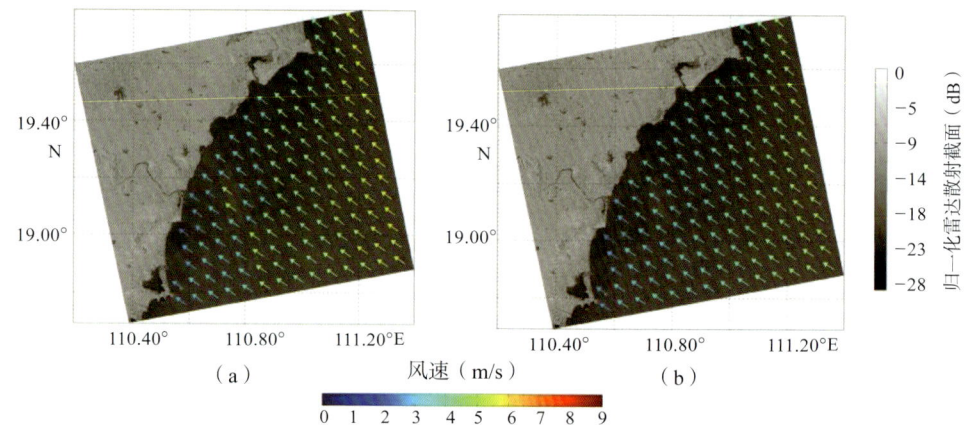

图 2-11 2009 年 3 月 17 日 10:45（UTC 时间）Radarsat-2 SAR 风场反演结果
（a）CMOD4 和 CMOD5 结合反演结果；（b）CMOD4 反演结果

图 2-12 为 2009 年 3 月 17 日 5:00（UTC 时间）获得的 QuickSCAT 风场，黑框表示 Radarsat-2 SAR 图像位置。

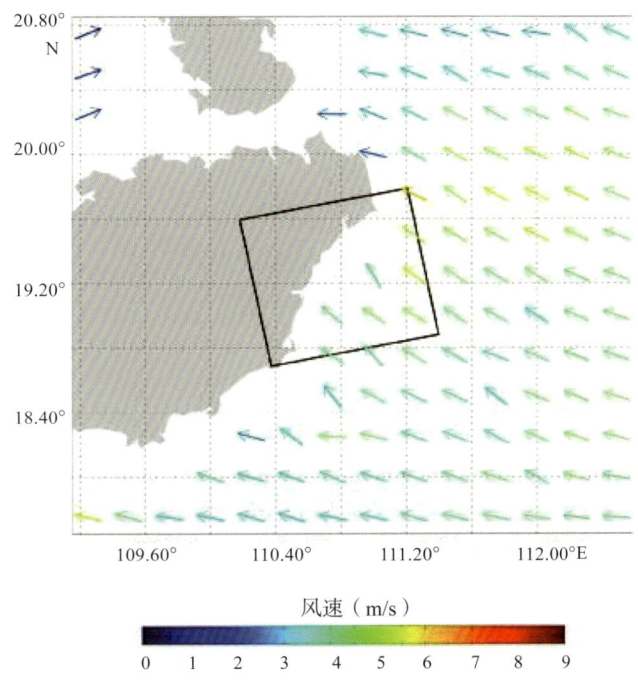

图 2-12 2009 年 3 月 17 日 5:00（UTC 时间）获得的 QuikSCAT 风场

通过对反演结果的比较发现，在中等风速条件下，CMOD4 或 CMOD5 都是可行的，反演误差是可接受的。虽然图 2-8 的模拟结果表明，CMOD4 和 CMOD5 在中等风速条件下比在低风速条件下更相似，但是 CMOD5 弥补了 CMOD4 的一些缺陷。因此当观测到的 NRCS 大于标准值时，将用 CMOD5 而不是 CMOD4 用于风速反演。

2.3.2　利用改进的极化比模型 XPR2 反演海面风速

这一节简要介绍 X 波段 GMF 和 C 波段、X 波段 PR 的研究成果。之后，基于收集的数据设计了一个改进的 X 波段 PR 模型，称为 XPR2。

2.3.2.1　X 波段 GMF

GMF 是从 VV 极化通道的散射计和 SAR 数据中反演海表面风场的经验函数，适用于 L、C 和 X 波段 SAR 的 GMF 的一般形式如式（2-3）所示，其描述了海面风速与归一化雷达散射截面之间的关系。

$$\sigma^0 = B_0(1 + B_1 \cos \phi + B_2 \cos 2\phi) \tag{2-3}$$

其中，σ^0 为 NRCS；ϕ 为雷达波束指向与风向之间的夹角（$\phi = 0°$ 表示顺风，$\phi = 90°$ 表示风向横穿雷达波束）；系数 B_0、B_1 和 B_2 是雷达入射角 θ 及海表面 10 m 高处风速 U_{10} 的函数。

XMOD2（Li，Lehner，2014）的公式在一定程度上是基于 CMOD5（Hersbach et al.，2007）设计的，其系数是根据 TS-X 和 TD-X 数据，结合浮标实测数据和德国气象局（DWD）再分析风场数据来确定的。Quilfen 等（1998）开发的 CMOD-IFR2 模型能直接应用于 X 波段，其原始系数也是通过 VV 极化 X 波段 NRCS、雷达入射角和 ECMWF 再分析风场数据进行拟合的，修正后的 CMOD-IFR2 模型表示为 SIRX-MOD（Ren et al.，2015）。

2.3.2.2 PR 应用于 X 波段和 C 波段的最新进展

将 XMOD2 或 SIRX-MOD 用于 X 波段 HH 极化的 SAR 图像时，需先使用到 PR 模型。目前，针对 X 波段 PR 模型的研究，主要是通过重新调整现有 C 波段的 PR 模型（Ren et al.，2012；Shao et al.，2012，2014a，2014b）。其中，XPR 是根据 X 波段 NRCS 与入射角（Masuko et al.，1986）之间的关系推导出来的，气象条件（风速和海况）对 X 波段 PR 的影响是唯一的，表达式如下：

$$PR = \sigma^0_{VV} / \sigma^0_{HH} = 0.61 \exp(0.02\theta) \tag{2-4}$$

其中，σ^0_{VV} 和 σ^0_{HH} 分别为 VV 和 HH 极化的 NRCS；θ 为雷达入射角，需要注意的是，当入射角大于 40° 时，XPR 函数需附加一个常数 0.034。因此，根据 Mouche（2015）和 Liu（2013）的建议，XPR 的公式表达形式如（2-3）式所示，其中系数 A、B、C 是根据 Envisat-ASAR 数据拟合的常数。

$$PR = \sigma^0_{VV} / \sigma^0_{HH} = A \exp(B\theta) + C \tag{2-5}$$

Zhang 等（2011）利用大量的 Radarsat-2 图像数据提出了两种分析模型。一个是由式（2-5）中的系数拟合来确定 PR 入射角的指数函数；另一个是与风速 U_{10} 相关的函数。

$$PR = P(\theta) U_{10}^{Q(\theta)} \tag{2-6}$$

$$P(\theta) = P_1 \theta^2 + P_2 \theta + P_3 \tag{2-7}$$

$$Q(\theta) = Q_1 \theta + Q_2 \tag{2-8}$$

2.3.2.3 用双极化 TS-X/TD-X 图像拟合 XPR2

Shao 等（2014）的研究结果揭示了 XPR 反演 TS-X 结果与现场浮标测量数据之间的偏差随海面风速的变化关系。利用所收集到的数据集进一步研究，图 2-13 显示了将 PR 数据与 ECMWF 风速进行对比。其中，σ_{VV}^0 和 σ_{HH}^0 单位为分贝（dB），入射角范围为 20°～45°，间隔为 5°；收集的 ECMWF 平均风速 2～15 m/s，间隔 2 m/s。显然，PR 随着海面风速增加而减弱，随入射角增大而增强，说明 X 波段 PR 对海面风速有很强的线性相关性。

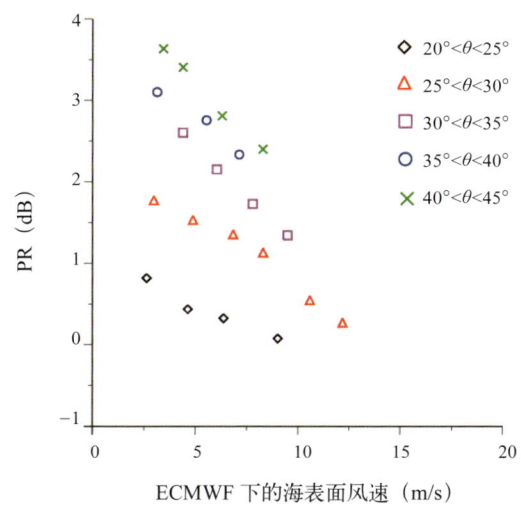

图 2-13　PR 数据与欧洲中期天气预报中心（ECMWF）平均风速的对比

根据 Kudryavtsev（2003）的研究可知，这种关系是使用符合布拉格后向散射模型（Valenzuela，1978）模拟 PR 的结果，并考虑了由于局部海风产生的短波能量密度与后向散射 NRCS 之间关系而导致的菲涅耳系数（Plant，1986）的变化。然而，NRCS 模型由两个模块所组成，即水动力和倾斜调制（Hasselmann et al.，1991），它们在 SAR 海面成像中起着主导作用，并且与海面风速大小有关。这两者都通过雷达调制传递函数来修正布拉格后向散射，进一步影响 HH 和 VV 极化之间的偏振差异（Kudryavtsev et al.，2003b）。

对 C 波段和 X 波段 SAR 而言，海面风速与 PR 的这种关系变化是正确的。因此，考虑 PR 与风速的相关性，利用式（2-6）、式（2-7）和式（2-8）的 PR 模型，开发一个改进的用于 X 波段 SAR 反演风场的 XPR2 模型。其中，多项式系数 P_1、P_2、P_3、Q_1 和 Q_2 通过最小二乘法来拟合，拟合数据集包括 PR，入射角 θ 和 ECMWF 海面风速 U_{10}，拟合结果见表 2-2。

表 2-2 XPR2 中的多项式系数

系数	P_1	P_2	P_3	Q_1	Q_2
拟合值	0.001 1	−0.061 5	1.958 1	0.008 2	−0.230 8

图 2-14 为利用 XPR 和 XPR2 拟合与观测到的 56 幅 TS-X/TD-X 双极化图像的 PR 的结果对比。统计可知，观测到的 PR（线性单元）与 XPR2 拟合值之间的相关性（COR）为 0.91，偏差为 −0.01，优于用 XPR 得到的结果。在这样的情况下，XPR2 更可能从 HH 极化 TS-X 图像中反演出准确的海面风速。

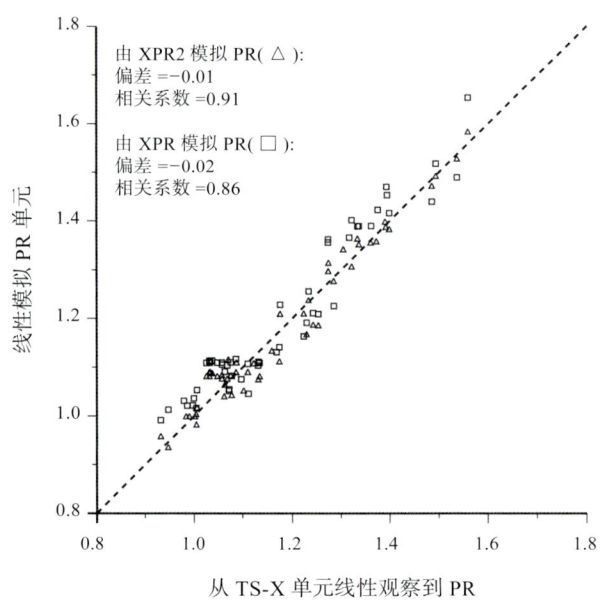

图 2-14 观测 PR 与分别用 XPR 和 XPR2 拟合的 PR 结果对比

2.3.3 利用 CMOD5N、PR 和 C-SARMOD 模型以及两种修正方法进行风场反演

在这一部分，简要介绍了运用 SAR 反演风向的方法。在此基础上，提出了用于反演风速的 C 波段 GMF 和 PR 模型。

通过前文，我们知道识别出风条纹之后可以获取风向。之后，采用 Shao（2014a）提出插值方法去除其他海面特征的影响，具体计算描述如下：

$$\phi_{(i,j)} = \phi_0 + \sum_{k=1}^{n} \frac{D_k^2 - R^2}{D_k^2 + R^2} \Delta\phi_k \tag{2-9}$$

在半径 R 假设为 5km 的区域内；n 为风向；ϕ_k 坐标为 (x_k, y_k)；$\phi_{i,j}$ 为 SAR 在

网格 (x_i, y_i) 内的反演风向；ϕ_0 为最接近于网格 (x_i, y_i) 的已知风向；D_k 为 (x_i, y_i) 与 (x_k, y_k) 的空间距离，单位为 km；$\Delta\phi_k$ ($=\phi_0-\phi_k$) 为风向 ϕ_0 与个体参考风向 ϕ_k 的差值。但是，这种方法适用于风条纹可见的 SAR 图像，参考风向数建议大于 5。

2.3.3.1 风速反演的地球物理模式函数

一般来说，CMOD5N 和 C-SARMOD 都遵循式（2-3）的描述，CMOD5N（Hersbach，2010）只用于 VV 极化 C 波段 SAR，而 C-SARMOD（Mouche et al., 2015）在 VV 极化和 HH 极化中都能被调试为适于 C 波段 SAR 的形式。最近研究显示，应用 CMOD5N 和 C-SARMOD 模型对 VV 极化 Sentinel-1 SAR 图像进行风场反演（Lin et al., 2017），与 ASCAT 风场数据（Monaldo et al., 2017）和浮标实测数据进行结果验证，结果表明，风速的 STD 值分别为 1.4 m/s 和 1.6 m/s，说明两种先进的 GMF 都能有效地反演 C 波段 SAR 的风场。

2.3.3.2 PR 模型

传统上，PR 模型被广泛应用于将 VV 极化的 NRCS 转化为 HH 极化中的 NRCS。具体来说，PR 模型的函数可简化为

$$PR = \sigma^0_{VV}/\sigma^0_{HH} \tag{2-10}$$

研究者建立了 4 种仅考虑雷达入射角的初始 PR 模型（Thompson et al., 1998；Vachon, Dobson, 2000；Horstmann et al., 2000；Mouche et al., 2005），这些模型对于从不同 C 波段 SAR 数据中反演风场，具有不同的反演性能（Bergeron et al., 2011；Liu et al., 2013；Monaldo et al., 2017）。其中，Mouche 等（2005）通过同位数据集开发的 PR_Mouche 分析模型，与其他研究中提出的经验 PR 模型有很大不同（Thompson et al., 1998；Vachon, Dobson, 2000；Horstmann et al., 2000）。表达式如下：

$$PR = A\exp(B\theta) + C \tag{2-11}$$

其中，A，B，C 为能在 C 波段（Zhang et al., 2011a）和 X 波段（Shao et al., 2014a）SAR 中被拟合的系数。后来，Zhang 等（2011a）又提出了一种新的 C 波段 PR 模型，包含了雷达入射角和风速两个变量，在本小节中表示为 PR_Zhang 模型，表达如下：

$$PR = P(\theta) U_{10}^{Q(\theta)} \tag{2-12}$$

$$P(\theta) = P_1\theta^2 + P_2\theta + P_3 \tag{2-13}$$

$$Q(\theta) = Q_1\theta + Q_2 \tag{2-14}$$

矩阵系数 $P(\theta)$ 和 $Q(\theta)$ 是拟合常数。通过对 800 多幅双极化 Radarsat-2 SAR 图像和浮标实测数据进行验证，结果表明，当使用 CMOD5N 和 PR_Zhang 模型时，风速

的 STD 为 1.85 m/s，优于使用式（2-11）中的 PR 模型（STD = 1.86 m/s）。

2.4 验证与分析讨论

2.4.1 结合 CMOD4 和 CMOD5 来反演海表面风场验证与分析讨论

采用 5 幅 Radarsat-2 SAR 图像进行风场反演验证，分别利用 CMOD4 和 CMOD5 结合的方法和单独使用 CMOD4 的方法，将反演的风速分别与 QuikSCAT 风速对比，如图 2-15 所示。用 CMOD4 和 CMOD5 结合的方法获得的风速均方根误差为 0.75 m/s，相关系数为 0.84；而单独用 CMOD4 方法反演得到的风速均方根误差为 1.01 m/s，相关系数为 0.72。另外，利用 SWDA+GMF 方法得到的风向平均偏差为 ±20°，风速的平均偏差为 ±2 m/s。因此，第一种改进方法可用于低风速条件下无明显风条纹的 SAR 图像的风场反演。但是，这种方法不是为了发展 CMOD 系列，而只是为了得到高精度的实际反演风场。因此，此方法也与 SWDA+GMF 反演风向的方法有同样的缺点。

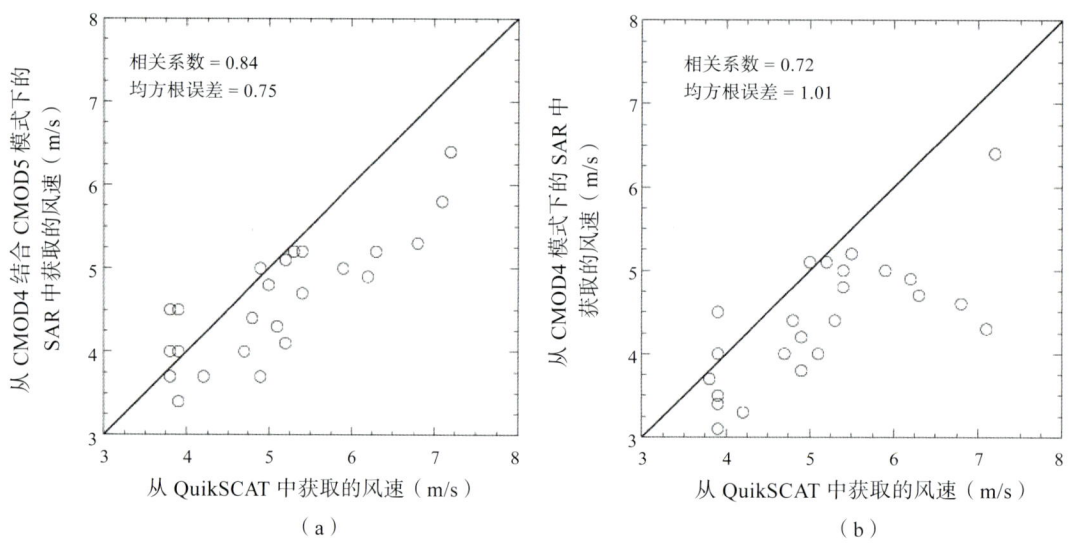

图 2-15 Radarsat-2 SAR 图像反演的风速特性散点图

（a）CMOD4 和 CMOD5 结合反演与 QuikSCAT 风速对比；（b）CMOD4 反演与 QuikSCAT 风速对比

2.4.2 利用改进的极化比模型 XPR2 反演海面风速验证与分析讨论

2.4.2.1 从 VV 极化 TS-X/TD-X 图像反演的海表面风速

利用 SIRX-MOD 和 XMOD2 模型对数据集中的 56 幅 VV 极化 TS-X/TD-X 图像进行海表面风速反演。

根据图 2-16 所示的反演结果，在（89.87°W，0.43°N）处，SIEX-MOD 和 XMOD2 反演的风速分别为 6.8 m/s 和 6.4 m/s，选取临近位置（89.88°W，0.45°N）的 ECMWF 海表面风速为 6.5 m/s，两种模型与 ECMWF 在一定程度上可相互验证。图 2-16 对 56 幅 TS-X/TD-X 子图像反演的 SAR 风速与 ECMWF 再分析数据的结果进行进一步对比验证。分析发现，SIRX-MOD 反演的风速的 RMSE 为 2.63 m/s，偏差为 −0.25 m/s。而使用 XMPD2 的结果较好，RMSE 为 2.18 m/s，偏差为 −0.14 m/s。

一方面，两种模型反演结果的差异性是可预见的。XMOD2 是基于 TS-X/TD-X 数据开发，而 SIRX-MOD 是专用于机载 SIR C 波段 SAR 数据。虽然两者都应用 X 波段 SAR 数据，但模型自身也存在差别。另一方面，两模型的 RMSE 和偏差都相对较高，这主要是由于 ECMWF 风场时空分辨率较低造成的。

Li 等（2014）在验证 XMOD2 时，通过与浮标实测结果的比较获得了更好的统计结果（RMSE 为 1.44 m/s）。因此，尽管 XMOD2 和 SIRX-MOD 都能很好地从 TS-X/TD-X 数据中反演风速，但建议使用误差更小的 XMOD2。

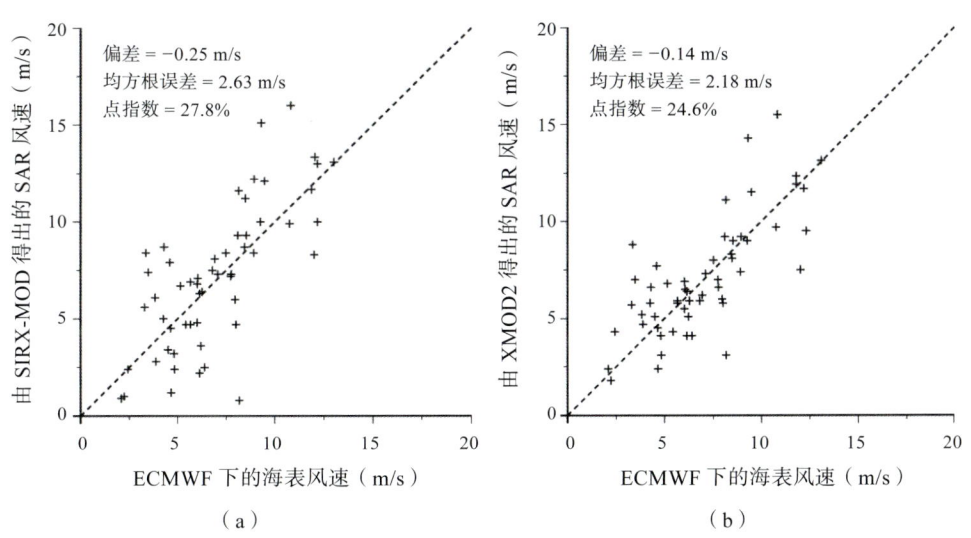

图 2-16　反演风速结果对比图

（a）SIRX-MOD 反演风速与欧洲中期天气预报中心（ECMWF）风速的对比散点图；
（b）XMOD2 反演风速与欧洲中期天气预报中心（ECMWF）风速的对比散点图

2.4.2.2　从 HH 极化 TS-X/TD-X 图像反演的海表面风场

2012 年 1 月 23 日 22:20（UTC 时间）HH 极化 TS-X 图像快视图，如图 2-17（a）所示。两个不同 XPR 和 XMOD2 结合的方式反演结果，如图 2-17（b）和（c）所示。最接近浮标位置（21.02°N，−64.85°W）的是影像中心区域（21.03°N，−64.86°W），

比较结果显示，XPR 反演的海面风速为 8.2 m/s，误差值为 0.3 m/s；而使用 XPR2 反演的风速为 8.7 m/s，误差值为 −0.2 m/s，浮标实测风速为 8.5 m/s。

图 2-18 是将两种 XPR 应用于 38 幅 TS-X/TD-XHH 极化图像，并将反演结果与浮标实测数据相比较的散点图。XPR 反演的风速 RMSE 为 2.31 m/s，偏差为 0.93 m/s；XPR2 反演的风速为 1.79 m/s，偏差为 0.68 m/s。结合 XMOD2，表明包括有入射角和风速参数的 XPR2 比仅包含入射角参数的 XPR 能更有效地从 HH 极化的 TS-X/TD-X 中反演风速，如图 2-14 所示，这也与拟合结果相一致。

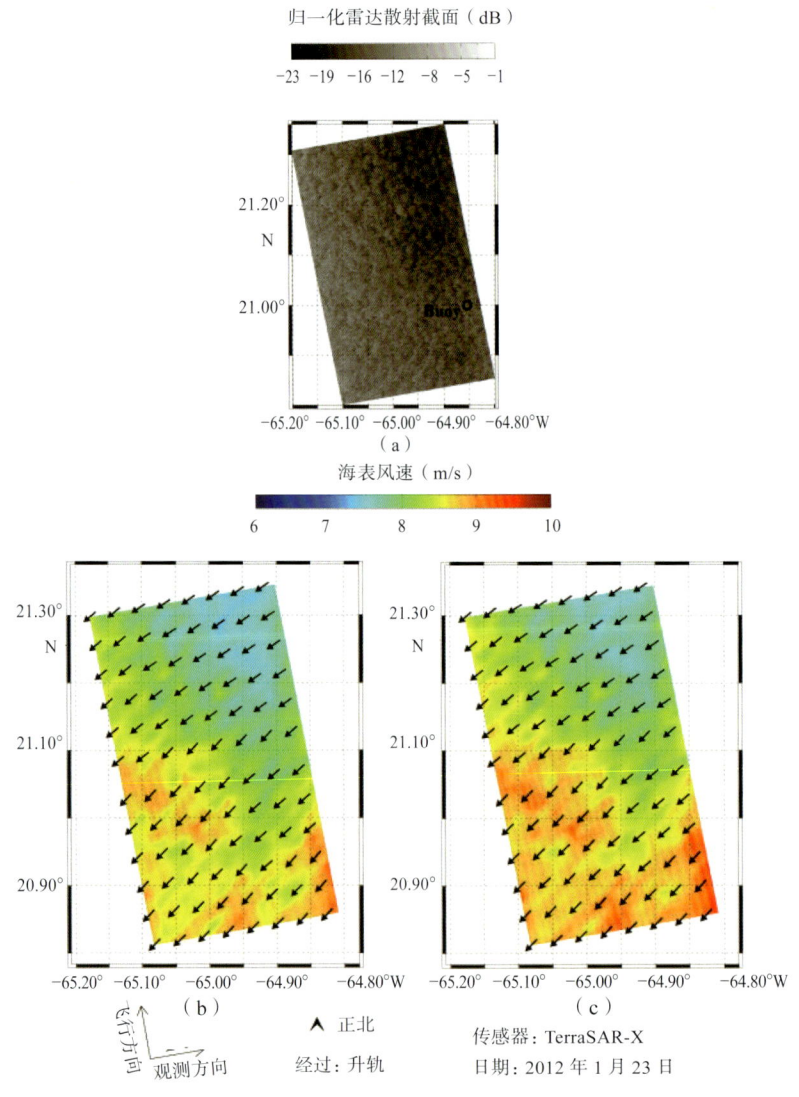

图 2-17 所选图例

（a）2012 年 1 月 23 日 22:20（UTC 时间）TS-X 快视图；（b）XMOD2 和 XPR 反演 TS-X 的风场；（c）XMOD2 和 XPR2 反演 TS-X 的风场

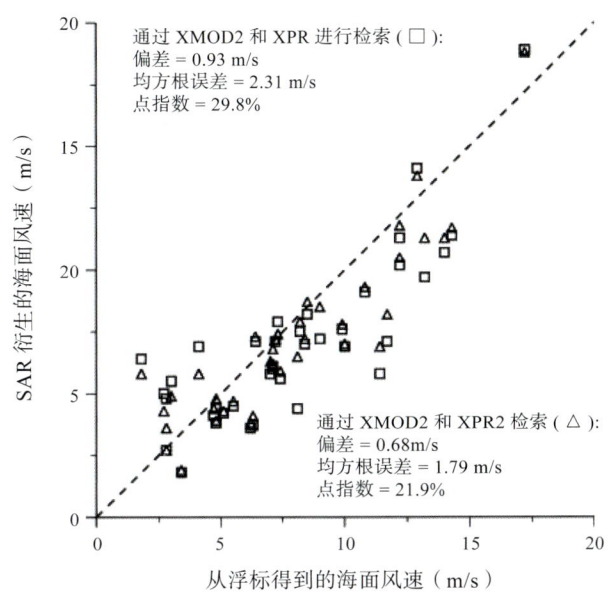

图 2-18　XMOD2 和 XPR，XMOD2 和 XPR2 反演的风场与浮标实测数据的对比

2.4.3　利用 CMOD5N、PR 和 C-SARMOD 模型以及两种修正方法进行风场反演验证与分析讨论

Shao 等（2017b）在一项初步评估研究中，对覆盖有 NDBC 浮标的 16/42 幅 VV/HH 极化的 GF-3 SAR 图像进行了风场反演，对应 VV/HH 极化，所反演风速的 RMSE 分别为 1.4/1.9 m/s。结果表明，从 GF-3 SAR 图像中可以反演风场，同时，利用两种先进的 GMF（CMOD5N，C-SARMOD）和两种 PR 模型（PR_Mouche，PR_Zhang）对风场的反演进行系统的评估还是很有必要的，特别是在复杂的中国海域。

2.4.3.1　从 VV 极化的 GF-3 SAR 图像中反演风场

图 2-19 和图 2-20 是不同时刻 GF-3 SAR 图像反演的风场图，图中的（a）和（b）分别是用 CMOD5N 和 C-SARMOD 模型反演的结果。图 2-19 匹配 ASCAT 数据点的风速分别是 8.0 m/s 和 7.5 m/s，与 ASCAT 数据点风速相比，利用 CMOD5N 方法得到的 SAR 反演风速为 9.0 m/s，差值为 1.5 m/s；而采用 C-SARMOD 方法得到的 SAR 反演风速为 9.5 m/s，差值为 2.0 m/s。图 2-20 对应 WindSAT 数据点的风速为 7.0 m/s，对应使用 CMOD5N 和 C-SARMOD 反演的风速和差值分别为 8.4 m/s、1.4 m/s 和 7.5 m/s、0.4 m/s。CMOD5N 反演得到的风速整体上比 C-SARMOD 反演的风速大。

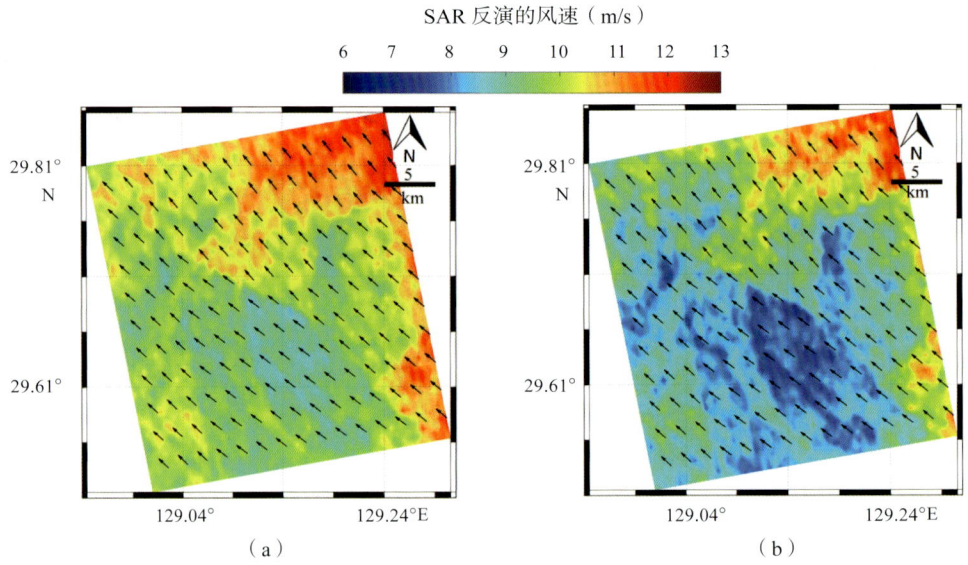

图2-19 2017年8月23日15:54（UTC时间）拍摄的VV极化的反演结果
（a）CMOD5N反演的风场图；（b）C-SARMOD反演的风场图

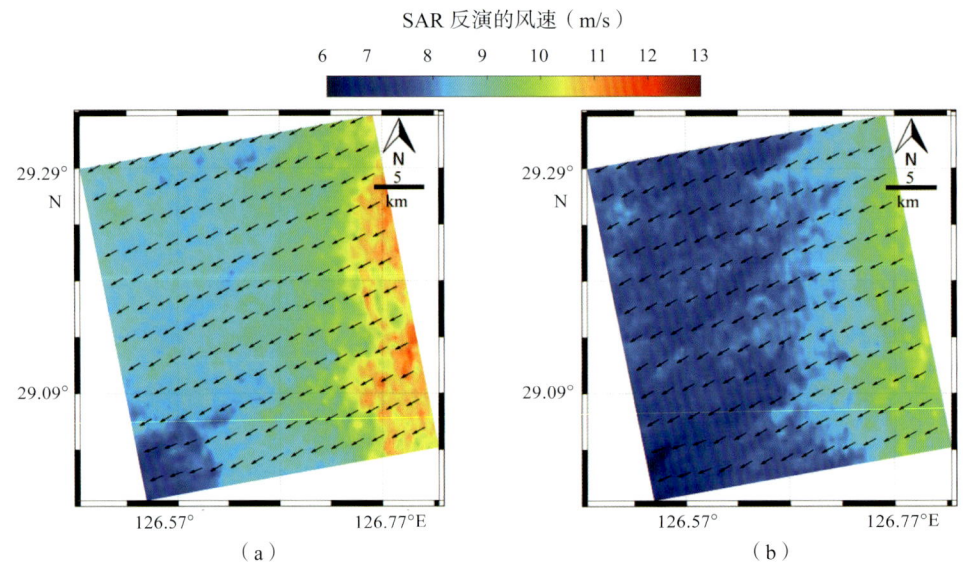

图2-20 2017年6月4日09:35（UTC时间）拍摄的VV极化的反演结果
（a）CMOD5N反演的风场图；（b）C-SARMOD反演的风场图

另外，利用获得的1000多个匹配数据进行验证，将整个数据集从0 m/s到14 m/s之间以1 m/s为间隔进行划分，对将其与ASCAT和WindSAT的风场数据进行误差分析，如图2-21所示，误差棒代表每个点的标准偏差。统计发现，CMOD5N反演的风速 STD 大于 2 m/s，C-SARMODD 反演的风速 STD 小于 2 m/s。Lin 等（2017）利用 C-SARMOD 方法从 VV 极化的 Sentinel-1 SAR 图像中反演风速 STD 为 1.6 m/s。对比可知，C-SARMOD 的效果优于 CMOD5N，这也符合模型的建立特性。C-SARMOD 基于丰富的数据集，包括来自 Envisat-ASAR，Radarsat-2，Sentinel-1 和 ASCAT 的全球测量数据；此外，在 Envisat-ASAR 任务期间，对 C-SARMOD 中的系数也进行了校正，但没有考虑对 sigma0 进行去噪，以提高风速对不同入射角和方位角的敏感性（Mouche et al., 2015）。因此，在使用 C-SARMOD 模型反演时，会导致风速在从 10 m/s 到 14 m/s 变化时存在一个较小的偏差，而在风速小于 2 m/s 时，两种 GMF 会有较大的偏差。这是因为在该风速条件下（$U_{10} < 2$ m/s）海面会产生较少的布拉格波，海面粗糙度较低，最终造成两种 GMF 的适用性较差。

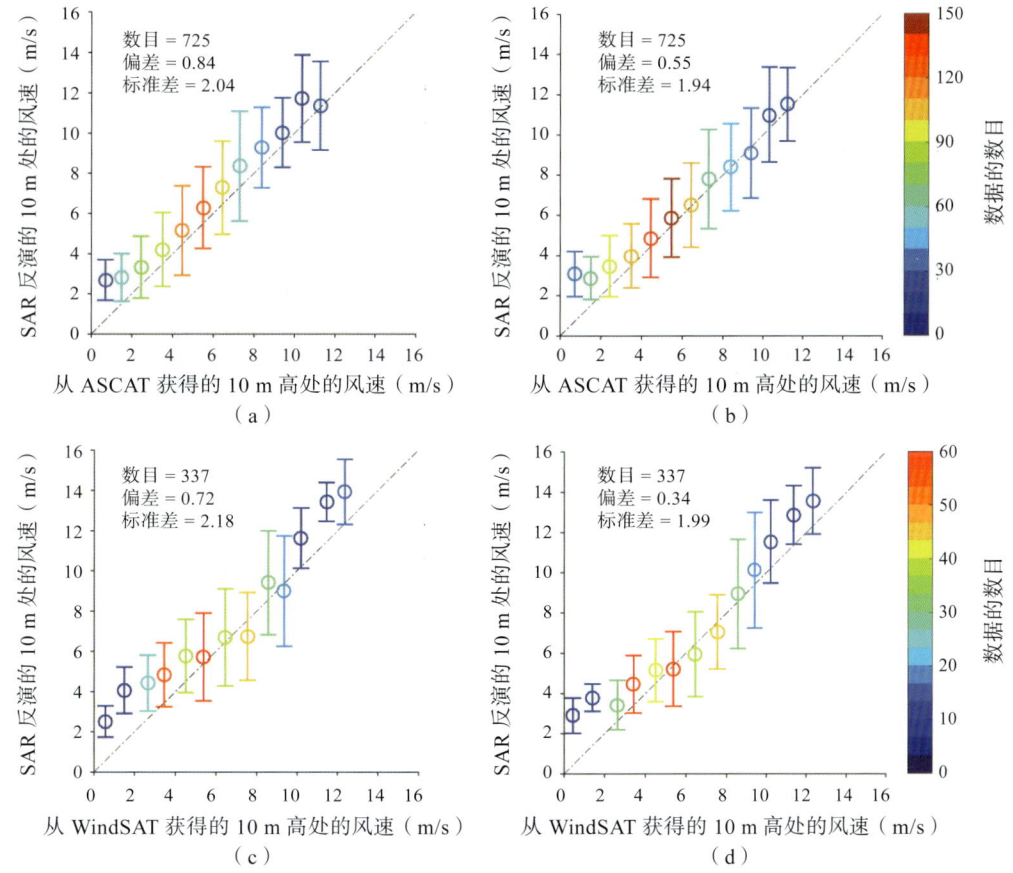

图 2-21　VV 极化的反演结果用 0 m/s 到 14 m/s，间隔为 1 m/s 的风速进行验证，误差棒代表每个点的标准差

（a）CMOD5N 反演与 ASCAT 的风速对比；（b）C-SARMOD 反演与 ASCAT 的风速对比；
（c）CMOD5N 反演与 WindSAT 的风速对比；（d）C-SARMOD 反演与 WindSAT 的风速对比

2.4.3.2 从 HH 极化的 GF-3 SAR 图像中反演风场

图 2-22 和图 2-23 分别给出了 HH 极化两个不同时刻的 SAR 反演风场图,图 2-22 和图 2-23 中的（a）到（c）分别是用 CMOD-5N+PR_Mouche、CMOD5N+PR_Zhang 和 C-SARMOD 得到的风场。与 ASCAT 风场相比较,使用 CMOD-5N+PR_Mouche 和 CMOD5N+PR_Zhang 反演的风速均为 8.8 m/s,误差值为 2.8 m/s;使用 C-SARMOD 反演的风速为 8.7 m/s,误差值为 2.7 m/s。ASCAT 风场与另一时刻 2017 年 6 月 4 日 09:35（UTC 时间）SAR 图像反演结果相比较,用 CMOD5N+PR_Mouche、CMOD-5N+PR_Zhang 和 C-SARMOD 时,风速和差值分别是 9.2 m/s,2.2 m/s;9.3 m/s,2.3 m/s;8.3 m/s,1.3 m/s。

基于上述分析结果,可得出以下两点结论:①在 HH 极化中,C-SARMOD 同样表现出较好的效果。因此,无论是在 HH 极化还是 VV 极化,C-SARMOD 都是最佳选择。② C-SARMOD、CMOD5N+PR_Mouche 和 CMOD5N+PR_Zhang 反演的结果存在较大差异,特别是当风速小于 10 m/s 时。

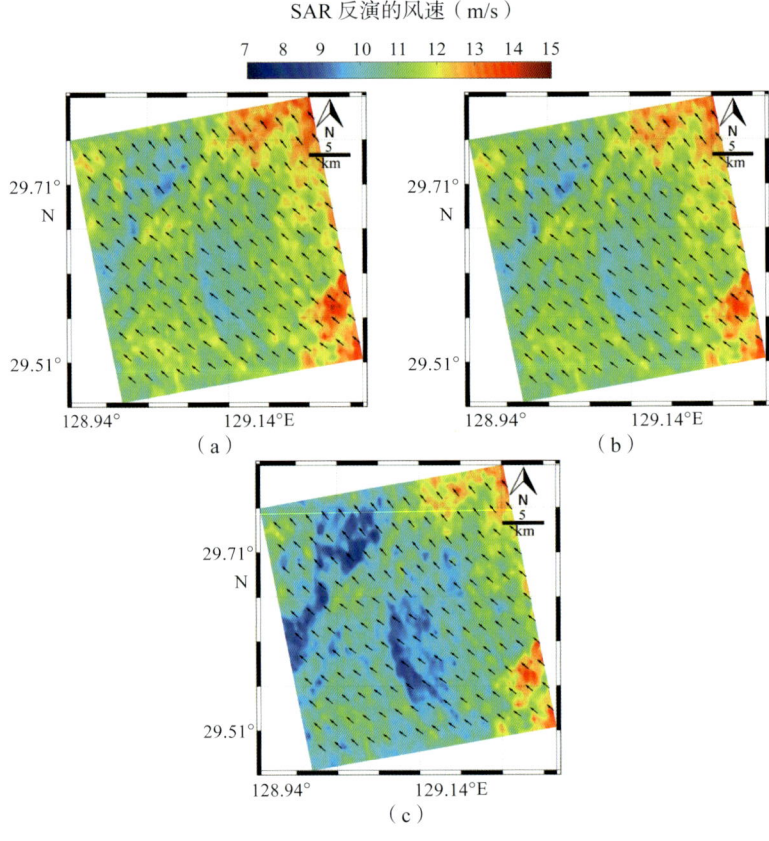

图 2-22　2017 年 8 月 23 日 15:54（UTC 时间）HH 极化的反演结果

(a) CMOD-5N+PR_Mouche 反演风场图；(b) CMOD5N+PR_Zhang 反演风场图；
(c) C-SARMOD 反演风场图

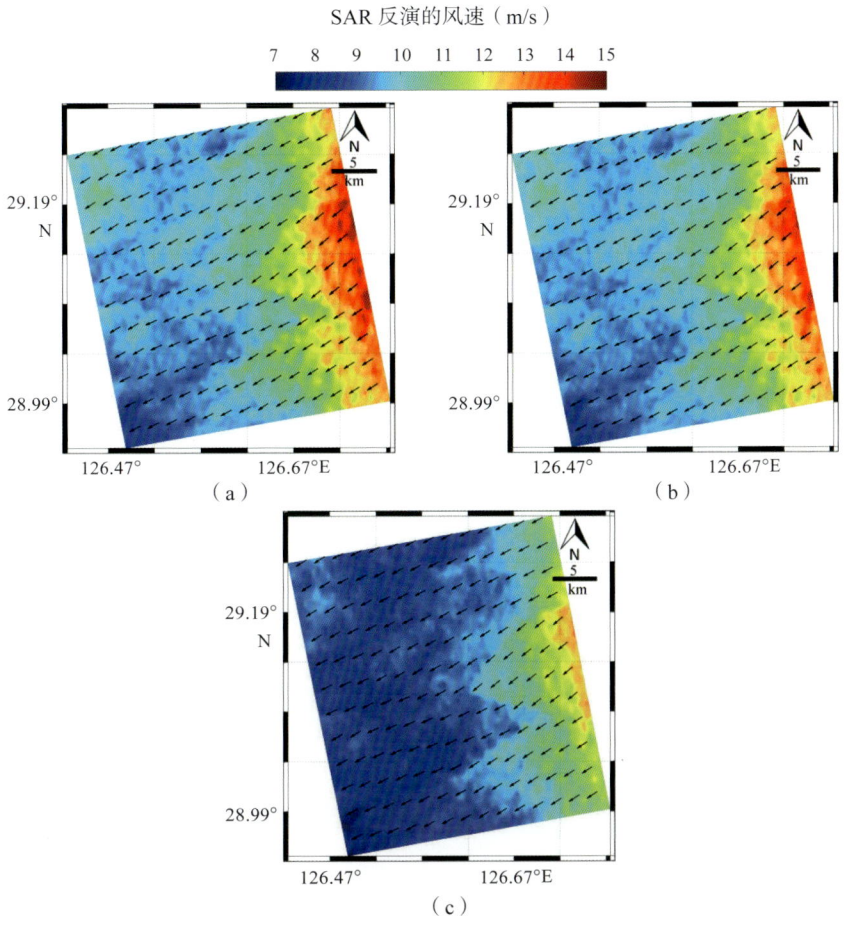

图 2-23 2017 年 6 月 4 日 09:35（UTC 时间）HH 极化的反演结果
（a）CMOD-5N+PR_Mouche 反演风场图；（b）CMOD5N+PR_Zhang 反演风场图；
（c）C-SARMOD 反演风场图

利用这三种方法对数据集的全部 HH 极化图像进行风场反演，图 2-24 给出了风速在 0 m/s 到 14 m/s 之间以 1 m/s 为间隔的验证结果。其中，（a）到（f）六个图分别表示用 CMOD5N+PR_Mouche、CMOD5N+PR_Zhang 和 C-SARMOD 的反演结果与 ASCAT 风场、WindSAT 风场的对比，误差棒表示每个点的标准差。表 2-3 总结了各种 GMF 和 PR 进行 GF-3 风场反演的误差统计。

一般情况下，HH 极化的 STD 比 VV 极化大，VV 极化的风速反演精度高于 HH 极化，这是由于 VV 极化最大限度地提高了海面粗糙度相关的共振贡献（Kudryavtsev et al., 2003b）。另外，使用 CMOD5N+PR_Zhang 比使用 CMOD5N+PR_Mouche 的 STD 值小，提高了风速大于 3 m/s 时的反演精度，这是由于 PR_Zhang 模型除了考虑雷达入射角外还包含风速项，而 PR_Mouche 模型仅考虑雷达入射角。总体而言，C-SARMOD 的表现最好，特别是在斜率接近于 1，风速在 3 m/s 到 10 m/s 区间时。因此，C-SARMOD 是从 HH 极化的 GF-3 SAR 图像中反演风场的最佳选择。

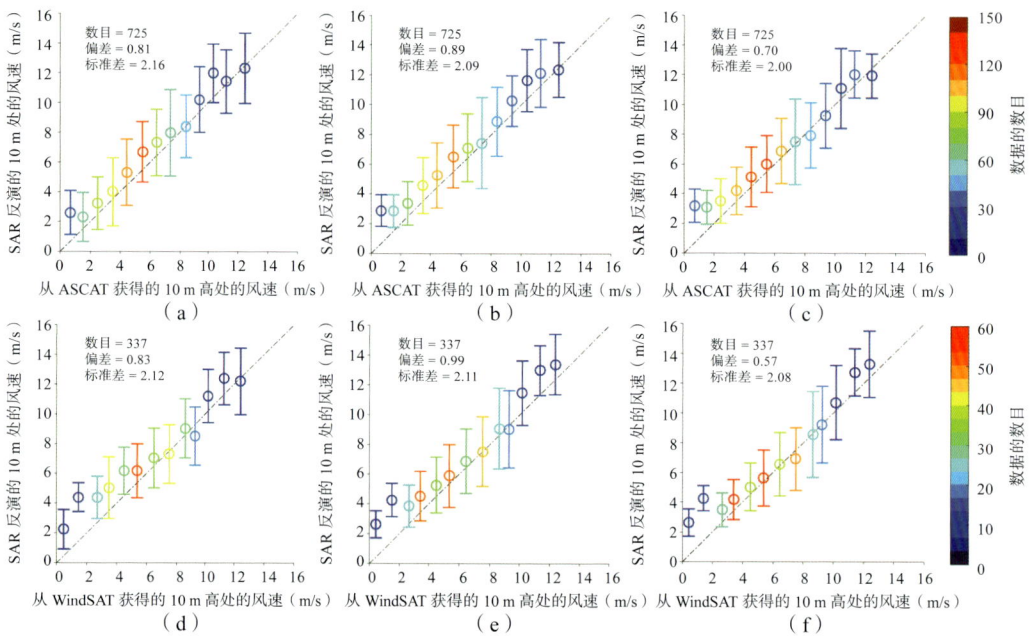

图 2-24　HH 极化的反演结果的风速进行验证

（a）CMOD5+PR_Mouche 反演与 ASCAT 风速对比；（b）CMOD5N+Zhang 反演与 ASCAT 的风速对比；
（c）C-SARMOD 反演与 ASCAT 的风速对比；（d）CMOD5+PR_Mouche 反演与 WindSAT 的风速对比；
（e）CMOD5N+Zhang 反演与 WindSAT 的风场对比；（f）C-SARMOD 反演与 WindSAT 的风速对比

表 2-3　GF-3 利用不同 GMF 和 PR 反演 GF-3 风场的误差统计

极化	GMF 选择	ASCAT		WindSAT	
		偏差	标准差	偏差	标准差
VV	CMOD5N	0.84	2.04	0.72	2.18
	C-SARMOD	0.55	1.94	0.34	1.99
HH	CMOD5N+PR_Mouche	0.81	2.16	0.83	2.12
	CMOD5N+PR_Zhang	0.89	2.09	0.99	2.11
	C-SARMOD	0.70	2.00	0.57	2.08

2.4.3.3　经验校正讨论

在这一部分，对每一个反演风速的 GMF 提出经验校正，提高从中国海域的 GF-3 SAR 图像中反演风场的准确性。基于前文分析，使用不同的 GMF 和 PR，误差存在显著差异。因此，可将风速分为三个级别：1 m/s < U_{10} < 2 m/s，2 m/s ≤ U_{10} < 10 m/s 和 U_{10} ≥ 10 m/s，该校正方法应用方便。

基本的校正方程如下：

$$U_{10}^C = U_{10} + 偏移量 \qquad (2-15)$$

其中，U_{10}^C 为校正后的风速；U_{10} 为反演风速；偏移量为各种风速范围的经验常数，用最小二乘法从数据集中拟合。偏移量的值见表 2-4 所示。

表 2-4　VV 极化和 HH 极化中不同风速范围的偏移量

极化	GMF	1 m/s < U_{10} < 2 m/s	2 m/s ≤ U_{10} < 10 m/s	U_{10} ≥ 10 m/s
VV	CMOD5N C-SARMOD	−1.0 −1.0	−0.5 +0.1	−0.5 0.0
HH	CMOD5N+PR_Mouche CMOD5N+PR_Zhang C-SARMOD	−0.5 −1.0 −1.0	−1.0 −1.0 0.0	−2.0 −1.0 −1.0

图 2-25 给出了 VV 极化的 GF-3 SAR 图像校正后，风速在 0 m/s 到 14 m/s 之间以 1 m/s 为间隔的验证结果，误差棒代表每个点的标准偏差。当使用 CMOD5N 时，风速的 STD 降低到 1.93 m/s，偏差为 0.06 m/s；使用 C-SARMOD 时，风速的 STD 降低到 1.63 m/s，偏差为 0.19 m/s。虽然修正后误差略有减小，但当使用两种改进的 GMF 时，特别在反演风速的斜率接近 1.0，当风速大于 10 m/s 的情况下，其改进效果较好。类似的，图 2-26 是在 0 m/s 到 14 m/s 之间以 1 m/s 为间隔，HH 极化的修正后风速反演的验证结果，误差棒代表每个点的标准偏差。结果显示，当使用 CMOD5N+PR_Mouche 时，风速的 STD 为 2.09 m/s，偏差为 0.07 m/s；使用 CMOD5N+PR_Zhang 时，风速的 STD 为 1.98 m/s，偏差为 0.06 m/s；C-SARMOD 比其他两种组合都要好，风速的 STD 为 1.71 m/s，偏差为 0.26 m/s。

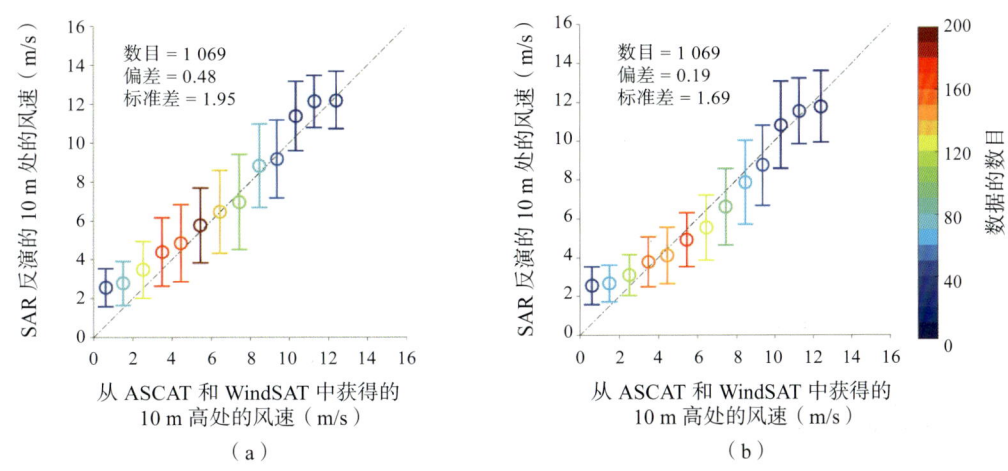

图 2-25　VV 极化的修正后反演结果用 0 m/s 到 14 m/s，间隔为 1 m/s 的风速进行验证，误差棒代表每个点的标准偏差

（a）CMOD5N 的对比；（b）C-SARMOD 的对比

虽然我们已经改进了多种针对各种 GMF 和 PR 的风场反演的校正方法，但这些经验方程的调整没有理论背景。因此，在不同的大气和海洋条件下，必须利用更多数据进行进一步检验。根据分析结果，推荐采用校正后的 C-SARMOD 模型进行同极化 GF-3 SAR 的反演，为提高 GF-3 SAR 风场反演的精度，需进行更精确的修正。

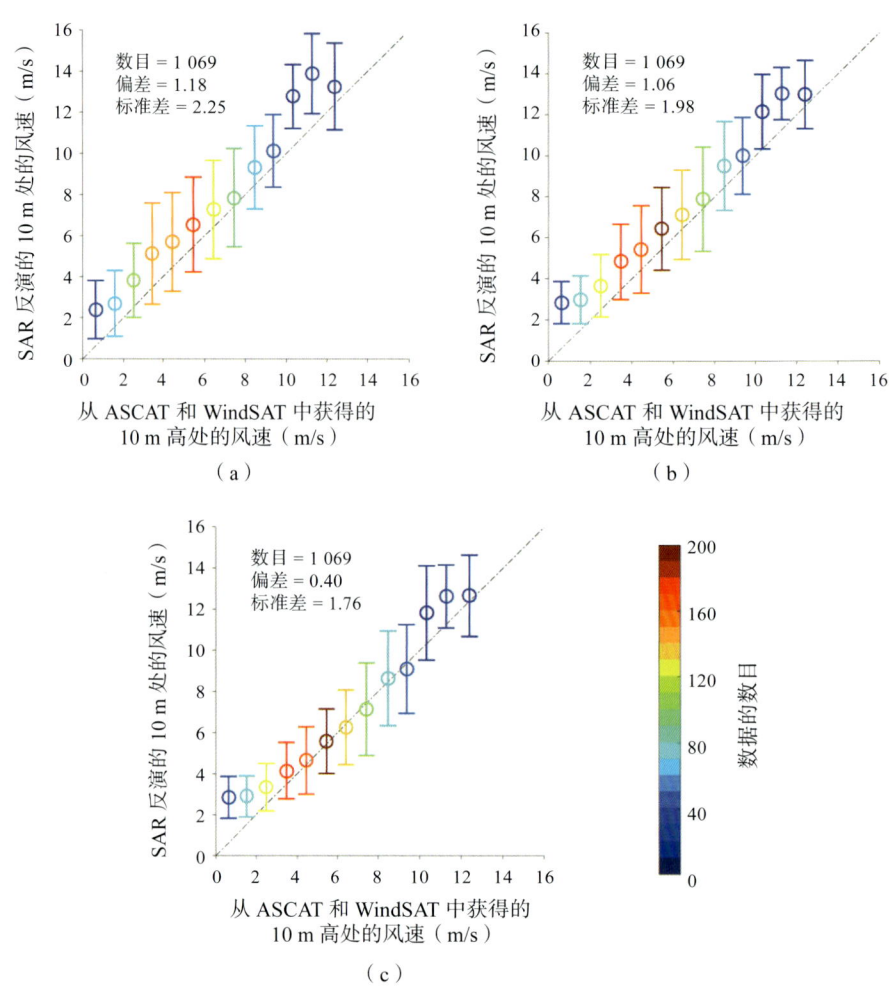

图 2-26　HH 极化的反演结果用 0 m/s 到 14 m/s，间隔为 1 m/s 的风速进行验证，
误差棒代表每个点的标准差
（a）CMOD5+PR_Mouche 的对比；（b）CMOD5N+Zhang 的对比；（c）C-SARMOD 的对比

2.5　本章小节

总体来看，利用上述几种方法进行 SAR 风场反演的效果都还不错。

首先，对于第一种结合 CMOD4 和 CMOD5 来反演海表面风场方法。它是基于现

第2章 海面风场反演技术

有的两种 CMOD 系列的改进，可直接用于 C 波段 SAR 图像的一种经验地球物理模式函数。CMOD4 已经被广泛用于 C 波段 SAR 图像风场反演，CMOD5 是在此基础上改进了 CMOD4 的缺陷而发展起来的。CMOD5 在低风速条件下存在风速模糊和较大的 NRCS 梯度问题。理论上来说，改进方法的目的是通过在模拟中计算 NRCS 的最大梯度来避免 CMOD5 的这一内在缺陷，并以此作为判断 CMOD5 是否适用于风速反演的标准。如果观测到的 NRCS 比标准值小，则将 CMOD4 用于风速的反演，反之，则将 CMOD5 用于风速的反演。

SWDA 被广泛用于反演风向，但不适合从风条纹不明显的 SAR 图像中提取风向，因此，将 $1.5°×1.5°$ 的 ECMWF 风向数据作为输入风向。总计 5 幅 Radarsat-2 SAR 被用于验证，将利用结合方法（CMOD4 和 CMOD5）反演结果和 QuikSCAT 风速进行对比，发现反演风速的均方根误差为 0.75 m/s，相关系数为 0.84；而单独用 CMOD4 GMF 反演得到的风速均方根误差为 1.01 m/s，相关系数为 0.72。结果表明，改进后的方法可用于低风速条件下的风场反演，避免 CMOD5 的内部缺陷。

之后，是利用改进的极化比模型 XPR2 反演海面风速的方法。根据之前的研究，仅涉及入射角的 X 波段 PR，即 XPR 早已被提出。根据图 2-14 的模拟结果，对于 C 波段 SAR，PR 与入射角和风速都有关。理论上与图 2-24 都观察到 X 波段的这种现象，进一步的研究分析表明，在 X 波段 PR 模型中必须考虑风速的影响。据此，调整现有的 PR 模型，考虑入射角和海面风速的 x 波段模型，称为 XPR2，提高了从 HH 极化 TS-X 图像反演海面风场的精度。用 ECMWF 再分析风速数据对几幅双极化 TS-X/TD-X 图像的 PR 进行最小二乘法的拟合，发现两个 XPR 拟合结果和观测 PR 之间的相关系数差异较大。采用 XPR2 的相关系数为 0.91，优于 XPR 的 0.86。

图 2-18 和图 2-16 则分别给出了 XMOD2 和 SIRX-MOD 与浮标数据的验证结果；使用 XMOD2 和 SIRX-MOD 从 56 幅 VV 极化图像反演风速，反演结果与 ECMWF 风场数据比较，用 SIRX-MOD 反演的风速为 2.63 m/s，偏差为 −0.25 m/s，用 XMOD2 反演的风速为 2.18 m/s，偏差为 −0.25 m/s。虽然这两种模型都有较好的反演精度，但 XMOD2 的误差相对较小更适合应用。此外，利用 XPR2 和 XMOD2 模型对 38 幅 HH 极化 TS-X 图像进行反演，并将结果与浮标数据进行验证，对比分析表明，用 XPR2 反演海表面风速与浮标实测数据的 RMSE 为 1.79 m/s，偏差为 0.68 m/s；用 XPR 反演海表面风速与浮标实测数据的 RMSE 为 2.31 m/s，偏差为 0.93 m/s。因此，在实际进行 HH 极化的 TS-X 和 TD-X 图像的风速反演时，XPR2 比 XPR 有更好的反演效果。

最后，是利用 CMOD5N、PR 和 C-SARMOD 模型以及两种修正方法进行风场反演的方法。该方法将采用 CMOD5N 和 PR_Zhang 方法从多幅 GF-3 SAR 图像中反演的风速与 NOAA 的浮标在美国近海水域的测量结果对比（Shao et al., 2017b），以验证利用 GF-3 SAR 反演风速的可能性。另外，将从 1000 多幅中国海域的 GF-3 SAR 图像反演的风速与 ASCAT 和 WindSAT 的风速进一步验证。特别地，利用 GMF 和 PR 模型在中低风速下进行风速反演，来评估 GF-3 SAR 反演风速的精度。

正如前言所述，C-SARMOD 是通过 Envisat-ASAR 图像和全球 SAR 测量数据来拟合的，可直接应用于 VV 极化和 HH 极化 SAR 图像。因此，利用该模型从 HH 极化的 GF-3 SAR 图像中反演风速就不再需要 PR 模型。结果表明，C-SARMOD 从同极化 GF-3 SAR 图像中反演风速的误差最小，是最佳的 GF-3 SAR 图像风场反演方法。但在低风速（$U_{10} < 2$ m/s），后向散射信号很微弱的情况下，C-SARMOD 具有较大的误差。为此，我们划分不同的风速区进行经验修正，以提高使用不同 GMF 和 PR 模型反演风速的准确性。经过经验修正后，VV 极化和 HH 极化的风速反演结果 STD 分别下降到 1.63 m/s 和 1.71 m/s，偏差分别为 0.19 m/s 和 0.26 m/s。此外，SAR 反演的风速校正后与 ASCAT/WindSAT 风速对比的斜率有所改善。但是，这些经验修正方法在任何情况下使用都需要被进一步检验。

建议将修正后的 C-SARMOD 用于中国海域的 GF-3 SAR 图像反演，以提供精确的近实时风速产品。最近，GF-3 SAR 捕捉到了几个台风，但 GMF 不能有效反演风速大于 25 m/s 的情况。Shao 等（2017a）进行的研究提出了一种通过 SAR 反演的波浪周期，在台风期间反演风速的新方法。在不久的将来，有望提出一种 GF-3 SAR 反演风速的新方法，并评估其在台风期间反演风速的准确性。

参考文献

ALPERS W, BRÜMMER B, 1994. Atmospheric boundary layer rolls observed by the synthetic aperture radar aboard the ERS-1 satellite[J]. Journal of Geophysical Research: Oceans, 99(C6).

BERGERON T, et al., 2011. Wind Speed Estimation Using Polarimetric RADARSAT-2 Images: Finding the Best Polarization and Polarization Ratio[J]. IEEE Journal of Selected Topics in Applied Earth Observations and Remote Sensing, 4(4): 896−904.

BRUCK A M, LEHNER S, 2013. Coastal wave field extraction using TerraSAR-X data[J]. Journal of Applied Remote Sensing, 7(1): 073694.

CHAPRON B, JOHNSEN H, GARELLO R, 2001. Wave and wind retrieval from SAR images of the ocean[J]. Annales Des Télécommunications, 56(11−12): 682−699.

FETTERER F, GINERIS D, WACKERMAN C C, 2002. Validating a scatterometer wind algorithm for ERS-1 SAR[J]. IEEE Transactions on Geoscience & Remote Sensing, 36(2): 479−492.

GERLING T W, 1986. Structure of the surface wind field from the Seasat SAR[J]. Journal of Geophysical Research Oceans, 91(C2).

HASSELMANN K, HASSELMANN S, 1991. On the nonlinear mapping of an ocean wave spectrum into a synthetic aperture radar image spectrum and its inversion[J]. Journal of Geophysical Research Oceans, 96(C6): 713−729.

HERSBACH H, 2003. CMOD5: An Improved Geophysical Model Function for ERS C-band Scatterometry. ECMWF Technical Memorandum No.395, European Centre for Medium-Range Weather forecasts, 50.

HERSBACH H, 2010. Comparison of C-Band Scatterometer CMOD5.N Equivalent Neutral Winds with ECMWF[J]. Journal of Atmospheric and Oceanic Technology, 27(4): 721−736.

HERSBACH H, STOFFELEN A, HAAN S D, 2007. An improved C-band scatterometer ocean geophysical model function: CMOD5[J]. Journal of Geophysical Research: Oceans, 112(C3).

HORSTMANN J, et al., 2000. Wind Retrieval over the Ocean using synthetic aperture radar with C-band HH polarization[J]. IEEE Transactions on Geoscience and Remote Sensing, 38(5): 2122−2131.

HORSTMANN J, et al., 2005. Can synthetic aperture radars be used to estimate hurricane force winds?[J]. Geophysical Research Letters, 32(22): L22801.

HORSTMANN J, KOCH W, LEHNER S, 2004. Ocean wind fields retrieved from the advanced synthetic aperture radar aboard ENVISAT[J]. Ocean Dynamics, 54(6): 570−576.

HSU S A, MEINDL E A, GILHOUSEN D B, 1994. Determining the Power-Law Wind-Profile Exponent under Near-Neutral Stability Conditions at Sea[J]. Journal of Applied Meteorology, 33(6): 757−765.

HWANG P A, et al., 2010b. Comparison of composite Bragg theory and quad - polarization radar backscatter from RADARSAT - 2: With applications to wave breaking and high wind retrieval[J]. Journal of Geophysical Research Oceans, 115(C8).

HWANG P A, ZHANG B, PERRIE W, 2010a. Depolarized radar return for breaking wave measurement and hurricane wind retrieval[J]. Geophysical Research Letters, 37(1): 70−75.

IFREMER, 1996. Off-line wind scatterometer ERS products: User Manual. Technical Report C2-MUT-W-01-IF, Version 2.0, IFREMER-CERSAT, Plouzane France, 75.

KERBAOL V, CHAPRON B, VACHON P W, 1998. Analysis of ERS-1/2 synthetic aperture radar wave mode imagettes[J]. Journal of Geophysical Research Oceans, 103(C4): 7833−7846.

KOCH W, 2004. Directional Analysis of SAR Images Aiming at Wind Direction[J]. Geoscience & Remote Sensing IEEE Transactions on, 42(4): 702−710.

KUDRYAVTSEV V, et al., 2003b. A semiempirical model of the normalized radar cross section of the sea surface, 2. Radar modulation transfer function[J]. Journal of Geophysical Research Oceans, 108(C3): FET-1-FET 3−16.

KUDRYAVTSEV, 2003a. A semiempirical model of the normalized radar cross-section of the sea surface 1. Background model[J]. Journal of Geophysical Research, 108(C3): 8054.

LA T V, et al., 2017. Exploitation of C-Band Sentinel-1 Images for High-Resolution Wind Field Retrieval in Coastal Zones (Iroise Coast, France)[J]. IEEE Journal of Selected Topics in Applied Earth Observations and Remote Sensing, 10(12): 5458−5471.

LEHNER S, et al., 1998. Mesoscale wind measurements using recalibrated ERS SAR images[J]. Journal of Geophysical Research Oceans, 103(C4): 7847−7856.

LEHNER S, et al., 2000. Wind and wave measurements using complex ERS-2 SAR wave mode data[J]. IEEE Transactions on Geoscience & Remote Sensing, 38(5): 2246−2257.

LEHNER S, Pleskachevsky A, Bruck M, 2012. High resolution satellite measurements of coastal wind field and sea state[J]. International Journal of Remote Sensing, 33(2011): 7337−7360.

LI X F, 2015. The first Sentinel-1 SAR image of a typhoon[J]. Acta Oceanologica Sinica, 34(1): 1−2.

LI X M, LEHNER S, 2014. Algorithm for Sea Surface Wind Retrieval From TerraSAR-X and TanDEM-X Data[J]. IEEE Transactions on Geoscience & Remote Sensing, 52(5): 2928−2939.

LIN B, et al., 2017. Development and validation of an ocean wave retrieval algorithm for VV-polarization Sentinel-1 SAR data[J]. Acta Oceanologica Sinica, 36(7): 95−101.

LIU G, et al., 2013. A systematic comparison of the effect of polarization ratio models on sea surface Wind Retrieval From C-Band Synthetic Aperture Radar[J]. IEEE Journal of Selected Topics in Applied Earth Observations and Remote Sensing, 6(3): 1100−1108.

MASUKO H, et al., 1986. Measurement of microwave backscattering signatures of the ocean surface using X band and Ka, band airborne scatterometers[J]. Journal of Geophysical Research: Oceans, 91(C11).

MEISSNER T, WENTZ F J, 2012. The Emissivity of the Ocean Surface Between 6 and 90 GHz Over a Large Range of Wind Speeds and Earth Incidence Angles[J]. IEEE Transactions on Geoscience & Remote Sensing, 50(8): 3004-3026.

MONALDO F, et al., 2017. Preliminary Evaluation of Sentinel-1A Wind Speed Retrievals[J]. IEEE Journal of Selected Topics in Applied Earth Observations and Remote Sensing, 9(6): 2638-2642.

MONALDO F M, et al., 2002. Comparison of SAR-derived wind speed with model predictions and ocean buoy measurements[J]. IEEE Transactions on Geoscience & Remote Sensing, 39(12): 2587-2600.

MONALDO F M, et al., 2004. A systematic comparison of QuikSCAT and SAR ocean surface wind speeds[J]. IEEE Transactions on Geoscience and Remote Sensing, 42(2): 283-291.

MOUCHE A A, CHAPRON B, 2015. Global C-band ENVISAT, RADARSAT-2 and Sentinel-1 SAR measurements in co-polarization and cross-polarization[J]. Journal of Geophysical Research, 120(11): 7195-7207.

MOUCHE A A, et al., 2005. Dual-polarization measurements at C-band over the ocean: results from airborne radar observations and comparison with ENVISAT ASAR data[J]. IEEE Transactions on Geoscience & Remote Sensing, 43(4): 753-769.

OFFILER D, 2009. The Calibration of ERS-1 Satellite Scatterometer Winds[J]. Journal of Atmospheric & Oceanic Technology, 11(11): 1002.

PLANT W J, 1986. A two-scale model of short wind generated waves and scatterometry[J]. Journal of Geophysical Research Atmospheres, 91(C9): 10735-10749.

PORTABELLA M, STOFFELEN A, JOHANNESSEN J A, 2002. Toward an optimal inversion method for synthetic aperture radar wind retrieval[J]. Journal of Geophysical Research Oceans, 107(C8): 1-1-1-13.

QUILFEN Y, et al., 1998. Observation of tropical cyclones by high-resolution scatterometry[J]. Journal of Geophysical Research Oceans, 103(C4): 7767-7786.

REN Y Z, HE M X, ANDS LEHNER, 2012. An algorithm for the retrieval of sea surface wind fields using X-band TerraSAR-X data[J]. Int.J.RemoteSens., 33(23): 7301-7336.

REN Y Z, LI X M, ZHOU G Q, 2015. Sea Surface Wind Retrievals from SIR-C/X-SAR Data: A Revisit[J]. Remote Sensing, 7(4): 3548-3564.

REPPUCCI A, et al., 2008. Extreme wind conditions observed by satellite synthetic aperture radar in the North West Pacific[J]. International Journal of Remote Sensing, 29(21): 6129-6144.

SHAO W Z, et al., 2014a. Development of polarization ratio model for sea surface wind field retrieval from TerraSAR-X HH polarization data[J]. International Journal of Remote Sensing, 35(11-12): 4046-4063.

SHAO W Z, et al., 2014b. A method for sea surface wind field retrieval from SAR image mode data[J].

Journal of Ocean University of China, 13(2): 198−204.

SHAO W Z, et al., 2016. Sea surface wind speed retrieval from TerraSAR-X HH- polarization data using an improved polarization ratio model[J]. IEEE Journal of Selected Topics in Applied Earth Observations and Remote Sensing, 9(11): 4991−4997.

SHAO W Z, et al., 2017b. Preliminary assessment of wind and wave retrieval from Chinese Gaofen-3 SAR imagery[J]. Sensors, 17(8): 1705.

SHAO W Z, et al., 2017a. Bridging the gap between cyclone wind and wave by C-band SAR measurements[J]. Journal of Geophysical Research, 122(8): 6714−6724.

SHAO W Z, et al., 2018. Development of wind speed retrieval from cross-polarization Chinese Gaofen-3 synthetic aperture radar in typhoons[J]. Sensors, 18(2): 412.

SHAO W Z, LEHNER S, GUAN C L, 2012. Study on Polarisation Ratio for X-Band Using Dual-Polarisation Terra-SAR X Image[C] IGARSS 2012. IEEE.

SHAO W Z, Li X F, JIAN S. 2015. Ocean Wave Parameters Retrieval from TerraSAR-X Images Validated against Buoy Measurements and Model Results[J]. Remote Sensing, 7(10): 12815−12828.

SHEN H, PERRIE W, HE Y J, 2006. A new hurricane wind retrieval algorithm for SAR images[J]. Geophysical Research Letters, 33(21): L21812.

SHIMADA T, KAWAMURA H, 2004. Wind jets and wind waves off the Pacific coast of northern Japan under winter monsoon captured by combined use of scatterometer, synthetic aperture radar, and altimeter[J]. Journal of Geophysical Research Oceans, 109(C12).

SOISUVARN S, et al., 2013. CMOD5.H-A high wind geophysical model function for C-band vertically polarized satellite scatterometer measurements[J]. IEEE Transactions on Geoscience and Remote Sensing, 51(6): 3744−3760.

STOFFELEN A , ANDERSON D, 1992. ERS-1 scatterometer data and characteristics and wind retrieval skill[J]. European Space Agency Special Publication, 359(1): 41−47.

STOFFELEN A , ANDERSON D, 1997a. Scatterometer data interpretation: Estimation and validation of the transfer function-CMOD4[J]. Journal of Geophysical Research, 102: 5767−5780.

STOFFELEN A , ANDERSON D, 1997b. Scatterometer data interpretation: Measurement space and inversion[J]. Journal of Atmospheric and Oceanic Technology, 14(6): 1298−1313.

THOMPSON D R, 1998. Polarization ratio for microwave backscattering from the ocean surface at low to moderate incidence angles[C] IEEE International Geoscience & Remote Sensing Symposium. IEEE.

THOMPSON D R, et al., 2012. Comparison of high-resolution wind fields extracted from TerraSAR-X SAR imagery with predictions from the WRF mesoscale model[J]. J. Geophys. Res., 117(C): 41−52.

VACHON P W, DOBSON F W, 2000.Wind retrieval from RADARSAT SAR images selection of a suitable C-band HH polarization wind retrieval model[J].Can. J. Remote Sens, 26(4): 2122-2131.

VALENZUELA G R, 1978. Theories for the interaction of electromagnetic and oceanic waves—A review[J]. Boundary-Layer Meteorology, 13(1): 61-85.

VERSPEEK J, et al., 2009. Validation and calibration of ASCAT using CMOD5.N[J]. IEEE Transactions on Geoscience and Remote Sensing, 48(1): 386-395.

WACHERMAN C, et al., 1998. Estimating near-shore bathymetry using SAR. IEEE International Geoscience & Remote Sensing Symposium.

WACKERMAN C C, 1996. Wind vector retrieval using ERS-1 synthetic aperture radar imagery[J]. IEEE Trans.geosci.rem.sens, 34(6): 1343-1352.

WACKERMAN C C, CLEMENTE-COL'ON P, PICHEL W G, 2002a. A two-scale model to predict C-band VV and HH normalized radar cross section values over the ocean[J]. Canadian Journal of Remote Sensing, 28(3): 367-384.

WACKERMAN C C, et al., 2002b. An analytical two-scale model to predict C-VV and C-HH radar cross section values[J]. Canadian Journal of Remote Sensing, 28(3): 367-384.

WANG H, et al., 2017. GF-3 SAR ocean wind retrieval: The first view and preliminary assessment[J]. Remote Sensing, 9(7): 694.

WANG Y R, LI X M, 2016. Derivation of Sea Surface Wind Directions from TerraSAR-X Data Using the Local Gradient Method[J]. Remote Sensing, 8(1): 53-68.

WENTZ F J, SMITH D K, 1999. A model function for the ocean-normalized radar cross section at 14 GHz derived from NSCAT observations[J]. Journal of Geophysical Research Oceans, 104(C5): 11499-11514.

XU Q, et al., 2008. Evaluation of ENVISAT ASAR data for sea surface wind retrieval in Hong Kong coastal waters of China[J]. Acta Oceanologica Sinica, 27(4): 1-6.

XU Q, et al., 2010. Assessment of an analytical model for sea surface wind speed retrieval from Spaceborne SAR[J]. International Journal of Remote Sensing, 31(4): 993-1108.

XU Q, et al., 2011. Ocean surface wind speed of hurricane Helene observed by SAR[J]. Procedia Environmental Sciences, 10(1): 2097-2101.

YANG X F, et al., 2011a. Comparison of ocean surface winds from ENVISAT ASAR, Metop ASCAT scatterometer, buoy Measurements, and NOGAPS model[J]. IEEE Transactions on Geoscience and Remote Sensing, 49(12): 4743-4750.

YANG X F, et al., 2011b. Comparison of ocean-surface winds retrieved from QuikSCAT scatterometer and RADARSAT-1 SAR in offshore waters of the U.S. west coast[J]. IEEE Geoscience and Remote Sensing Letters, 8(1): 163-167.

ZHANG B, et al., 2011. Ocean vector winds retrieval from C-band fully polarimetric SAR measurements[J]. IEEE Transactions on Geoscience and Remote Sensing, 50(11): 4252−4261.

ZHANG B, PERRIE W, HE Y, 2011. Wind speed retrieval from RADARSAT-2 quad-polarization images using a new polarization ratio model[J]. Journal of Geophysical Research Oceans, 116(C8).

ZHOU L, et al., 2017. An improved local gradient method for sea surface wind direction retrieval from SAR Imagery[J]. Remote Sensing, 9(7): 671.

第3章
海浪反演技术

合成孔径雷达（SAR）因具有高空间分辨率，相对较大覆盖条带和全天时、全天候观测能力等特点。因此 SAR 不仅能有效反演风场，更是获取海浪信息的有效手段。

通常，SAR 图像是依靠不同雷达传感器在不同电磁波谱范围（C 波段，L 波段和 X 波段）采集目标信息（包括海洋）来成像的，因此，对于海面波浪 SAR 成像机制的研究是很有必要的。SAR 后向散射信号主要来自海面布拉格（Bragg）散射（Alpers et al., 1981），根据双尺度模型（Hasselmann et al., 1985），海面短波的倾斜和流体动力学调制（Valenzuela, 1978）被认为是海浪成像的主要影响因素。由于波浪的传播运动在 SAR 图像上形成独特的海浪波条纹，称之为速度聚束，这种现象是一种非线性机制，是由海浪运动失真引起海浪在雷达方位角（平行于卫星飞行）方向上运动。速度聚束的结果是 SAR 不能检测方位角方向上的特定波浪（Alpers et al., 1986；Li et al., 2002），因为海洋表面波长短于 200 m 的信息会丢失。

过去几十年以来，科研工作者在 SAR 的海洋应用中投入了大量精力，特别是风场和波浪的反演（Chapron et al., 2001）。通常从 SAR 反演的海浪谱中获得波浪参数，例如有效波高（H_s）和平均波周期（T_{mw}）。一般来说，单极化 SAR 图像数据的波浪反演算法有两种。第一类是基于理论的算法，如 Max-Planck Institute（MPI）(Hasselmann et al., 1991, 1996)，半参数反演算法（SPRA）（Mastenbroek et al., 2000），参数化初猜谱法（PFSM）（Sun et al., 2006, 2009；Shao et al., 2015），以及分区重新缩放和移位算法（PARSA）（Schulz-Stellenfleth et al., 2005；Li et al., 2010），它们都依赖于初猜谱（可从数值海浪模型中获得，也可通过参数函数计算）。例如 JONSWAP（北海联合海浪计划）函数（Hasselmann et al., 1973）就是先最小化一个代价函数（Hasselmann et al., 1991），再通过一组迭代算法来反演"真"波谱参数。第二种类型是经验算法，例如 CWAVE_ERS（Schulz-Stellenflet et al., 2007），CWAVE_ENVI（Li et al., 2011）。虽然第二类算法不需要来自 SAR 反演或其他来源的输入风场信息，但它们仅适用于 ERS-2 或 Envisat-ASAR 波模式数据。因此，使用这些算法反演海浪参数的精度取决于输入风场信息的准确性。

这里，就海浪参数的反演提出 4 种算法。与实测数据验证分析表明，4 种算法针对所研究 SAR 数据的海浪参数反演都具有较好的适用性。

（1）第一种是改进已有算法。即最初针对 C 波段合成孔径雷达提出的一种基于参数化初猜谱法的海面波浪反演算法，现在使用 X 波段 TerraSAR-X（TS-X）图像代替。从 9 幅 TS-X HH 极化图像中反演海浪参数（H_s 和 T_{mw}），并与浮标测量结果进行比较。之后，对 16 幅 TS-X HH 极化图像进行海浪参数反演，将反演结果与 WAVEWATCH-III（WW3）模拟结果对比。SAR 反演结果和匹配浮标测量结果比较显示，H_s 的均方根误差（RMSE）和散射指数（SI）分别为 0.26 m，19.8%。SAR 反演结果和 WW3 模型的对比结果略差，H_s 的均方根误差为 0.43 m，SI 为 32.8%。对于 T_{mw}，SAR 反演结果和浮标对比结果的均方根误差为 0.45 s，SI 为 26%。

（2）第二种是基于 C 波段 VV 极化 Sentinel-1 SAR 图像来构建 H_s 和 T_{mw} 反演的半经验算法。我们开发了一种用于 H_s 反演的半经验函数，可描述 H_s 与截断波长，雷达入射角和相对于雷达观察方向的波浪传播方向之间的关系，T_{mw} 则通过使用另一个 H_s 和截断波长的经验函数计算得到。利用收集的 106 幅 C 波段条带模式 Sentinel-1 SAR 图像进行半经验算法系数的调整及验证，比较显示 H_s 的均方根误差为 0.69 m，散射指数（SI）为 18.6%，T_{mw} 的均方根误差为 1.98 s，散射指数（SI）为 24.8%。

（3）第三种是从 TerraSAR-X/TanDEM-X（TS-X/TD-X）卫星 X 波段同极化 VV 和 HH 的 SAR 图像中构建反演 H_s 的经验算法。现有从 HH 极化 TS-X/TD-X 图像中反演波浪的经验算法，需利用极化比率（PR）反演的风速作为输入项，对于热带气旋风速达到饱和的情况，该方法无能为力。为避免此类问题，简化经验算法，采用归一化的雷达散射截面来代替风速。120 幅 TS-X/TD-X 影像（VV 极化和 HH 极化各一半），欧洲中期天气预报中心（ECMWF）的 0.125° 空间分辨率再分析的有效波高数据和美国国家海洋与大气管理局（NOAA）国家数据浮标中心（NDBC）浮标数据来进行 H_s 算法的研究。进行对比验证分析,结果显示均方根误差约 0.5 m，针对有效波高较高的（$6 \text{ m} < H_s < 7 \text{ m}$）情况，$H_s$ 的均方根误差为 0.3 m。该经验算法适用于没有外部海面风向信息的情形中反演 H_s。

（4）第四种是调整现有同极化 GF-3 SAR 的经验波浪反演算法，称为 CSAR_WAVE2。在之前的研究中，通过使用经验算法 CSAR_WAVE 得到的同极化（VV 极化和 HH 极化）GF-3 SAR 图像的反演结果与浮标测量数据对比，发现 H_s 的均方根误差约为 0.58 m。在 1523 幅同极化图像中收集子图像，并与欧洲中期天气预报中心的 0.125° 空间分辨率再分析数据 ECMWF 的风和 H_s 数据进行对比。另外还运用 92 幅 GF-3 SAR 图像来验证 CSAR_WAVE2 是否匹配高度计 Jason-2 测得的 H_s，结果显示反演同极化

GF-3 SAR 的 H_s 均方根误差约 0.52 m。

3.1 概述

3.1.1 利用 PFSM 算法反演 X 波段 SAR 图像中波浪参数研究背景

迄今为止，风场和波浪反演算法通常基于地球物理模型函数（GMF）。这些算法在 C 波段 SAR 影像的波浪参数反演研究中更为成熟，包括各种理论和经验算法（SPRA，PFSM，CWAVE_ERS，CWAVE_ENVI 等），但对于较新的 X 波段 SAR 则研究较少，本节提出的方法就是针对 X 波段 SAR 数据进行波浪反演。

针对 SAR 的 C 波段，SPRA 算法先是根据 Hasselmann 等（1973）提出的 JONSWAP 函数反演海浪谱，利用卫星散射计获取海面风场数据，然后进行正向模拟，直到模拟的 SAR 频谱最接近实际 SAR 图像的频谱。SPRA 方案比 MPI 更容易实施，通过与浮标数据的验证结果表明，优于 MPI（Voorrips et al., 1997）。一般而言，最佳方向风浪谱的模拟 SAR 谱和观察到的 SAR 图像谱之间的差异由涌浪决定，从理论上讲，SPRA 算法的误差会在于涌浪影响 SAR 频谱反演。为克服模型引起的涌浪谱误差，Sun 等（2006，2009）开发了 PFSM。该算法是将 SAR 图像谱分为风浪和线性映射的涌浪两部分。对于风浪部分，通过在经验波浪模型［如 JONSWAP，Pierson-Moscowitz（PM）等］中搜索最合适的参数来获得最佳的初猜谱，采用 MPI 方案进行波谱反演；线性映射的涌浪谱则通过直接反演由涌浪产生的 SAR 频谱来获取。因此，基于 MPI 成像机制（Alpers et al., 1981）的 PFSM 算法能快速反演波浪参数，类似于 SPRA 算法。

另外，CWAVE_ERS 和 CWAVE_ENVI（Li et al., 2010，2011）也是 C 波段 SAR 的波浪参数反演的经验算法。因此，针对高精度（1 m 精细分辨率）、高质量的 X 波段 TS-X SAR 图像，必须开发一种能够从 TS-X 图像中反演波浪信息的新方法，这里，采用已有的 XWAVE 波浪反演经验算法（Li et al., 2010；Bruck et al., 2013）。该算法采用的数据集，包括来自 TS-X 的二维图像谱和德国气象局提供的全球大气－海洋模型的波浪参数数据（DWD）。由于 XWAVE 的功能被定义为海况与其他变量（如风，SAR 图像谱等）之间的线性关系，可以从 TS-X SAR 中快速得到结果。

虽然现有的 TS-X 波浪反演主要集中在经验方法上，但本文没有对经验模型 XWAVE 进行改进。另外，本文验证了 C 波段波浪的成熟反演算法 PFSM 应用于 X 波段的可能性，对 PFSM 方案进行修正，使用与波浪相同的空间分辨率、TS-X SAR 反演的风场数据来产生风浪谱，以提高反演的准确性。

3.1.2　基于 C 波段 VV 极化 Sentinel-1 SAR 图像的海浪参数反演的半经验算法研究背景

对于全极化合成孔径雷达，算法设计通常基于不同波段 SAR 图像之间的波浪斜率差异（Schule et al., 2004；He et al., 2006）。极化 SAR 波浪反演算法与浮标测量数据有良好的对比结果（Zhang et al., 2010），目前，唯一自由和开放的 SAR 数据是双通道 C 波段 Sentinel-1 SAR 数据，有 VV 和 VH 极化、HH 和 HV 极化两种。因此，我们选用 Sentinel-1 SAR 数据进行反演算法的研究。

Romeiser 等（2015）提出了一种从 SAR 图像的归一化雷达散射截面（NRCS）中反演波浪信息的新方法，构建了 H_s 和 NRCS 之间的经验函数，而不是使用复杂的流体动力学调制传递函数（MTF）。该算法的系数由 5 个 HH 极化扫描模式（ScanSAR）的 Radarsat-1 飓风图像和第三代海浪预测模型（WAM）运行结果拟合出来（Hasselmann et al., 1988）。

由于海面波浪与卫星平台之间的相对运动，会在方位向上（定义平行于卫星飞行的方向为方位向，雷达观测方向是距离向）存在多普勒频移，从而引起方位向上 SAR 频谱的截断（Kerbaol et al., 1998），这种机制称之为速度聚束。换句话说，速度聚束的非线性运动导致海面波浪在方位向上小于特定波长而无法探测。Stopa 等（2015）通过大量 Envisat-ASAR 波模式数据反演的方位截断波长与浮标测量之间的比较显示，方位截断波长的 RMSE 为 12.79 m。研究表明，截断波长不仅与风速有关，而且与有效波高有关（Vachon et al., 1994）。因此，仅使用 SAR 反演的截断波长就可以开发新的 H_s 反演算法（Ren et al., 2015）。其中，Ren 等（2015）从 Radarsat-2 的 C 波段 VV 极化数据中开发出了能有效应用于波浪反演的经验函数，并用该算法反演的 H_s 与浮标测量结果进行对比验证，均方根误差为 0.87 m，但该经验算法未考虑雷达入射角和波浪传播方向。

综上所述，H_s 与截断波长线性相关，但截断波长会受雷达入射角、相对于雷达观测方向的波浪传播方向以及 H_s 的共同影响。基于这一事实，我们提出了一种将三种因素全部考虑在内的波浪参数反演半经验算法，建立半经验函数，并可通过 H_s 和截断波长来反向反演 T_{mw}。

3.1.3　从同极化 X 波段 SAR 图像中反演波浪的经验算法研究背景

目前，已经开发有多种风场反演算法（Ren et al., 2012，2015；Shao et al., 2014a，2016b；Li et al., 2014）和 TS-X/TD-X 图像的波浪反演算法（Bruck et al., 2013，2015；

Pleskachevsky et al.,2016；Shao et al.,2015）。地球物理模型 XMOD2（Li et al.,2014）和极化比模型 XPR2（Shao et al.,2016b）分别是从 VV 极化和 HH 极化 TS-X/TD-X 图像中反演风场的最新方法。在获取 SAR 反演的风速后，可以使用基于理论的 PFSM 算法（Shao et al.,2015）或经验算法（Bruck et al.,2013，2015）计算 TS-X/TD-X 图像的波浪参数。考虑到近海区域的船舶和波浪破碎等因素，经验波浪反演算法大多适用于远海（Pleskachevsky et al.,2016）。

算法 MPI 和 PARSA 将数值波浪模型（Wamdig,1988）的输出结果作为初猜谱，但这两种算法都需要很长的计算时间。算法 SPRA 则使用散射计的风速，通过经验参数波浪函数计算初猜谱,并将涌浪信息视为反演结果映射谱与原始 SAR 谱之间的差异。换句话说，风浪反演过程中的错误被传递到 SPRA 方案的涌浪反演过程中。PFSM 通过计算波数的分离阈值分离非线性风浪和线性映射涌浪谱，搜索最佳参数（如主导波相速度和峰值传播方向，SAR 反演的风速），以便使用经验参数波浪函数产生最佳拟合的初猜风浪谱（如 Jonswap），再从相应的 SAR 图像谱部分结合不同的波谱部分，获得复合波谱。此外，还有几种不受影响的波浪反演算法（Johnsen et al.,2000；Lyzenga,2002），也可应用于特定海况（如长波主导机制），但反演结果通常由于在反演方案中缺少 SAR 频谱中较短波产生的部分而导致无法反演涌浪信息，因此，选择基于理论的 PFSM 算法更为合适。在 Shao 等（2015）的研究中，也已证明算法 PFSM 可应用于 TS-X/TD-X 图像的波谱来反演波浪参数。通过 16 幅 HH 极化 TS-X/TD-X 图像反演结果与第三代波模型 WAVEWATCH-III 模拟结果验证显示，其反演 H_s 的均方根误差为 0.43 m。

但考虑到基于理论算法中调制传递函数的复杂性，一般还需结合经验算法。包括有 C 波段 SAR 的 CWAVE 算法（CWAVE_ERS 和 CWAVE_ENV）和 X 波段 SAR 的 XWAVE 算法（Bruck,2013,2015；Pleskachevsky et al.,2016）以及一些通过 SAR 上的方位角截断波长反演而建立的经验算法（Shao et al.,2016a；Grieco et al.,2016）。CWAVE 描述了波浪与其他变量之间的关系，例如，风速、雷达后向散射截面和从 SAR 图像谱得到的二维谱中的一组正交分解，然而，CWAVE 被设计成针对特定 C 波段 SAR 图像的波浪反演。CWAVE 是通过大量 20°～50° 全入射角的 TS-X/TD-X 图像开发的，XWAVE 继承了 CWAVE 的理念。XWAVE（Bruck et al.,2013；Bruck,2015）则利用美国国家海洋与大气管理局在公海浮标处获取的 VV 极化 TS-X/TD-X 影像来开发的，其 H_s 的反演结果与 DWD 提供的数值波浪模型输出结果吻合良好。在算法 XWAVE 中需要 SAR 反演的风速，可通过 VV 极化 TS-X/TD-X 图像和来自 DWD 的匹配风场数据来拟合 XMOD2（Li et al.,2014），然而，由于缺乏高风速条件下的数据，因此 XMOD2 不能对 20 m/s 以上的风场进行反演。当前，PFSM 和 XWAVE 算法尚未应用于热带气旋条件，这是由于 XMOD 本身就需要 VV 极化 TS-X/TD-X 图像和风速高达 25 m/s 的 DWD 进行拟合，而且在热带气旋中 SAR 信号存在饱和问题（Fernandez et al., 2006；Hwang et al., 2015）。

最近，Romeiser 等（2015）提出了一种新的经验方法，可从 C 波段 ScanSAR 图像（例如 Envisat-ASAR 和 Radarsat-1/2）的 NRCS 中直接反演热带气旋条件下的 H_s。有趣的是，该经验模型同样可应用于 SAR 风速的反演，与包括 WAVEWATCH-III 和 SWAN 在内的第三代波浪模型的模拟结果进行验证，取得了良好的结果，但该模型仍存在缺陷。

基于以上分析，我们通过改进现有的 XWAVE 模型，提出了一种从 X 波段 SAR 中反演 H_s 的经验算法。该模型可直接用于 HH 极化 TS-X/TD-X 图像的反演，而无需将 HH 极化中的 NRCS 转换为 VV 极化中的 NRCS。另外，该算法也避免使用在热带气旋中 SAR 反演的风速（会产生较大误差），造成波浪反演误差。在高波高状态（$H_s > 5$ m）收集的数据也包含在匹配数据集中，且在热带气旋条件下匹配结果良好。

3.1.4 利用改进算法 CSAR_WAVE2 进行同极化 SAR 图像海浪参数反演

GF-3 具有 12 种成像模式，图像空间分辨率高达 1 m，轨道高度 755 km，重复周期 26 d。GF-3 SAR 的 C 波段数据于 2016 年 8 月由中国空间技术研究院（CAST）发布。近年来，已经实现 GF-3 SAR 数据对海洋的初步应用，尤其是对风（Wang et al., 2017；Ren et al., 2017；Shao et al., 2018）和波浪的监测应用（Yang et al., 2017；Shao et al., 2017b）。

Schulz-Stellenfleth 等（2007）提出了一种用于 ERS SAR 的 C 波段经验波浪反演算法，表示为 CWAVE_ERS。针对 ASAR（Li et al., 2011）和 Sentinel-1 SAR（Stopa et al., 2017），CWAVE 需重新进行调整。CWAVE 模型被设计为一种经验函数，其中海况参数与一组变量相关，包括归一化雷达散射截面、归一化 SAR 图像的方差和来自二维谱导出的几个正交函数。其优点是可以直接从 SAR 反演得到 H_s 而无需计算每个 SAR 映射调制的调制传递函数，但 CWAVE 仅针对在波模式下的 SAR 数据。依据 CWAVE 的设计思路，研究人员开发出用于 X 波段 SAR 的经验算法 XWAVE（Bruck et al., 2013；Pleskachevsky et al., 2016；Shao et al., 2017c）。

一方面，方位截断波长的推导与波谱的二阶矩阵呈正比（Hasselmann et al., 1991；Marghany et al., 2002）；另一方面，根据传统波浪理论，H_s 是通过整合波谱来计算的。

因此，H_s 在理论上与方位向上的截断波长有关，已有研究者试图通过方位角截断波长反演 H_s（Ren et al., 2015；Grieco et al., 2016）。Shao 等（2016）对雷达入射角和波浪传播方向对方位角截断波长的依赖性，进行了理论分析和模拟实验的验证。据此，构建出新的波浪反演经验算法，称为 CSAR_WAVE。该算法通过 VV 极化 Sentinel-1 SAR 图像拟合系数，并通过 NOAA 的 NDBC 浮标进行结果的对比验证。初步评估表明，与 NOAA 的 NDBC 浮标测量值相比，H_s 的 RMSE 约为 0.58 m（Shao et al., 2017b），CSAR_WAVE 可适用于 GF-3 SAR 的波浪反演。另外，由于 SAR 反演产品专门用于海洋学研究，特别是在沿海水域，预期 GF-3 SAR 的广泛应用会对其反演结果准确性提出更高的要求。因此，我们还改进了一种用于同极化（VV 和 HH）GF-3 SAR 波浪反演的算法，称为 CSAR_WAVE2。

3.2　数据集介绍

3.2.1　利用 PFSM 算法反演 X 波段 SAR 图像中波浪参数的数据集

共收集了 16 幅条带模式（StripMap）的 TS-X 图像，具有 5 个不同的空间分辨率，详细信息见表 3-1。归一化雷达散射截面可以从这些辐射定标后的 SAR 图像中获得，并用作输入参数计算海面风场（Li et al., 2010；Yang et al., 2010, 2011；Wackerman et al., 2002；Xu et al., 2010；Zhang et al., 2008），其中，9 幅图像覆盖有 NOAA 的 NDBC 浮标。表 3-2 给出了最接近这 9 次 SAR 成像时间的浮标相关测量数据。

另外，从由 IFREMER 开发的第三代 WAVEWATCH-III 模型（Alpers et al., 1979）中收集了相同的波浪参数，数据由 IFREMER 小组公开提供。

还获取了对应的欧洲中期天气预报中心 0.25°×0.25° 空间分辨率的风场数据，用于 SAR 风速计算。另外，从二维 SAR 图像谱中反演风向，但在波长 800～3 000 m 之间存在 180° 模糊性（Alpers et al., 1981），需要应用低分辨率 ECMWF 风向数据来消除。

图 3-1（a）是将从 HH 极化 TS-X 图像反演的风场覆盖在 2011 年 10 月 29 日下午 3:54（UTC 时间）拍摄的原始 SAR NRCS 的图像。其中，波浪反演需要的风场信息如图 3-1（b）所示，风场数据来自 ECMWF，黑色矩形表示图 3-1（a）的 TS-X 的覆盖范围。图中 3-1（c）的黑色箭头表示从 TS-X 得到的风向，TS-X 与浮标位于同一位置。

表 3-1　16 幅 HH 极化 TS-X 图像的详细信息

时间 （UTC 时间）	幅宽 (km)	入射角 (°)	距离 × 方位向 分辨率 (m)	图幅中心点坐标 （纬度，经度）
2008-02-06 02:00	5 × 3	29.6 ~ 32.6	1.25 × 1.25	37.2°，122.5°
2008-02-22 02:08	5 × 3	41.6 ~ 44.0	1.25 × 1.25	38.1°，123.2°
2008-12-03 05:39	8 × 10	22.3 ~ 32.5	8.25 × 8.25	51.3°，179.3°
2009-01-29 23:56	8 × 10	22.3 ~ 34.9	8.25 × 8.25	25.8°，90.3°
2009-07-22 17:03	5 × 3	34.0 ~ 36.7	1.25 × 1.25	54.3°，160.6°
2009-08-12 04:14	5 × 3	31.8 ~ 34.6	1.25 × 1.25	22.9°，153.9°
2010-12-05 22:50	15 × 10	22.3 ~ 32.7	8.25 × 8.25	35.5°，75.1°
2010-12-13 16:19	15 × 10	22.3 ~ 32.5	8.25 × 8.25	23.4°，154.1°
2010-12-24 16:19	15 × 10	19.7 ~ 30.3	8.25 × 8.25	23.5°，153.8°
2011-03-13 14:07	15 × 10	37.9 ~ 45.6	8.25 × 8.25	35.2°，121.1°
2011-10-29 15:54	5 × 3	31.8 ~ 34.6	1.25 × 1.25	55.8°，142.4°
2011-11-05 02:30	5 × 3	24.9 ~ 28.1	1.25 × 1.25	37.2°，122.4°
2012-01-23 22:20	5 × 3	31.7 ~ 34.6	1.25 × 1.25	21.1°，64.9°
2012-01-25 21:51	5 × 3	22.3 ~ 25.6	1.25 × 1.25	42.2°，62.1°
2012-01-29 10:03	5 × 3	34.0 ~ 36.7	1.25 × 1.25	43.0°，58.0°
2012-02-05 02:56	5 × 3	36.0 ~ 38.6	1.25 × 1.25	53.9°，138.8°

表 3-2　从 NDBC 收集的原位浮标的详细信息

图幅中心点坐标 （纬度，经度）	时间 (UTC)	实测				SAR 反演	
		风向 (°)	风速 (m/s)	有效波高 (m)	平均波周期 (d)	风向 (°)	风速 (m/s)
37.7°，122.8°	2008-02-06	330	7.9	2.28	7.48	317	6.4
38.2°，123.3°	2008-02-22	283	5.9	3.39	7.40	274	4.8
25.9°，89.7°	2009-01-29	29	10.1	1.46	5.13	33	8.2
35.0°，75.4°	2010-12-05	313	11.4	1.90	4.82	303	13.5
23.6°，153.9°	2010-12-13	134	6.7	1.85	5.62	137	4.8
23.6°，153.9°	2010-12-24	182	5.0	1.76	6.43	206	4.3
35.0°，120.9°	2011-03-13	330	4.5	2.13	8.86	350	3.4
55.9°，142.5°	2011-10-20	241	12.1	3.26	6.12	240	9.5
21.1°，64.9°	2012-01-23	78	8.2	17.6	5.10	63	7.4

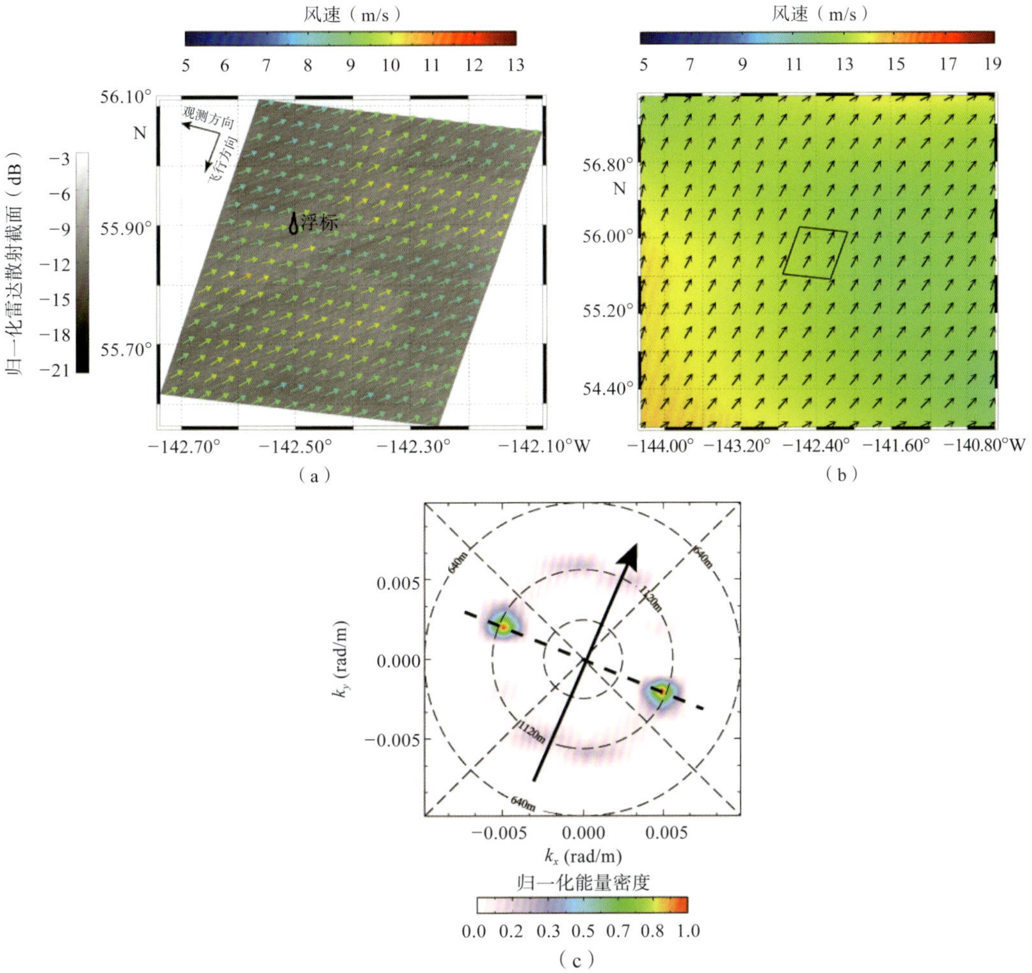

图 3-1 所选图例

（a）2011 年 10 月 29 日下午 3:54 拍摄的 HH 极化 TS-X 图像，经过定标并利用相应的浮标进行风场反演后的快速样例；（b）下午 06:00（UTC 时间）收集的 ECMWF 风场；（c）黑色箭头表示在浮标位置从 TS-X 得到的风向

3.2.2 基于 C 波段 VV 极化 Sentinel-1 SAR 图像的海浪参数反演的半经验算法的数据集

采集了总共 106 幅条带模式的 Sentinel-1 SAR 图像，这些图像是 2014 年 4 月至 2016 年 1 月期间在美国沿海水域拍摄的，雷达入射角范围从 20°～47°，每幅图像的覆盖范围包含至少一个国家数据浮标中心的浮标。图 3-2 是 2014 年 11 月 31 日 02:06（UTC 时间）在美国西部沿海水域获得的 SAR 图像示例，图 3-3（a）和（b）包含两个浮标位置的 1 024×1 024 空间分辨率子图像示例。Sentinel-1 SAR 具有 10～20 m 的高空间分辨率，所以这两个子图像的覆盖范围约为 200 km²。在 SAR 图像覆盖区域上，

会存在一些降雨失真，影响海面后向散射的均匀性，需通过使用二维快速傅立叶变换（FFT）方法获得图 3-2 的 NRCS 的二维图像谱，如图 3-4 所示。

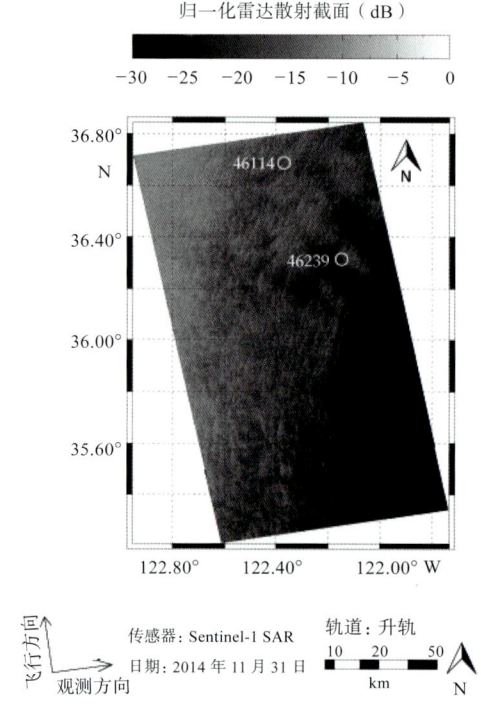

图 3-2　2014 年 11 月 31 日 02:06（UTC 时间）在美国西部沿海地区拍摄的 C 波段 VV 极化 Sentinel-1 SAR 图像示例，对应浮标的观测时间是 02:10（UTC 时间），白色圆圈代表相应浮标的位置（ID：46114 和 46239）

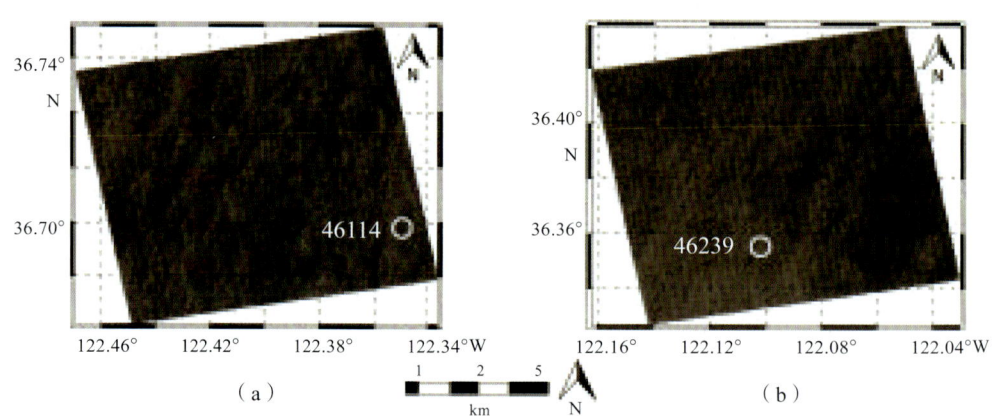

图 3-3　包含浮标位置的子图像的快视图

（a）ID：46114；（b）ID：46239

第 3 章 海浪反演技术

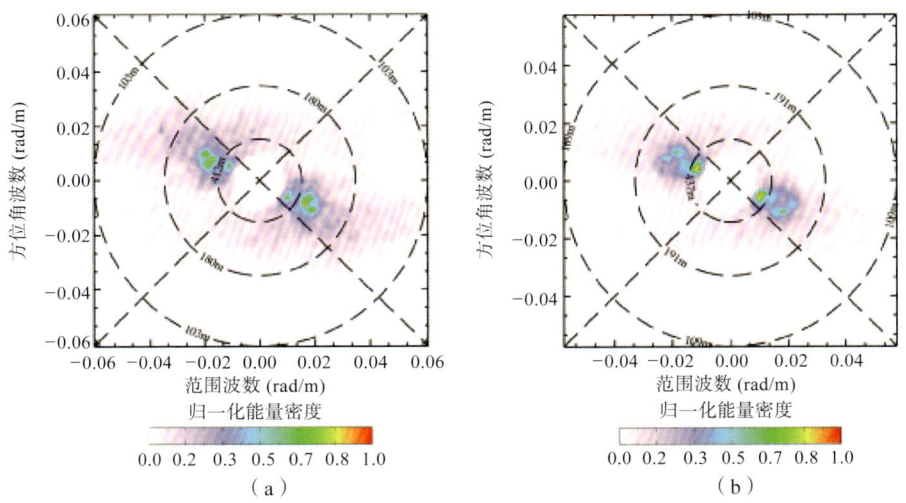

图 3-4 FFT 方法得到的二维谱对应于图 3-2

（a）对应于图 3-2（a）的子图像；（b）对应于图 3-2（b）的子图像

在 106 幅 Sentinel-1 SAR 图像中，获得了来自匹配浮标数据的总计 150 个 H_s 和 T_{mw} 数据。从以浮标位置为中心的 Sentinel-1 子图像获得 NRCS 的高质量功率谱，则其光谱代表实际的 eave 光谱；再从浮标每隔 10 min 测量数据中匹配最接近 SAR 成像时间的波浪参数值，保证浮标和 SAR 的时差在 5 min 以内。其中 93 个匹配点用于算法拟合，另外 57 个匹配点验证算法。同时，还利用浮标测量的风向来判断海况，以确定风浪或涌浪是否在研究区域占主导地位。浮标数据的直方图如图 3-5 所示，其中 H_s 和 T_{mw} 范围分别为 1 ~ 7 m 和 3 ~ 12 s。

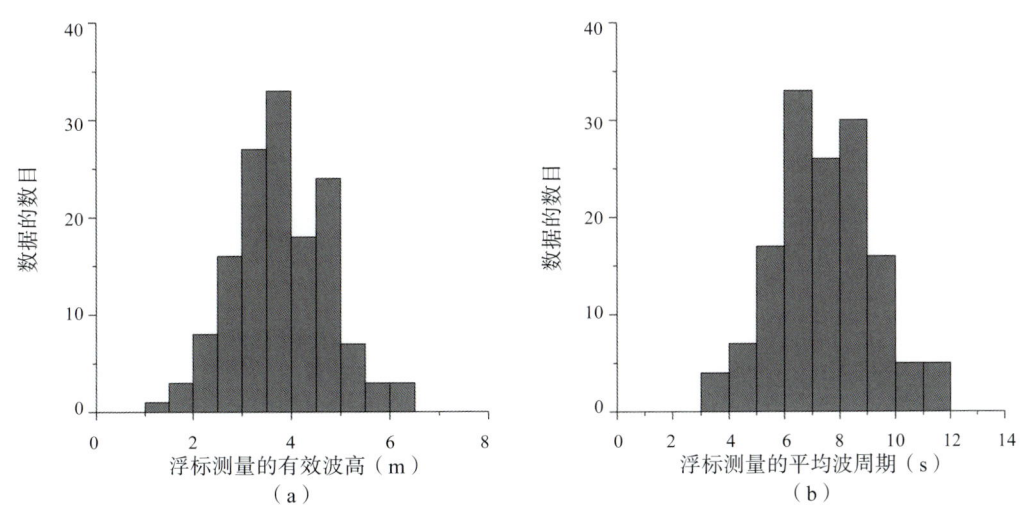

图 3-5 浮标数据的统计直方图

（a）H_s 范围（1 ~ 7 m）；（b）T_{mw} 范围（3 ~ 12 s）

3.2.3 从同极化 X 波段 SAR 图像中反演波浪经验算法的数据集

本方法使用2008—2015年间获得的60幅VV极化和60幅HH极化TS-X/TD-X SAR数据。图3-6（a）为2011年11月3日05:05（UTC时间）在阿拉斯加湾获得的StripMap模式的HH极化TS-X图像，而2013年10月4日21:17（UTC时间）在纽芬兰海岸东南部附近获得的另一个VV极化ScanSAR模式TD-X图像如图3-6（b）所示。选择间隔6 h的0.125°×0.125°空间分辨率（大约12.5 km）欧洲中期天气预报中心全球大气-海洋再分析的H_s数据与SAR反演结果相匹配。图3-7（a）和（b）分别显示了对应于图3-6（a）和（b）中所示的欧洲中期天气预报中心的数据。

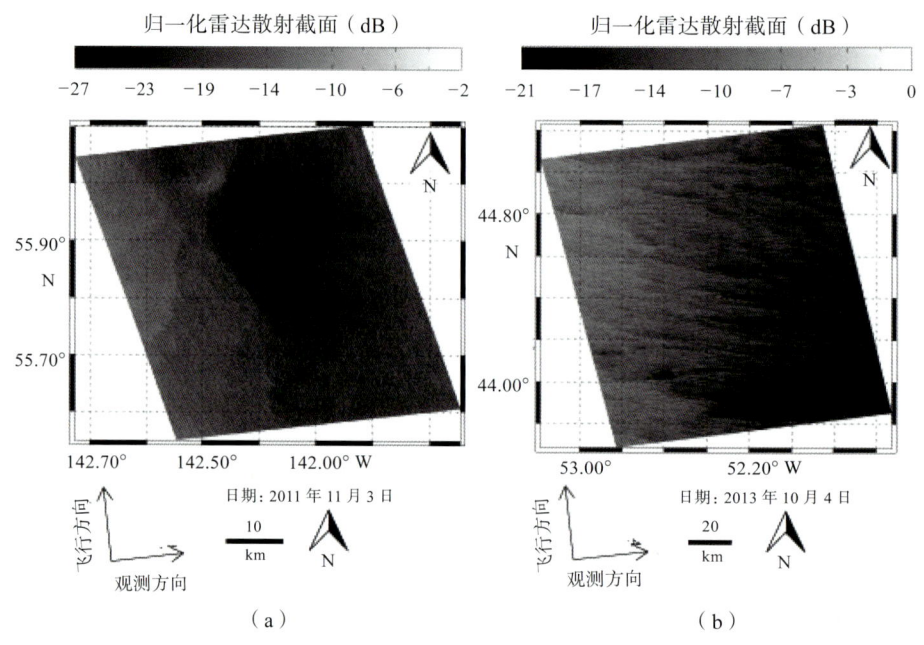

图3-6 所选图例

（a）2011年11月3日03:05（UTC时间）在阿拉斯加湾获得的HH极化StripMap模式TS-X图像；
（b）于2013年10月4日21:17（UTC时间）在纽芬兰东南部获得的VV极化ScanSAR模式TD-X图像

本方法中，先将每幅TS-X/TD-X图像分割子图像。对于StripMap模式，将其分割为1.5 km×1.5 km的空间覆盖范围；对于ScanSAR模式，将其分割为4 km×4 km的空间覆盖范围。再通过空间和时间的双线性插值方法计算每个子图像中欧洲中期天气预报中心的H_s数据，为避免不均匀子图像的干扰，仅保留图像方差值小于1.05的进行插值（Stopa et al., 2016）。此外，平滑SAR频谱以减少其他海洋现象的影响。这样，得到超过1 000个SAR反演结果和欧洲中期天气预报中心再分析数据的H_s相匹配组成的数据集，用于算法拟合。有效波高的对比直方图如图3-8所示，其中H_s的范围为0～7 m，间隔0.3 m。

第 3 章 海浪反演技术

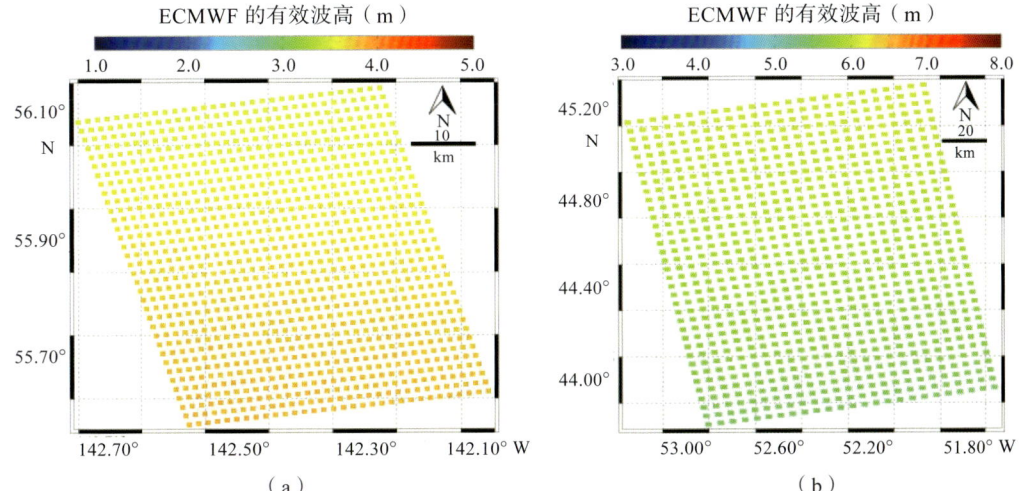

图 3-7 所选图例

（a）欧洲中期天气预报中心（ECMWF）有效波高数据对应于图 3-6（a）中的 SAR 图像的空间和时间插值；（b）与（a）相同，对应于图 3-6（b）中的 SAR 图像

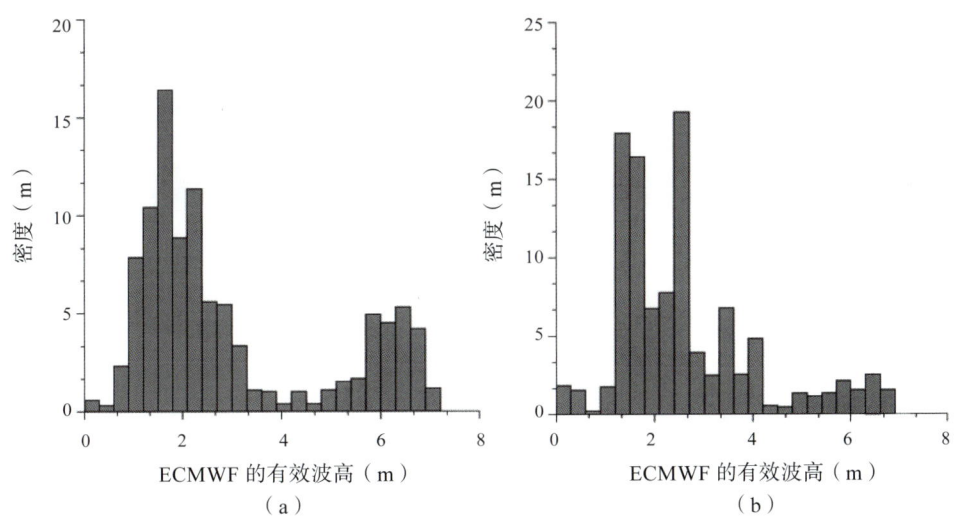

图 3-8 间隔为 0.3 m 的有效波高直方图，有效波高范围 0 ~ 7 m
（a）VV 极化；（b）HH 极化

3.2.4 利用改进算法 CSAR_WAVE2 进行同极化 SAR 图像海浪参数反演的数据集

自 CAST 推出 GF-3 SAR 以来，在 2016 年 8 月至 2017 年 12 月期间，收集了多幅全极化模式下（QPS-I/II）（VV、HH、VH、HV）拍摄的图像，大部分位于中国海域

附近，被处理为 Level-1A（L-1A）产品，QPS-I 和 QPS-II 模式的标准像素分别为 8 m 和 25 m。由于同极化（VV 和 HH）中来自海面的 SAR 后向散射特征比交叉极化（VH 和 HV）更敏感，因此，选择 VV 和 HH 极化通道的 GF-3 SAR 图像用于本方法的研究。计算同极化 GF-3 SAR 图像的 NRCS 如下所示。

$$\sigma^0 = DN^2 \left(\frac{M}{32767} \right)^2 - N_1 \tag{3-1}$$

其中，σ^0 是以 dB 为单位的 NRCS，DN 是 SAR 测量的亮度；M 和 N 是存储在带有原始 SAR 图像的注释文件中的校准常数。

图 3-9（a）和（b）分别是 2017 年 1 月 18 日 10:40（UTC 时间）在 QV-I 模式下以 VV 和 HH 极化方式获得的 GF-3 SAR 校准后的快视图，彩色矢量表示 SAR 反演的风场。从图中可以看出，风向垂直于二维 SAR 图像谱，峰值波长在 800 m 和 3 000 m 之间（Alpers et al.，1994），表明风向可直接从 SAR 中获得，然而，SAR 反演的风向具有 180°的模糊性，这里同样采用欧洲中期天气预报中心以 6 h 的间隔提供的 0.125°×0.125°精细空间分辨率的全球再分析风场数据来消除这种模糊性。通过使用先前提出的 CMOD5 和 CMOD4 组合模型（Shao et al.，2014a），反演海面以上 10 m 高的风速（U_{10}）。但是，必须同时使用 C 波段的极化比率 PR（Zhang et al.，2011）和 GMF 从 HH 极化 GF-3 SAR 图像中反演风场。

图 3-9 2017 年 1 月 18 日 10:40（UTC 时间）校准 GF-3 SAR 的快视图像，
其中彩色矢量表示 SAR 源风场
（a）VV 极化；（b）HH 极化

收集的 GF-3 SAR 图像被分成若干个空间覆盖范围约为 5 km×5 km 的子图像，并与 0.125°×0.125° 空间分辨率，间隔为 6 h 的 ECMWF 再分析数据相匹配。由于 GF-3 SAR 成像时间和 ECMWF 再分析网格数据的间隔时间之间存在时间差，必须确保覆盖 ECMWF 再分析网格数据位置的子图像是通过时间尺度双线性插值计算得到的，这样就得到超过 10 000 个匹配点的数据集，用于拟合改进 GF-3 SAR 图像波浪反演算法。

图 3-10 显示了 2017 年 1 月 18 日 06:00（UTC 时间）的 ECMWF 再分析风场和波浪图，其中黑色矩形表示 GF-3 SAR 图像的空间覆盖范围。注意，来自 ECMWF 再分析数据的 H_s 高达 4 m，可以认为数据集中包含有低到中等海况情况下的 GF-3 SAR 数据。Romeiser 等（2015）通过研究 H_s 和 NRCS 之间的关系，构建了一种在飓风中反演 H_s 的新方法，但正如作者所提到的，由于极端海况下波浪的复杂非线性效应，此方法仍有待改进。

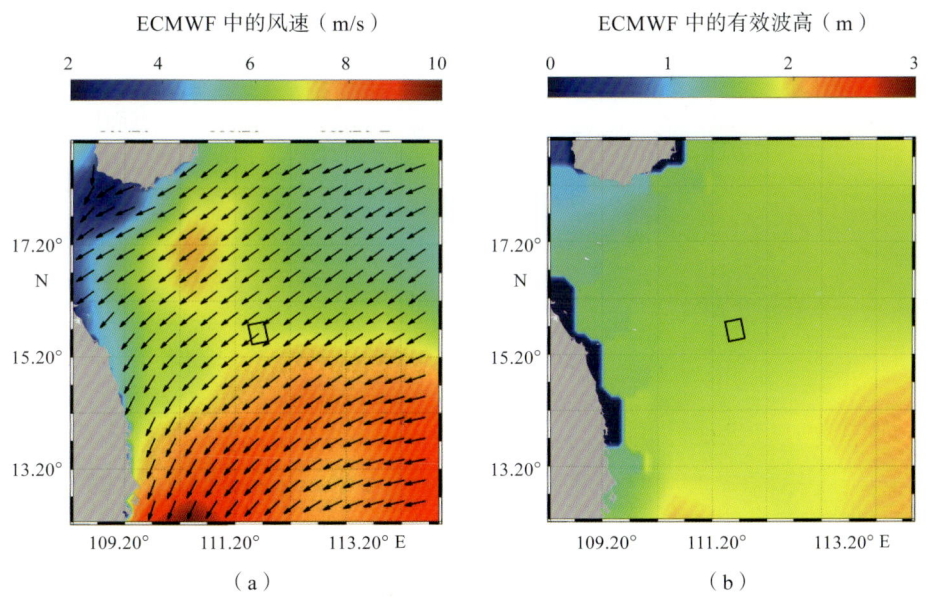

图 3-10　2017 年 1 月 18 日 06:00（UTC 时间）的 0.125° 网格化 ECMWF 再分析资料，其中矩形代表位于中国南海的 GF-3 SAR 图像的空间覆盖范围
（a）ECMWF 风场图；（b）ECMWF 有效波高图

另外，还收集 91 幅覆盖 Jason-2 高度计观测数据的全极化 GF-3 SAR 图像，来验证研究中的改进算法。Jason-2 是 2008 年发射的高精度全球性的海洋高度测量卫星，是 Jason-1 海洋监测任务的后续卫星，其轨道的地球物理数据记录（OGDR）接近实时测量，其产品 H_s 数据更为可靠，比 Jason-1 高 7%（Abdalla et al., 2010）。

3.3 技术思路

3.3.1 利用 PFSM 算法反演 X 波段 SAR 图像中波浪参数

由前文可知，MPI、SPRA 或 PFSM 算法都需要初猜谱。因此，下面先简要描述计算初猜谱的经验波浪反演模型，之后介绍 SAR 风速和波浪的反演方法。

3.3.1.1 经验波浪反演模型

根据波数 k 和传播方向的二维初猜谱描述如下：

$$W(k,\theta) = W(w) \times G(w) \times \frac{dw}{dk} \tag{3-2}$$

其中，$W(w)$（Hasselmann et al., 1973）是以频率 ω 表示的一维 JONSWAP 频谱：

$$W(w) = \alpha \frac{g^2}{\omega^5} \exp\left(-1.25\left(\frac{\omega_0}{\omega}\right)^4\right) \gamma^{\exp\left(-\frac{(\omega-\omega_0)^2}{2\sigma^2\omega_0^2}\right)} \tag{3-3}$$

其中，$\alpha = 0.006(U_{10}/C_p)^{0.5}$；$\gamma$ 为峰值增强常数；σ 为峰宽参数；$\omega^2 = gk$；$\omega_0 = g/C_p$；C_p 为波峰速度。

另外，Sun 等（2009）给出了波能量密度在 θ 方向上描述为 sech^2 形式的归一化分布方向函数，

$$G(\theta) = 0.5\beta \text{sech}^2\left[\beta(\theta - \theta_m)\right] \tag{3-4}$$

其中，β 为取决于波数 k 上各种条件的系数，θ_m 被视为主波波向。

参照以上三个等式，二维谱 $W(k,\theta)$ 只能通过主波波速 C_p 和 180° 模糊的波浪方向 θ_m 来确定，这两个参数分别从波长在 25 到 1 200 米之间的二维 TS-X 图像谱和 TS-X 图像反演的风速 U_{10} 获得。一维谱 $W(k)$ 则通过在全部方向上的积分获得：

$$W(k) = \int_0^{2\pi} W(k,\theta) d\theta \tag{3-5}$$

3.3.1.2 SAR 风场反演

XMOD2（Li et al., 2014）是针对 TS-X 在 VV 极化条件下的风场反演而开发的，风场和归一化雷达散射截面之间的表达式为

$$\sigma^0 = B_0(U_{10}, \theta)[1 + B_1(U_{10}, \theta)\cos\phi + B_2(U_{10}, \theta)\cos 2\phi] \tag{3-6}$$

其中，σ^0 为 VV 极化的归一化雷达散射截面；ϕ 为雷达观察方向与风向之间的角度；θ 为入射角；B_i（$i = 0, 1, 2$）为海面风速和雷达入射角的函数的系数。

在应用 XMOD2 之前，使用极化比模型 PR（Shao et al., 2014a）将 HH 极化归一化雷达散射截面（σ_{HH}^0）转换为 VV 极化归一化雷达散射截面（σ_{VV}^0）。

$$PR = \sigma_{VV}^0/\sigma_{HH}^0 = 0.61\exp(0.02\theta) \tag{3-7}$$

图 3-1（a）显示了风场反演结果，最靠近浮标的 SAR 风速约为 9.5 m/s，风向为 240°，浮标风速为 12.1 m/s，风向为 241°。表 3-2 列出了 9 幅 TS-X 图像反演风向与浮标测量风向的对比，结果表明 SAR 反演的风场是合理的。

3.3.1.3 波浪反演算法：PFSM

PFSM 是基于波谱向 SAR 图像谱的前向映射的表达式，与 MPI 和 SPRA 类似，需要选择经验波谱作为初猜谱。Sun 等（2006）通过计算波数阈值将线性映射频谱部分与 SAR 图像谱分开，推动了 PFSM 的发展，阈值由下式确定：

$$\left|k_{sep}\right| \approx \left(2.87g\frac{V^2}{R^2}\frac{1}{U_{10}^4\cos^2\phi(\sin^2\theta\sin^2\phi+\cos^2\phi)}\right)^{1/3} \tag{3-8}$$

其中，V 为卫星平台速度；R 为卫星倾斜范围（定义是雷达与海面之间的距离）；g 为重力加速度；ϕ 为波浪传播方向与雷达观测方向之间的角度。参照 Sun 等的研究，在线性映射 SAR 频谱部分的波数小于分离波数阈值 $|k_{sep}|$ 时，左部分对应于非线性风浪状态。

对于波数小于 k_{sep} 的情况，非线性映射到线性映射谱的减少意味着该方案可以忽略速度聚束（Wang et al., 2012），波谱可以直接从 SAR 谱中的线性部分反演；对于 SAR 谱的非线性部分，重要的是寻找最合适的海浪参数，包括峰值相速度和波传播方向，通过 JONSWAP 经验函数产生初猜谱。之后，利用先前的最佳初猜谱应用 MPI 来反演风浪谱。最后，结合 TS-X 反演的风浪和涌浪谱信息，从一维波数谱中导出 H_s 和 T_{mw}。针对有两个光谱峰值的 TS-X 图像谱所固有的 180°方向模糊，由于没有额外的外部信息，无法消除其不确定性。然而，H_s 和 T_{mw} 仍可直接使用式（3-9）和式（3-10）从反演的二维波数谱 $W(k)$ 中获得。

$$H_s = 4\sqrt{\int_0^\infty W(k)dk} \tag{3-9}$$

$$T_{mw} = \frac{m_0}{m_2} = \frac{\int_0^\infty W(k)dk}{\int_0^\infty k^2 W(k)dk} \tag{3-10}$$

其中，m_0 和 m_2 分别为方差密度谱的零阶和二阶矩阵。

HH 极化 TS-X 反演的风场和利用 PFSM 反演波谱的方案如图 3-11 所示。

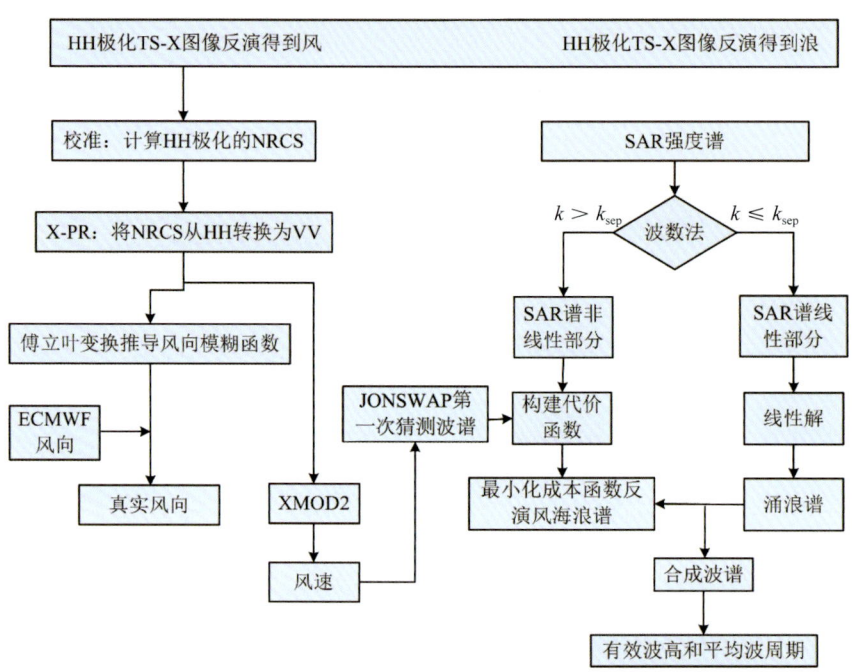

图 3-11 HH 极化 TS-X 反演的风和利用 PFSM 反演波谱流程

3.3.2 基于 C 波段 VV 极化 Sentinel-1 SAR 图像的海浪参数反演的半经验算法

3.3.2.1 H_s 反演的半经验模型

理论上可通过调制传递函数推导出截断波长（Hasselmann et al., 1991），由于截断波长与风速有关，因此获得准确的风速信息就特别重要。与 SAR 的波浪反演相比，风速反演算法更为成熟。事实上，已开发有许多的地球物理模型函数，能从不同频段和极化方式的 SAR 中获取高精度的风速（Stoffelen et al., 1997；Takeyama et al., 2013；Yang et al., 2010，2011；Hersbach, et al., 2007, 2010；Shao et al., 2014a）。

Marghany 等（2002）证明了截断波长对有效波高的依赖性：

$$\lambda_c = \pi\beta\sqrt{\int |T_\omega^v|^2 S_\omega \mathrm{d}\omega} \quad (3-11)$$

其中，λ_c 为截断波长；β 为卫星的距离—速度参数；$|T_\omega^v|$ 为速度聚束传递函数；ω 为波频率；S_ω 为一维谱。我们知道以下关系式

$$\beta = \frac{R}{V} \quad (3-12)$$

$$T_\omega^v = \omega(\sin\theta\cos\phi + i\cos\phi) \quad (3-13)$$

其中，R 为倾斜范围；V 为卫星飞行速度；θ 为雷达入射角；ϕ 为相对于雷达观测方向的波浪传播方向。另外，可通过下式计算：

$$H_s = 4\sqrt{\int S_\omega d\omega} \tag{3-14}$$

将式（3-13）和式（3-14）代入式（3-11）可得其和 λ_c 之间的关系式

$$H_s = \frac{\pi}{4}\sqrt{\frac{\int S_\omega d\omega}{\int |T_\omega^v|^2 S_\omega d\omega}}\left(\frac{\lambda_c}{\beta}\right) \tag{3-15}$$

由于 S_ω 是未知变量，不可能直接求解式（3-15），但 H_s 可以通过因子 λ_c/β 来确定。

广泛使用的 Jonswap 波谱模型，可以模拟在风速 U 为 5 m/s、10 m/s、15 m/s 和 20 m/s 时的 S_ω，之后通过式（3-15）计算 λ_c/β。H_s–λ_c/β，即 <λ_c/β> 与 λ_c/β 在各种 θ 和固定的 ϕ 下的结果，如图 3-12 所示。图 3-12（a）是入射角 θ 从 20° 到 50° 每间隔 10° 的变化，并且相对于距离方向 ϕ 的波浪传播方向固定在 40° 的情形；图 3-12（b）是 θ 固定为 30° 且 ϕ 以 20° 为间隔从 20° 变化到 80° 的情况。结果显示，对每个 θ 和 ϕ 的 λ_c/β 是线性相关的，多位研究者也发现这种关系（Wen et al., 1993；Pierson et al., 1964；Ren et al., 2015）。在 ϕ = 40° 时，<λ_c/β> 随着雷达入射角 θ 增加而增加，如图 3-13（a）所示，图 3-13（b）是 θ 固定为 30° 时，随 ϕ 增加 <λ_c/β> 减少的情形。这种现象是合理的，因为速度聚束与相对于距离方向的波浪传播角度负相关，并且被动地与入射角 θ 相关。换句话说，速度聚束随着 ϕ 增加而变弱，随着 θ 增加而变强。

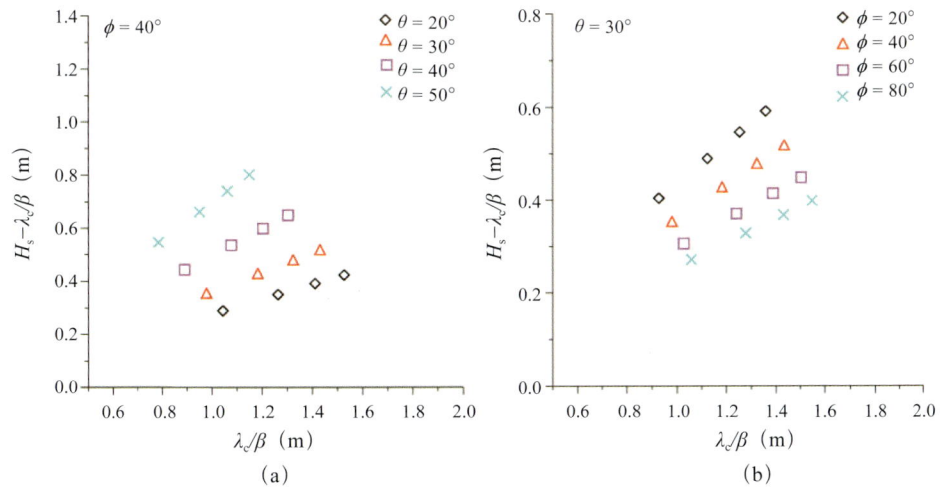

图 3-12　<λ_c/β> 定义为 Jonswap 模拟的与式（3-15）计算的值之间的偏差

（a）相对于距离方向的波传播方向 ϕ = 40° 不变，雷达入射角 θ 以 10° 的间隔从 20° 变化到 50°；（b）相对于距离方向的波传播方向 θ = 30° 不变，ϕ 以顺时针方向 20° 的间隔从 20° 变化到 80°

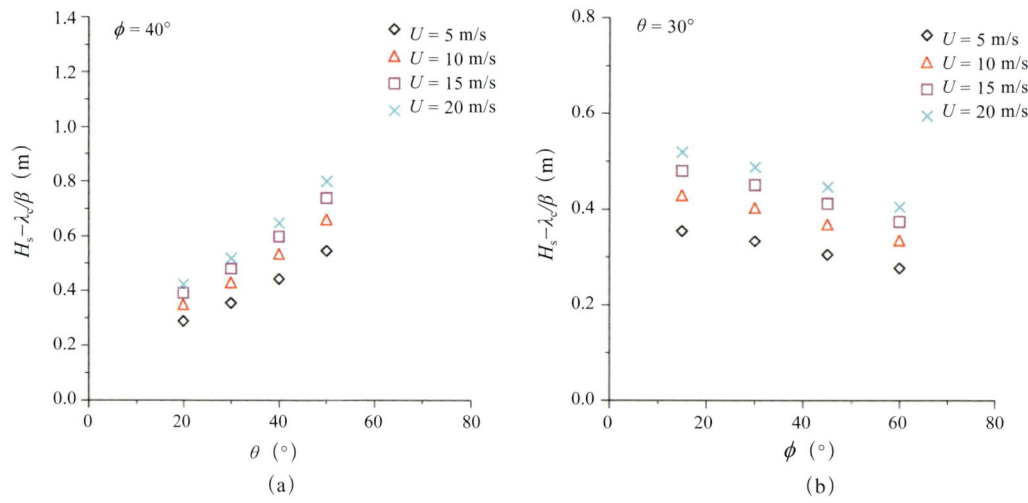

图 3-13 有效波高和方位向截断波长关系

（a）<λ_c/β> 关于在 U 以 5 m/s 间隔从 5 m/s 变化到 20 m/s，$\phi = 40°$；

（b）<λ_c/β> 关于在 U 以 5 m/s 间隔从 5 m/s 变化到 20 m/s，$\theta=30°$

综合以上分析，结合 Ren 等（2015）的研究，提出一个更完整的半经验函数。将雷达入射角 θ 和相对于距离方向的波浪传播 ϕ 角度加入初始算法来反演 H_s，该经验函数允许在没有任何外部信息的情况下反演 H_s，不受其他模型存在的应用限制。只包含截断值波长 λ_c 的计算公式为

$$H_s = \left(\frac{\lambda_c}{\beta}\right)(A_1 + A_2 \sin\theta + A_3 \cos 2\phi) + A_4 \qquad (3-16)$$

其中，系数使用最小二乘拟合方法从匹配数据集来确定。

3.3.2.2 T_{mw} 反演的经验模型

Wang 等（2012）给出了有效波高与平均波周期之间的关系，并在此基础上进行了详细的介绍。均方根轨道速度分量 σ 定义为

$$\sigma = \sqrt{\int\int |T_\omega^v|^2 S_\varpi \mathrm{d}\omega} = \int_0^\infty \int_0^{2\pi} |T_\omega^v|^2 S_{\omega,\phi} D_{\omega,\phi} \mathrm{d}\omega \mathrm{d}\phi \qquad (3-17)$$

其中，$S_{\omega,\phi}$ 是波浪频率为 ω、相对于方位向的波向为 ϕ（$\phi = 90° - \phi$）时的波浪频率；$D_{\omega,\phi}$ 是归一化的方向分布函数：

$$\int_0^{2\pi} D_{\omega,\phi} \mathrm{d}\phi = 1 \qquad (3-18)$$

将式（3-18）代入式（3-17），得到

$$\sigma = \int_0^{2\pi} G_\omega \omega^2 S_\omega \, d\omega \tag{3-19}$$

其中

$$G_\omega = 1 - 0.5 \sin^2 \theta (1 + C_\omega) \tag{3-20}$$

G_ω 为 $D_{\omega,\phi}$（Longuet-Higinns et al., 1963）的第二个余弦系数，与 ϕ 有以下关系：

$$C_\omega = R_\omega \cos 2\phi \tag{3-21}$$

其中

$$R_\omega = \sqrt{C_\omega^2 + B_\omega^2} \tag{3-22}$$

B_ω 为第二个正弦傅立叶系数。

因此，截断波长 λ_c 可简化为

$$\lambda_c = \pi \beta \sqrt{G_\omega} \sqrt{\int \omega^2 S_\omega \, d\omega} \tag{3-23}$$

T_{mw} 为

$$T_{mw} = 2\pi \sqrt{\frac{\int S_\omega \, d\omega}{\int \omega^2 S_\omega \, d\omega}} \tag{3-24}$$

根据式（3-14）、式（3-22）和式（3-23），H_s、λ_c 和 T_{mw} 的表达关系式为

$$T_{mw} = H_s \frac{\pi^2 \beta \sqrt{G}}{2\lambda_c} \tag{3-25}$$

由于变量 G 在上式中是未知的，不能直接计算 T_{mw}，因此，我们提出了反演 T_{mw} 的经验函数，它取决于 H_s 和（β/λ_c）的乘积。

$$T_{mw} = H_s \left(\frac{\beta}{\lambda_c} \right) B_1 + B_2 \tag{3-26}$$

其中，系数通过匹配数据用最小二乘方法拟合来确定。

由此可知，H_s 和 T_{mw} 都是截断波长估计 λ_c、雷达入射角 θ 和相对于距离方向的波浪传播方向 ϕ 的函数，而这些参数都可以直接从 SAR 数据中获得。

图 3-14 是基于截断波长的波浪参数反演半经验算法方法的流程图。首先，利用二维 FFT 方法从 NRCS 中计算二维 SAR 图像谱，由于 SAR 光谱具有两个 180° 模糊度的峰值，我们使用 0° 和 90° 之间的一个，而无需找到真实的波浪传播方向，结果表

明选择一个峰值不会影响最终的计算结果。其次，通过在距离向上对 SAR 二维谱进行积分来获得 SAR 一维谱，以计算截断波长 λ_c。然后通过使用式（3-16）从 SAR 中得到截断波长 λ_c、雷达入射角 θ 和相对于距离方向的峰值波方向计算 H_s。最后，通过使用式（3-26）计算 T_{mw}。

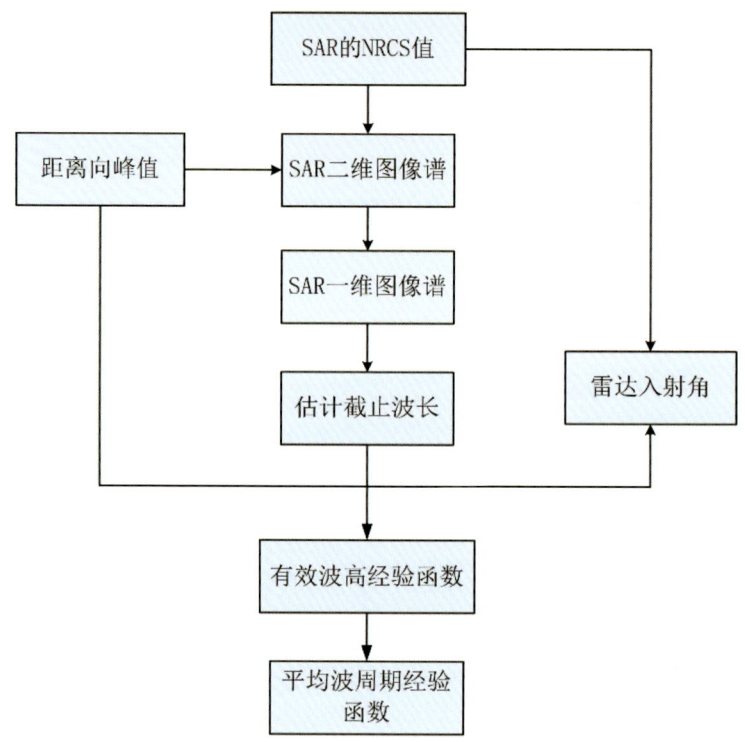

图 3-14　半经验波参数反演方法的流程图，包括 H_s 和 T_{mw}

3.3.2.3　算法调整

反演条带模式 C 波段 VV 极化 Sentinel-1 SAR 图像中以浮标位置为中心的 93 个子图像，对于每个子图像，需计算其截断波长 λ_c、雷达入射角 θ 和相对于距离方向的波峰方向 ϕ。

以 2014 年 12 月 31 日 02:06（UTC 时间）拍摄的 C 波段 VV 极化 Sentinel-1 SAR 图像为例进行说明。首先分析图像并获得包含浮标位置的子图像，利用 FFT 方法得到 SAR 二维谱（如图 3-4 所示）。然后，将具有高斯拟合函数的 SAR 二维谱集成在距离向上。高斯拟合函数的公式为 $\exp = \{\pi(k_x/k_c)\}$，其中 k_x 是方位向的波数，$k_c = 2\pi/\lambda_c$ 是截断波数，其拟合结果如图 3-15 所示。之后，匹配分析结果，包括截断波长 λ_c、雷达入射角 θ 和相对于距离方向的波峰方向 ϕ 以及来自浮标的 H_s 和 T_{mw} 测量结果。最后，计算出式（3-16）和式（3-26）中的系数（A_1=0.48，A_2=0.26，A_3=0.27，A_4=0.22，B_1=1.65，B_2=5.60）

对于 H_s 和 T_{mw}，93 个匹配点的拟合结果和浮标测量值之间的 COR 分别为 0.81 和 0.71，如图 3-16 所示。结果表明，所设计的半经验算法适用于波浪反演，算法的验证及讨论见下一节。

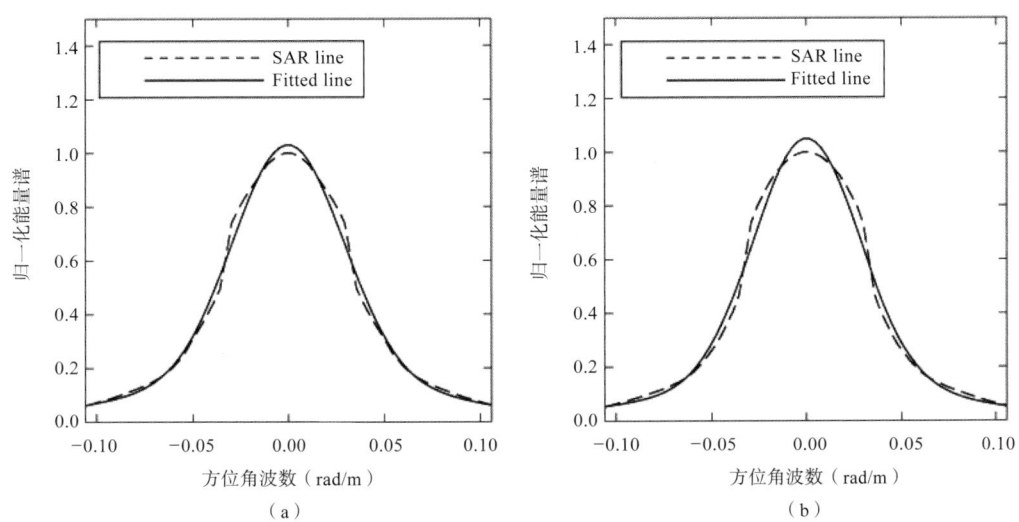

图 3-15　将一维 SAR 光谱集成在距离方向上的高斯拟合结果

（a）对应于图 3-4（a）；（b）对应于图 3-4（b）

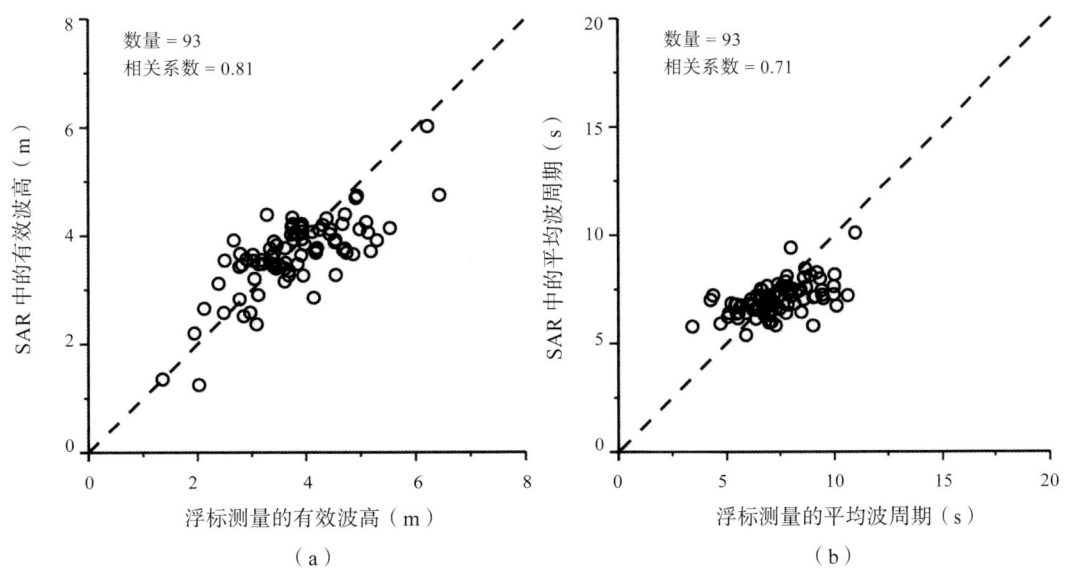

图 3-16　93 个匹配点数据和相应浮标测量值之间的相关性

（a）H_s；（b）T_{mw}

3.3.3　从同极化 X 波段 SAR 图像中反演波浪的经验算法

3.3.3.1　现有的 X 波段 SAR 风和波浪算法

用 SAR 进行风场反演是一项成熟的技术。最初的 X 波段 GMF XMOD1，简单地将来自 TS-X/TD-X 图像的 VV 极化 X 波段的 NRCS 与风速相关联（Ren et al., 2012），之后从 ERS-1 SAR 图像和欧洲中期天气预报中心再分析风场数据得到 C 波段 GMF CMOD5（Hersbach et al., 2007）。Li 等（2014）利用 VV 极化 TS-X/TD-X 图像和相匹配的 NDBC 浮标测量数据开发出 XMOD2，发现与 NOAA 浮标数据对比，风速均方根误差为 1.44 m/s。此外，Ren 等（2015）提出另一种 X 波段 GMF，称为 SIRX-MOD，该方法通过 VV 极化星载成像雷达（SIR）X 波段 SAR 重新拟合 C 波段 GMF CMOD-IFR2 中的系数。XMOD2 和 SIRX-MOD 采用一般形式

$$\sigma_0 = B_0 (1+B_1 \cos \phi + B_2 \cos 2\phi) \tag{3-27}$$

其中，σ_0 是以 dB 为单位的 NRCS；ϕ 为雷达观察方向和风向之间的角度；B_0、B_1 和 B_2 为雷达入射角 θ 和海面上 10 m 高的海面风速 U_{10} 的函数系数。

图 3-17 显示 ϕ 为 30° 和 45° 的 XMOD2 和 SIRX-MOD 曲线，表明 X 波段的 NRCS 与风速线性相关，这与使用机载微波散射仪－辐射计系统（Masuko et al., 1986）在实验期间观察到的 X 波段海洋微波后向散射特征的结果一致。

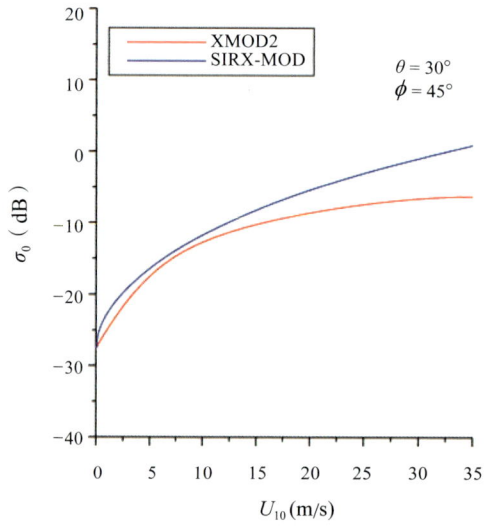

图 3-17　$\theta = 30°$ 和 $\phi = 45°$ 的 XMOD2 和 SIRX-MOD 模拟

基于 SAR 反演的风速，已经为 TS-X/TD-X 图像开发了两种波浪反演算法，一种是基于理论的 PFSM（Shao et al., 2015）算法；另一种是经验算法 XWAVE（Bruck et al., 2013）。XWAVE 采用以下形式：

$$H_s = A_1\sqrt{E_s + \tan\theta} + A_2 U_{10} + A_3 + A_4 \cos\phi \tag{3-28}$$

其中，H_s 为有效波高，θ 为雷达入射角，U_{10} 为海面上 10 m 处的风速；ϕ 为波峰方向相对于方位向的夹角，范围从 0° 到 90°，E_s（$= \int_0^{2\pi}\int_{k_{min}}^{k_{max}} \overline{S}(k,\theta)\,\mathrm{d}k\mathrm{d}\theta$）是归一化 SAR 图像谱的积分值，$\overline{S}(k,\theta)$ 在波长为 L_{min}（$= 2\pi/k_{min}$）= 30 m 到 L_{max}（$= 2\pi/k_{max}$）= 600 m 范围内，系数 A_1、A_2、A_3、A_4 是由 VV 极化 TS-X/TD-X 图像和来自 DWD 和 NOAA 浮标相匹配的拟合常数（Bruck et al., 2013；Bruck，2015）。XWAVE 可方便地应用于 TS-X/TD-X 图像的波浪反演，无需将 SAR 图像谱转换为波谱。虽然来自 VV 极化和 HH 极化 TS-X/TD-X 图像的 SAR 反演风速在 2 m/s 风速均方根误差范围内（Li et al., 2014；Shao et al., 2016），但 XWAVE 在实际应用中受到限制，因为在使用 XMOD 进行风场反演需外部风向信息。

3.3.3.2　VV 和 HH 极化波浪反演的经验算法

由于匹配数据集没有包含风速较大的情况，X 波段 GMF XMOD2 和 PR 模型 XPR2 不适用于高风情况（> 25 m/s）。因此，设计了一种将式（3-28）中的 NRCS 代替风速变量进行波浪反演的经验算法，该算法可以在不计算海面风速的情况下简化反演过程，便于实现。经验模型采用以下形式：

$$H_s = C_1\sqrt{E_s + \tan\theta} + C_2 \sigma^0 + C_3 + C_4 \cos\alpha \tag{3-29}$$

其中，α 是 SAR 光谱中峰值方向相对于方位向的角度，而不是式（3-28）中波峰值方向 ϕ。

数据集包括欧洲中期天气预报中心的有效波高数据和来自 SAR 图像谱的三个其他变量。在 VV 极化和 HH 极化中式（3-29）中的矩阵 C 的值分别见表 3-3 和表 3-4。

使用所提出的算法对欧洲中期天气预报中心再分析数据的有效波高和模拟有效波高之间的统计分析如图 3-18 所示。该结果是以 10° 为间隔，入射角位于 20° ~ 50° 之间和 1 m/s 为间隔，范围从 0 ~ 7 m/s 的对比情况，发现其相关性约为 0.8。因此，该算法适用于通过 VV 极化和 HH 极化 TS-X/TD-X 图像数据进行 H_s 反演。然而，该算法是否依赖于 SAR 图像的高质量功率谱尚未知。

表 3-3　VV 极化的式（3-29）中的拟合系数

C_1	2.90
C_2	3.31
C_3	0.47
C_4	0.58

表 3-4　HH 极化的式（3-29）中的拟合系数

C_1	2.11
C_2	2.21
C_3	0.91
C_4	0.64

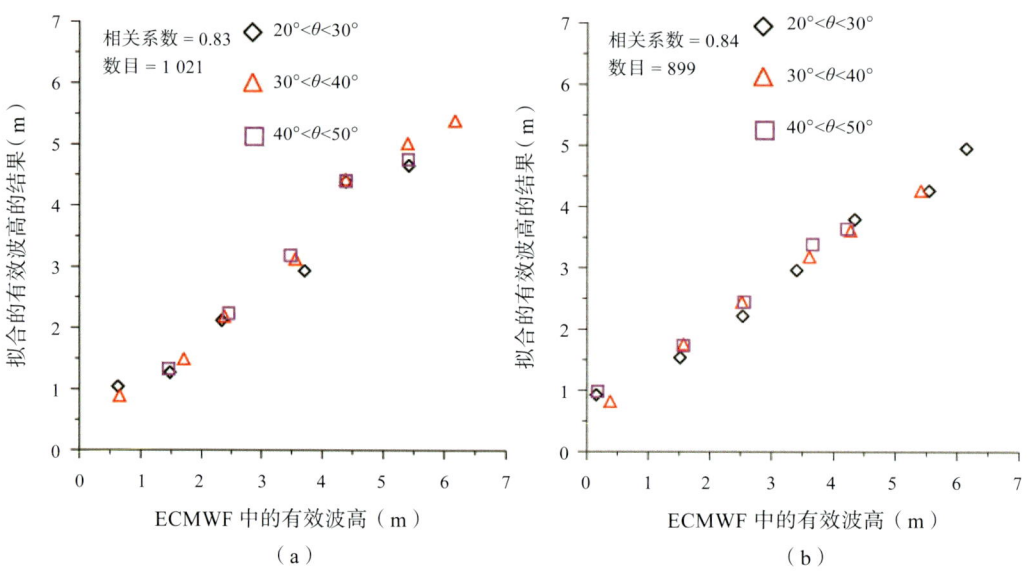

图 3-18　欧洲中期天气预报中心的有效波高与拟合的有效波高结果对比，入射角从 20°～50°，以 10°为间隔以及范围从 0～7 m/s 的以 1 m/s 为间隔

（a）VV 极化；（b）HH 极化

3.3.4 利用改进算法 CSAR_WAVE2 进行同极化 SAR 图像上海浪参数反演

3.3.4.1 CWAVE 算法

据前文所述,算法 MPI、SPRA、PFSM 和 PARSA 都依赖于海浪谱的先验信息,例如,波浪模型的数值模拟和参数波浪函数的计算。在实际应用中,需要一段较长演算时间才能得到初猜谱,将合成孔径雷达谱非线性谱反演成波谱(Hasselmann et al., 1991, 1996)。此外,基于理论算法的物理机制,也很难提高 H_s 反演的精度。因此实际应用中,经验模型是散射计和 SAR 的常用方法,例如用于风场反演的 GMF(Stoffelen et al., 1997;Hersbach et al., 2007)。CWAVE 系列,用于 ERS SAR 的 CWAVE_ERS(Schulz-Stellenfleth et al., 2007)和用于 Envisat-ASAR 的 CWAVE_ENV(Li et al., 2011),最初由 SAR 海洋学小组在德国航空航天中心(DLR)开发,能从 SAR 波模式数据直接反演波浪参数,而无需计算每个 SAR 映射模拟的复杂 MTF。

在 SAR 图像中,海况 S 可通过具有系数向量 a_i(a_0, a_1, ⋯, a_n)的一组成像参数 s_i(s_0, s_1, ⋯, s_n)来确定。由于速度聚束的调制,将不同成像参数 s_i 的乘积与系数向量 $a_{i,j}$($i \leq j \leq n$)相加,还包括不同成像参数之间的非线性关系。基于这个假设,CWAVE 的函数主要遵循多重回归方法来实现:

$$S = a_0 + \sum_{i=1}^{n} a_i \times s_i + \sum_{i,j=1}^{n} a_{i,j} \times s_i \times s_j \tag{3-30}$$

在 CWAVE 模型中,成像参数 s_i 包括 NRCS 的 σ_0 和归一化 SAR 图像的方差(本文称为协方差 cvar),两者都可以直接从海洋信息提取,从 SAR 二维谱导出一组正交函数。cvar 的定义如下:

$$\mathrm{cvar} = \mathrm{var}\left(\frac{I - \overline{I}}{\overline{I}}\right) \tag{3-31}$$

其中,I 为 SAR 图像的像素强度;$\overline{I}$ 为 I 的平均值。

CWAVE 模型中的系数仅针对在 VV 极化下以 23° 的固定入射角获得的 ERS SAR 和 Envisat-ASAR 波模式数据进行了调整。因此,具体应用时,需针对不同入射角的其他 SAR 数据重新调整 CWAVE 算法,例如 Sentinel-1 SAR 的 CWAVE_S1(Stopa et al., 2017)。

3.3.4.2 CSAR_WAVE 算法

由式（3-11）可知，在成像过程中，可以通过高斯拟合函数拟合的 SAR 一维谱来得到 λ_c（Sun et al.，2009）。通过分析 Envisat-ASAR 波模式数据，即使在大尺度海洋状态（>250m），λ_c 也能提供有意义的海洋状态信息（Stopa et al.，2016）。

有效波高 H_s 可通过波谱 S_ω 积分来计算：

$$H_s = 4\sqrt{\int S_\omega \, d\omega} \tag{3-32}$$

从理论上讲，可以通过式（3-32）和式（3-10）将 H_s 与 S_ω 联系起来。最近，已经开发了多种针对不同卫星（包括 Envisat-ASAR，Radarsat-2 SAR，Sentinel-1 SAR 等），通过 λ_c 反演 H_s 的算法（Ren et al.，2015；Grieco et al.，2016；Stopa et al.，2017）。

利用广泛使用的 Jonswap 波谱模型（Hasselmann et al.，2010）模拟了 λ_c、雷达入射角 θ 和相对于距离向的峰值波向 ϕ 与 H_s 的关系。发现 H_s 与 λ_c/β 线性相关，而与 θ 和 ϕ 分别呈正负关系（Shao et al.，2016）。半经验波浪反演算法，简称为 CSAR_WAVE，是前文中针对 Sentinel-1 SAR 提出的，其表达式为一阶线性函数：

$$H_s = \left(\frac{\lambda_c}{\beta}\right)(A_1 + A_2 \sin\theta + A_3 \cos 2\phi) + A_4 \tag{3-33}$$

其中，系数 A 由 Sentinel-1 SAR 图像匹配 NDBC 浮标数据来确定。

根据 Shao 等的研究，分别对 VV 极化和 HH 极化条件下的 GF-3 SAR 利用 CSAR_WAVE 进行反演，得到的均方根误差分别为 0.58 m 和 0.57 m，并通过 NOAA 在美国海域附近的 NDBC 浮标数据进行验证。

3.3.4.3 优化改进算法

为了提高经验算法中 H_s 的非线性敏感度，采用 CWAVE 模型公式。然而，CWAVE 模型中的参数设置为 7 个变量（U_{10}，σ_0，cvar，λ_c/β，$\sin\theta$，$\cos 2\phi$，λ_{SAR}），其中三个因子，U_{10}、σ_0（dB）和 cvar 是与海洋状态直接相关的（Li et al.，2010；Grieco et al.，2016）。此外，Shao 等（2016）已经研究了其他因素与 H_s 的相关性，包括 λ_c/β、θ 和 ϕ。特别地，λ_{SAR} 代表 SAR 频谱峰值处的 SAR 截断波长，是必要参数。这可以通过 SAR 海浪成像机制推导得出，Wang 等（2012）提出的式（3-26）也有体现。

总的来说，通过匹配 ECMWF 再分析数据获得从同极化通道 GF-3 SAR 图像中提取的 1 万多个子图像。在反演过程中，三个变量（λ_c、ϕ 和 λ_{SAR}）来自 SAR 图像谱。提取的 VV 极化子图像,结果如图 3-19(a)所示。子图像的相应 SAR 二维谱如图 3-19(b)所示,其中 ϕ 和 λ_{SAR} 可直接获得。λ_c 的高斯拟合结果如图 3-19(c)所示。

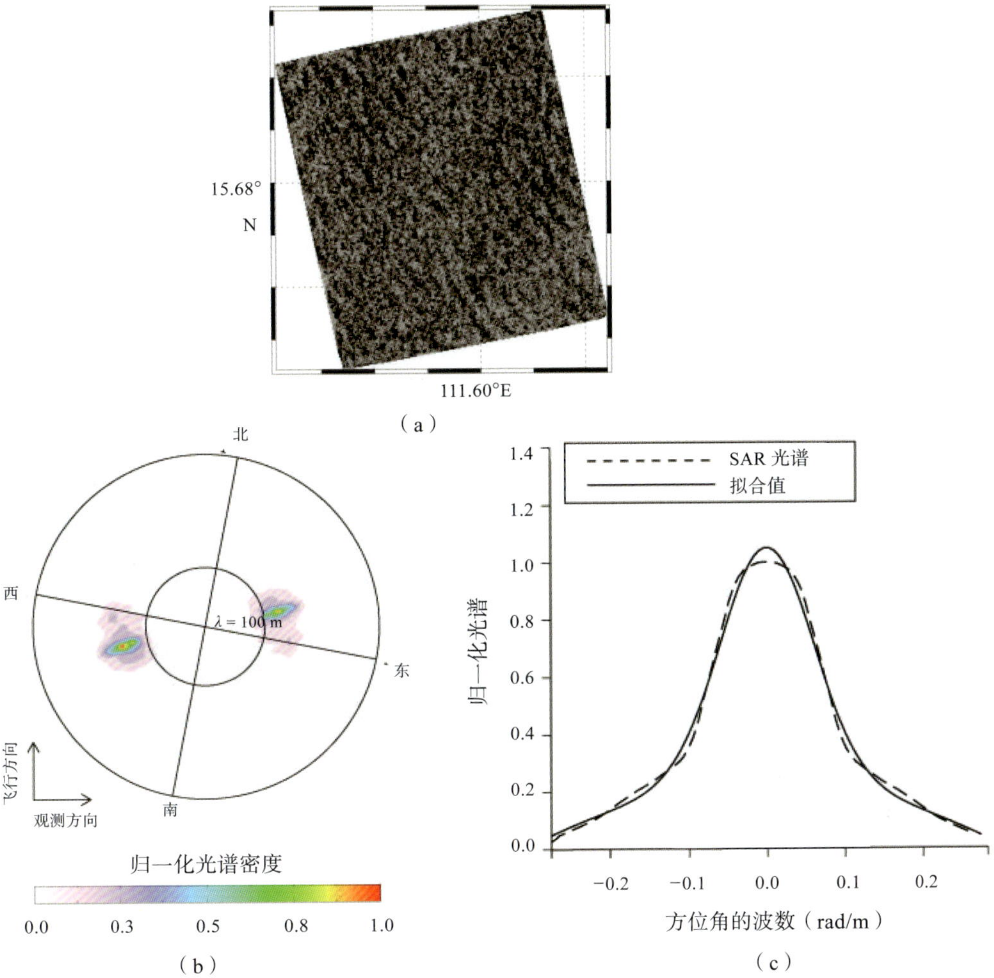

图 3-19 子图像海波谱反演实例

(a)极化案例提取的子图像,拍摄于 2017 年 1 月 18 日 10:40(UTC 时间);
(b)子图像在极坐标下的二维 SAR 谱;(c)子图像的高斯拟合结果

使用匹配的数据集利用最小二乘法确定式(3-30)的 36 个系数 $a_{i,j}$($i \leq j \leq 7$),其中下标(1,2,…,7)对应七个变量(U_{10}, σ_0, cvar, λ_c/β, $\sin\theta$, $\cos 2\phi$, λ_{SAR})。例如,a_{12} 是 $U_{10} \times \sigma_0$ 项的系数。同极化 GF-3 SAR 的改进算法 CSAR_WAVE2 拟合系数结果见表 3-5。

表 3-5 GF-3 SAR 的 CSAR_WAVE2 的系数

系数	VV 极化 HH 极化	系数	VV 极化 HH 极化	系数	VV 极化 HH 极化
a_0	4.550 081 4.685 711	a_{15}	0.395 260 0.661 365	a_{36}	−0.000 948 −0.023 572
a_1	−0.117 950 −0.037 123	a_{16}	0.021 143 0.013 080	a_{37}	0.000 017 −0.000 881
a_2	−0.037 560 −0.123 305	a_{17}	−0.000 051 −0.000 101	a_{44}	−0.215 274 0.018 952
a_3	0.003 769 −2.008 078	a_{22}	0.002 117 0.000 932	a_{45}	−2.068 321 1.062 604
a_4	1.422 161 1.487 999	a_{23}	−0.000 256 −0.057 926	a_{46}	0.270 182 0.290 735
a_5	−14.158 478 −17.544 858	a_{24}	−0.015 345 0.088 712	a_{47}	0.000 401 0.000 192
a_6	0.046 233 −0.243 763	a_{25}	0.156 521 0.068 177	a_{55}	11.135 928 9.447 940
a_7	−0.006 104 −0.007 993	a_{26}	0.025 062 0.013 996	a_{56}	0.743 692 0.926 733
a_{11}	−0.003 169 −0.006 690	a_{27}	0.000 145 0.000 049	a_{57}	0.017 372 0.017 870
a_{12}	0.000 329 0.009 146	a_{33}	0.000 004 −0.000 050	a_{66}	0.080 189 0.042 562
a_{13}	0.000 089 0.037 343	a_{34}	−0.000 495 0.174 004	a_{67}	−0.002 490 −0.002 032
a_{14}	0.005 497 −0.045 162	a_{35}	−0.021 734 0.367 615	a_{77}	−0.000 005 −0.000 003

图 3-20 为利用 CSAR_WAVE2 将采集数据与 ECMWF 再分析数据 H_s 拟合的结果。发现 ECMWF 再分析数据与同极化 GF-3 SAR 模拟值之间的相关性约为 0.72。因此，可以认为改进的算法 CSAR_WAVE2 适用于从同极化 GF-3 SAR 图像中反演 H_s。

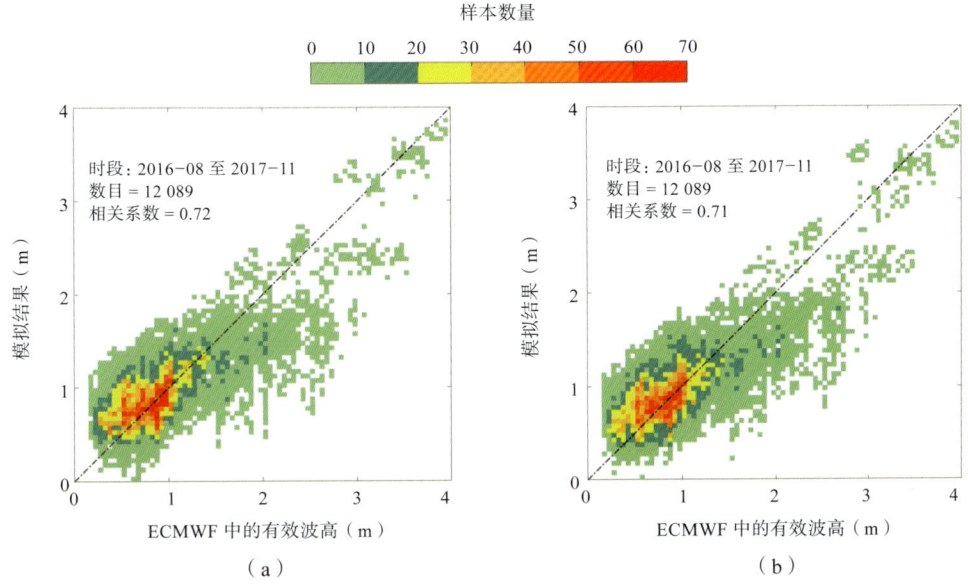

图 3-20 使用经验算法 CSAR_WAVE2 模拟结果与来自 ECMWF 的再分析数据 H_s 结果对比图
以 0.1 m 间隔在 0～3m 之间；(a) VV 极化；(b) HH 极化

3.4 验证

针对上述四种反演海浪参数算法，对其反演效果分别进行验证。

3.4.1 利用 PFSM 算法反演 X 波段 SAR 图像中波浪参数的验证

图 3-21（a）是（UTC 时间）2010 年 12 月 13 日下午 04:19 获取的 SAR 图像反演得到的风速。以浮标位置为中心区域 A 的平均风速为 6.5 m/s，浮标测得的风速为 6.7 m/s。二维 TS-X SAR 图像谱、从区域 A 反演的相应一维谱和二维谱分别如图 3-21（b）（c）（d）所示。WAVEWATCH-III 计算结果如图 3-22 所示。

区域 A 位于远离陆地的开阔海域，可以通过参考风向获得实际波浪传播方向，以解决 SAR 反演出的风向的模糊性问题。然而，对于大多数情况，不可能消除风浪方向的模糊性，因为波浪传播由于水深的变化很大，导致 SAR 反演出的风向与来自二维 TS-X 图像谱的有 180° 模糊波浪的方向不匹配。尽管涌浪方向具有类似于风浪的模糊性，但这两者对有效波高和平均波周期的反演几乎没有影响。

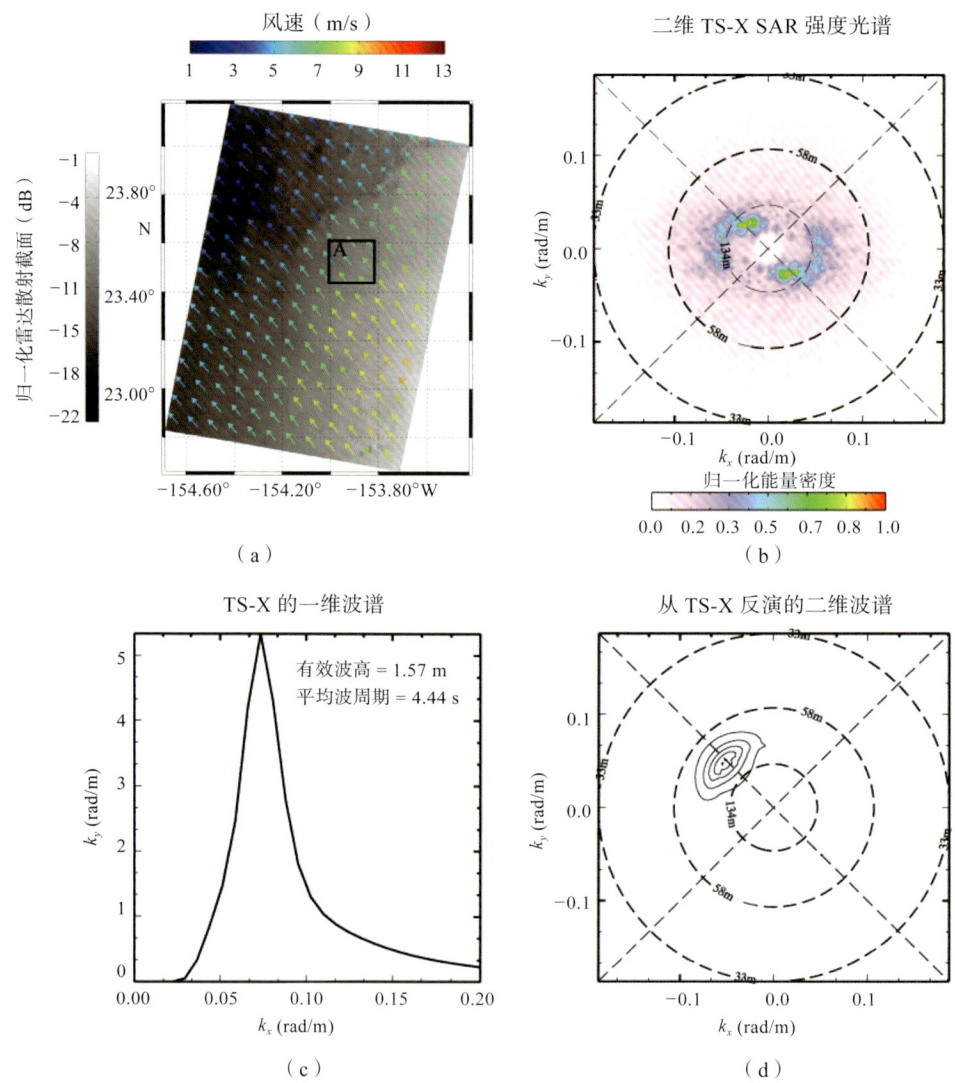

图3-21 拍摄于2010年12月13日下午04:19（UTC时间）一个SAR示例
（a）风场反演；（b）二维TS-X SAR图像谱；（c）用有效波高和平均波周期反演的一维谱；
（d）从TS-X反演的二维谱

TS-X 中区域 A 的 SAR 反演结果，包括有效波高和平均波周期，浮标数据和 WAVEWATCH-III 计算结果见表 3-6。与浮标测量结果相比，有效波高的相对误差为 15.4%，平均波周期的相对误差为 18.1%。此外，使用 X 波段风场 GMF 模型和 PFSM 波浪算法处理 9 幅覆盖浮标的 HH 极化 TS-X 图像。SAR 反演结果和浮标的对比结果显示，有效波高的均方根误差为 0.26m，散射指数为 19.8%，平均波周期的均方根误差为 0.45s，散射指数为 26.0%。

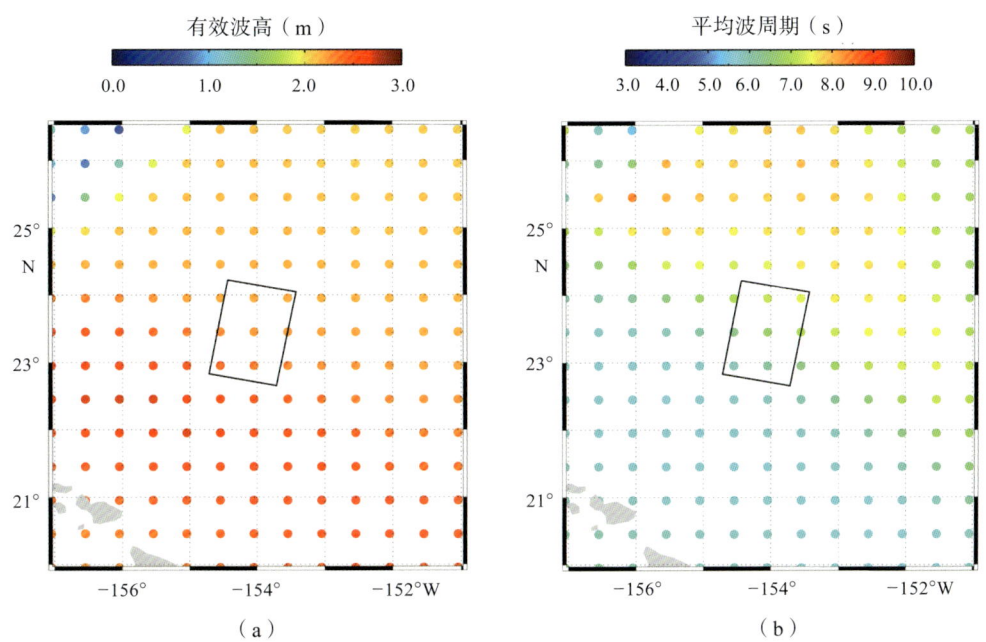

图 3-22 拍摄于 2010 年 12 月 13 日 16:19（UTC 时间）对应的 WAVEWATCH-III 结果

黑色矩形是 TS-X 的地理位置；(a) 有效波高；(b) 平均波周期

表 3-6　2010 年 12 月 13 日下午 16:19（UTC 时间）在 A 区进行的 SAR 反演浮标测量与现场浮标测量、WAVEWATCH-III 计算的比较

SAR 反演 有效波高 (m)	SAR 反演 平均波周期 (s)	实测 有效波高 (m)	实测 平均波周期 (s)	WAVEWATCH-III 模拟 有效波高 (m)	WAVEWATCH-III 模拟 平均波周期 (s)
1.57	4.44	1.82	5.62	2.15	6.8
偏差		−0.25	−1.18	−0.58	−2.36

此外，我们将 PFSM 算法应用于 16 幅可用的 TS-X 图像，并将结果与 WAVEWATCH-III 模拟结果进行比较。在图 3-23（a）中，有效波高的均方根误差为 0.43 m，散射指数为 32.8%；图 3-23（b）中，平均波周期的均方根误差为 0.47 s，散射指数为 36.7%。波浪反演结果具有与 C 波段 SAR 相似的精度，当根据浮标或高度计（Monaldo et al., 1998；Schulz-Stellenfleth et al., 2005；Li et al., 2011）的测量结果验证时，有效波高的散射指数约为 20%，当使用 WAM 模型预测进行波浪反演（Kudryavtsev et al., 2003），散射指数为 38%。

验证结果表明，与 C 波段 SAR 的波浪反演类似，PFSM 适用于从 HH 极化 X 波段 SAR 数据反演波浪。根据 Phillips 等（2001）的研究，SAR 波浪反演与浮标测量的比较结果优于 SAR 与 WAVEWATCH-III 模型对比结果。波浪破碎产生的 non-Bragg 散射对 HH 极化的雷达信号影响大于 VV 极化。因此，由于波浪破碎的失真较小，PFSM 往往具有更好的 VV 极化波浪反演性能（Haller et al., 2009）。

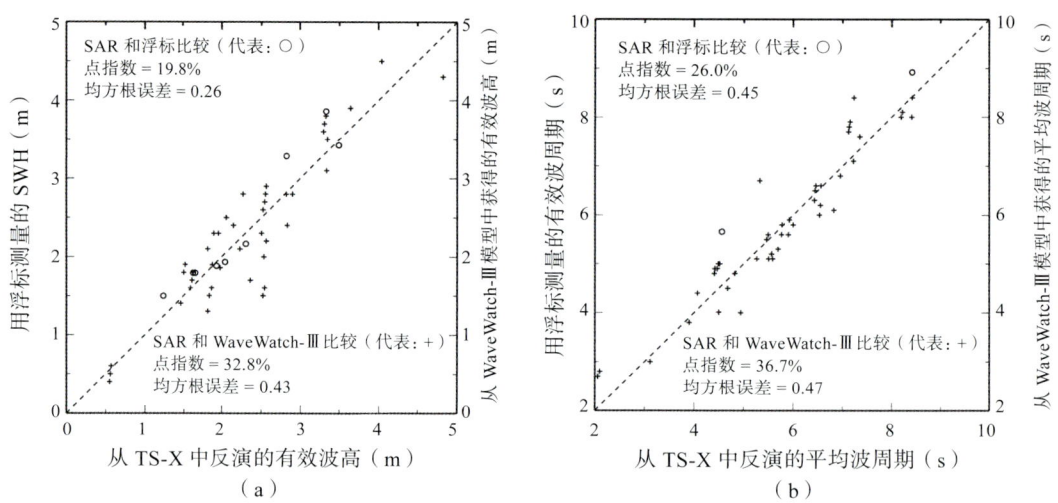

图 3-23　将 HH 极化 TS-X 图像的波浪参数反演结果与表 3-2 中的浮标测量值进行比较，并将所有 TS-X 图像与 WAVEWATCH-III 模型的计算结果进行比较

(a) 有效波高的比较；(b) 平均波周期的比较

3.4.2　基于 C 波段 VV 极化 Sentinel-1 SAR 图像的海浪参数反演的半经验算法的验证

浮标风向用于区分风浪与涌浪主导的情况。先将峰值方向与风向进行比较，风向是从浮标测量的。例如，假定风向为 0°~90°，相对于北方顺时针方向，并且该风从东北向西南方向吹，然后，通过气象学获得来自 SAR 二维谱的具有 180° 模糊性的两个峰值方向。最后，进行判断：相对于北方顺时针方向，如果来自 SAR 二维谱的峰值方向在 90°~180° 或 270°~360° 之间，由于波浪传播方向与风传播方向相反，认为这是一个涌浪主导的情况；如果从 SAR 二维谱的峰值方向在 0°~90° 或 180°~270° 的范围内，认为是风浪占主导地位的情况。因此，验证分风浪和涌浪两类进行。

对于 29 个风浪占主导地位的情况，利用式（3-16）得到的 H_s 和式（3-24）得到的 T_{mw} 分别与浮标测量结果进行比较，如图 3-24（a）（b）所示。结果表明，H_s 的 RMSE 为 0.69m，SI 为 18.5%；T_{mw} 的 RMSE 为 1.87s，SI 为 25.1%。类似地，在 28 个涌浪案例中，H_s 的 RMSE 为 0.71m，SI 为 18.7%；T_{mw} 的 RMSE 为 2.04s，SI 为 23.1%〔见图 3-25（a）和（b）〕。从上述结果可知，半经验算法适用于风浪和涌浪占主导地位海洋状态，但对于风浪占主导地位的情况，该算法的性能更好。

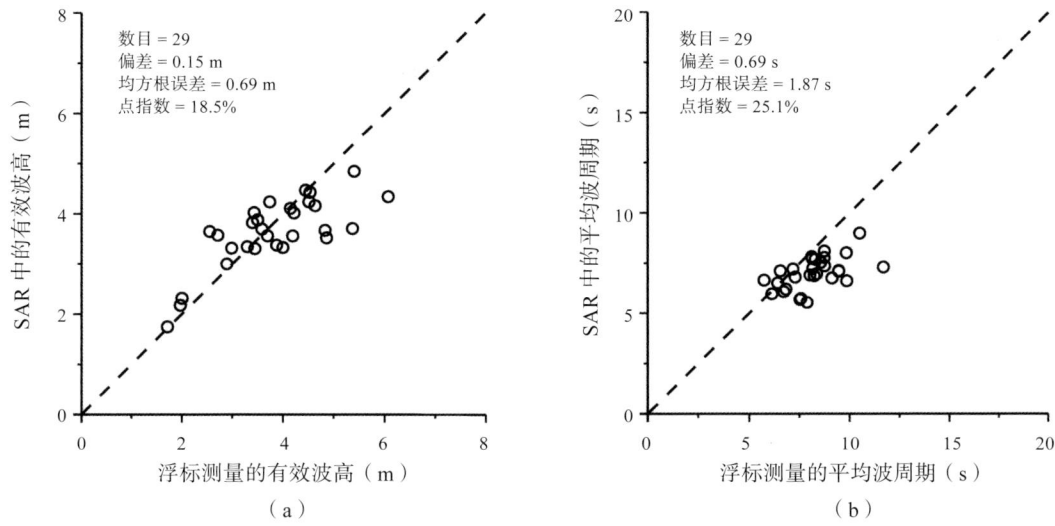

图 3-24 将 29 个风浪主导情况的波浪参数反演结果与浮标测量结果进行比较
（a）H_s 比较；（b）T_{mw} 比较

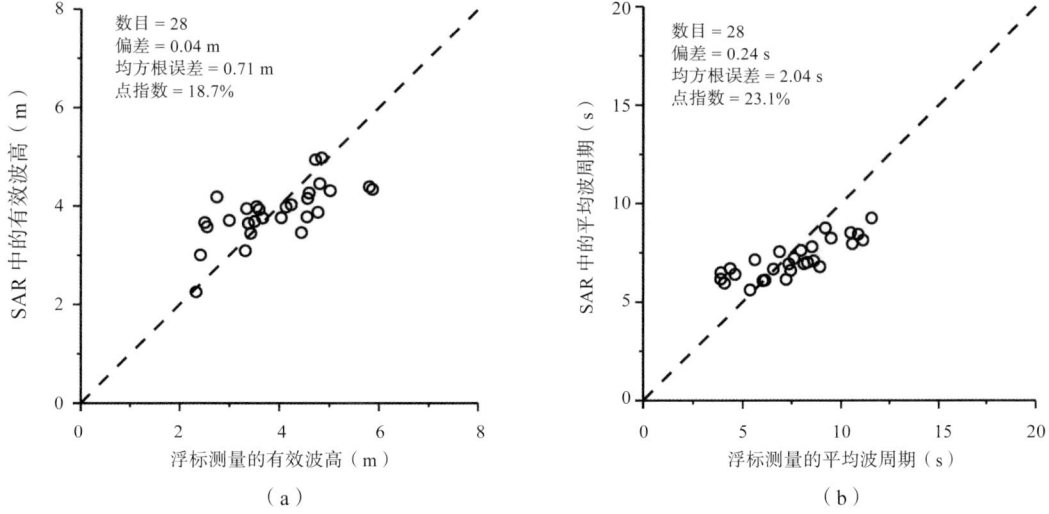

图 3-25 将 28 个涌浪主导情况的波浪参数反演结果与浮标测量结果进行比较
（a）H_s 比较；（b）T_{mw} 比较

图 3-26 对 57 个匹配点进行验证，显示 H_s 的 RMSE 为 0.69 m，SI 为 18.3%；T_{mw} 的 RMSE 为 1.86 s，SI 为 24.8%。参考 C 波段 SAR 数据波浪反演的研究成果（Mastenbroek et al., 2000；Shao et al., 2015；Schulz-Stellenfleth et al., 2005；Li et al., 2010；He et al., 2006），H_s 与匹配浮标测量结果或数值波浪模型结果的标准偏差在 0.4 ~ 0.7 m 范围内。因此，本文提出的半经验算法适用于各种类型的 C 波段 SAR 数据，优于现有的 CWAVE 模型。一般而言，CWAVE 仅能从 ERS-2 和 Envisat-

ASAR 波模式数据中获取波浪信息，且不能直接用于 SAR 图像模式数据的波浪反演。此外，统计表明该算法（H_s 的 RMSE 为 0.69 m）优于 Ren 等（2015）提出的传统经验函数（H_s 的 RMSE 为 0.87m）。

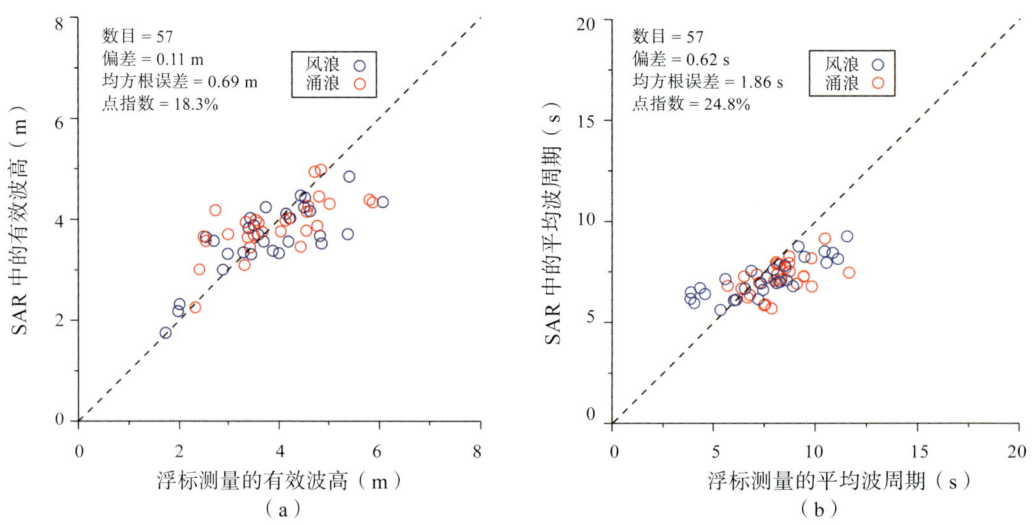

图 3-26　将 57 个匹配点的波浪参数反演结果与浮标测量值进行比较

（a）H_s 比较；（b）T_{mw} 比较

3.4.3　从同极化 X 波段 SAR 图像中反演波浪的经验算法的验证

3.4.3.1　对浮标的验证

以 2012 年 2 月 1 日 13 时 59 分和 16 时 19 分（UTC 时间）获取的 HH 极化 TS-X 条带模式图像为例，覆盖有 NOAA 浮标（ID：46047），如图 3-27 所示。从 TS-X 图像中反演了具有 1.25 km × 1.25 km 大小的 2 048 × 2 048（像素）的子图像，对其归一化，再将子图像划分为 2 个 × 2 个小图像，利用二维快速傅立叶变换（FFT-2）方法计算相应的四个 SAR 二维谱，平均四个 SAR 二维谱得到平滑的 SAR 二维谱。

子图像的快视图和相应长度为 h 的二维谱分别如图 3-28（a）和（b）所示。以浮标位置为中心区域 A 中的 SAR 反演的有效波高为 2.01 m，浮标测量的有效波高为 2.48 m，反演和观察到的有效波高的差为 0.47 m。

应用 X 波段反演算法从 24 幅 VV 极化和 21 幅 HH 极化的 TS-X/TD-X 图像中反演有效波高。SAR 图像覆盖 30 个 NOAA 浮标，SAR 图像和相应 NDBC 浮标的信息显示在表 2-1 中，其反演的波浪信息与相同位置的 NOAA 浮标测量数据相匹配。

第 3 章 海浪反演技术

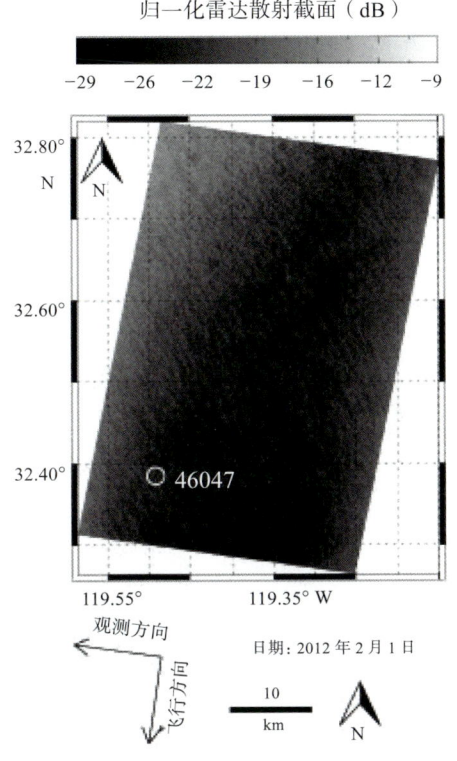

图 3-27　2012 年 2 月 1 日 16:19（UTC 时间）在 StripMap 模式下采集的 HH 极化 TS-X 图像，覆盖 NOAA 浮标（ID：46047）

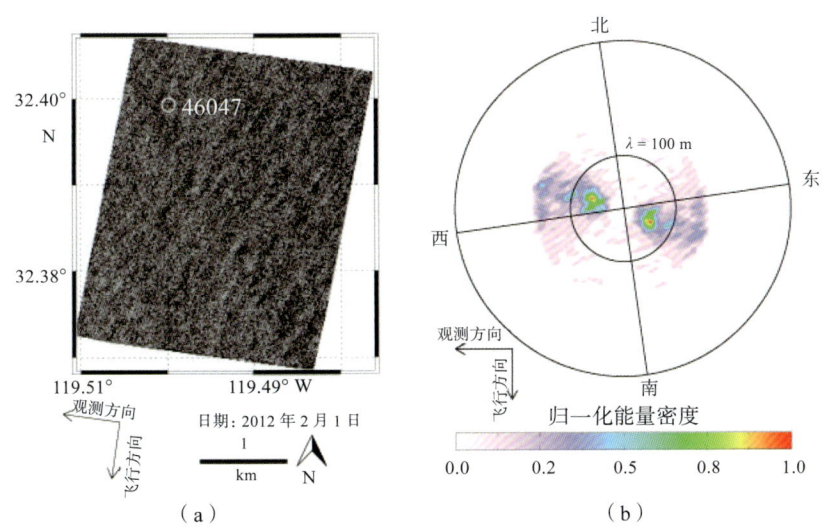

（a）　　　　　　　　　　　　　　（b）

图 3-28　例子图像

（a）覆盖 NOAA 浮标的子图像快视图（ID：46047）；
（b）对应于子图像的长度为 h 的 SAR 二维谱

如图 3-29 所示，VV 极化图像反演的有效波高均方根误差为 0.5m，散射指数为 27%；对于 HH 极化图像，有效波高的均方根误差为 0.52 m，散射指数为 36%。对比同极化 TS-X/TD-X 图像反演结果和浮标测量结果，有效波高的标准差为 0.5m。通过使用现有的波浪反演算法，我们发现使用提出的算法从 SAR 中反演的有效波高较好的一致性，与来自浮标或高度计的观测数据进行验证，具有较好的一致性（Mastenbroek et al., 2000；Schulz-Stellenfleth et al., 2007；Li et al., 2011）。需指出的是，所提出的经验 XWAVE 模型可以在不知道风速信息的情况下直接应用，且不需要 PR 模型。

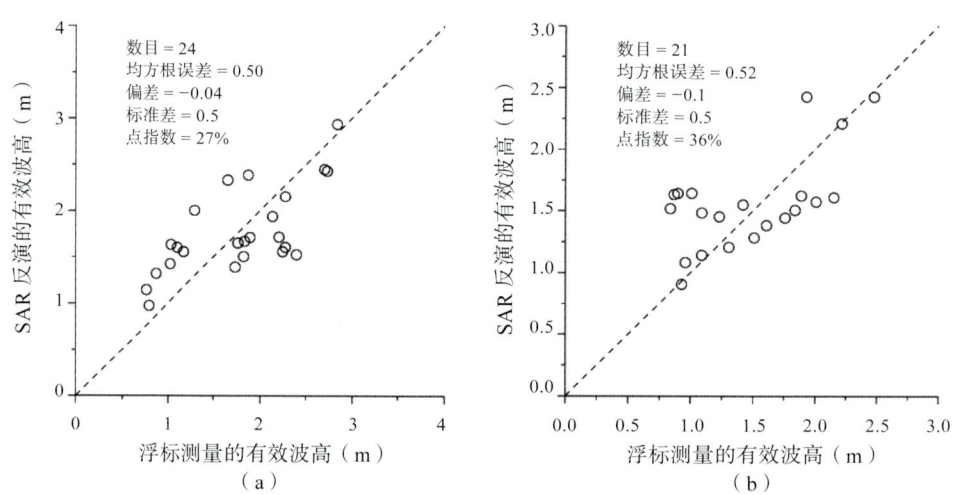

图 3-29 TS-X/TD-X 图像的有效波高反演结果与浮标测量结果对比

（a）VV 极化图像；（b）HH 极化图像

3.4.3.2 在热带气旋中的应用

此外，我们还验证了该算法在 2012 年热带气旋 Sandy 期间拍摄的 TD-X 图像风速反演的有效性。SAR 具有全天候监测能力，很多学者对热带气旋的 SAR 反演进行了研究，例如旋风的形态（Li et al., 2013；Li, 2015；Friedman et al., 2000），飓风产生的海洋涌浪折射（Li et al., 2002）和高风速的反演方法（Hwang et al., 2017）等。Zhang 等（2012）进行了在飓风中 C 波段 SAR VV 极化图像数据反演风速的比较研究。结果表明，由于在热带气旋条件下风速增长，风速反演会遇到饱和问题，与步进频率微波辐射计测量的风速相比均方根误差为 6.2 ~ 6.5 m/s（Fernandez et al., 2006；Hwang et al., 2015）。因此，SAR 反演的风速在热带气旋下偏差较大。为消除这种误差，在现有的 XWAVE 公式中采用 NRCS 代替风速，其目的是避免使用高风速情况下 SAR 反演的风速。

图 3-30 显示了 2012 年 10 月 28 日 22:49（UTC 时间）在热带气旋 Sandy 期间获得的 ScanSAR 模式的多视野地面探测（MGD）VV 极化 TD-X SAR 图像。TD-X 图像在方位向和距离向上分辨率为 8.25 m×8.25 m，将其划分为 512×512（像素）的子图像，相对应的空间大小约 4 km×4 km。再剔除被雨水污染的子图像（约 15%），之后利用所开发的算法反演子图像的有效波高。

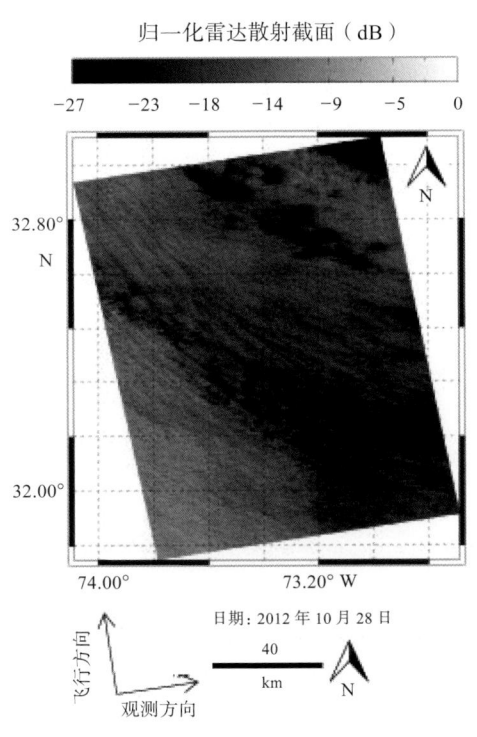

图 3-30　2012 年 10 月 28 日 22:49（UTC 时间）在热带气旋 Sandy 上获得的
ScanSAR 模式的 VV 极化 TD-X SAR 图像

TD-X 图像的覆盖范围内没有 NOAA 浮标，因此，我们只能将其与 ECMWF 进行比较。常用的 WAVEWATCH-III 模型输出的空间分辨率为 0.5°，比 ECMWF 模型结果要粗糙，因此 ECMWF 用于验证是合适的。图 3-31 为热带气旋 Sandy 期间的 TD-X SAR 图像所反演的有效波高和 0.125°×0.125° 空间分辨率 ECMWF 再分析数据的有效波高，其中黑色矩形表示 TD-X 图像的覆盖范围。特别地，TD-X 成像时间和 ECMWF 再分析有效波高数据时间相对接近，在 2 h 内。一般而言，选择与最接近 ECMWF 网格点匹配的 SAR 反演的有效波高，SAR 反演的有效波高与 ECMWF 再分析数据的有效波高基本一致。图 3-32 对比显示有效波高均方根误差为 0.35 m。利用 ECMWF 再分析有效波高数据调整和验证所提出的经验算法，得到了比均方根误差 0.5

m 更好的有效波高（均方根误差为 0.3m）。尽管 ECMWF 再分析有效波高有误差，但统计分析表明，所提出的经验波浪反演算法在热带气旋条件下仍是可信的。

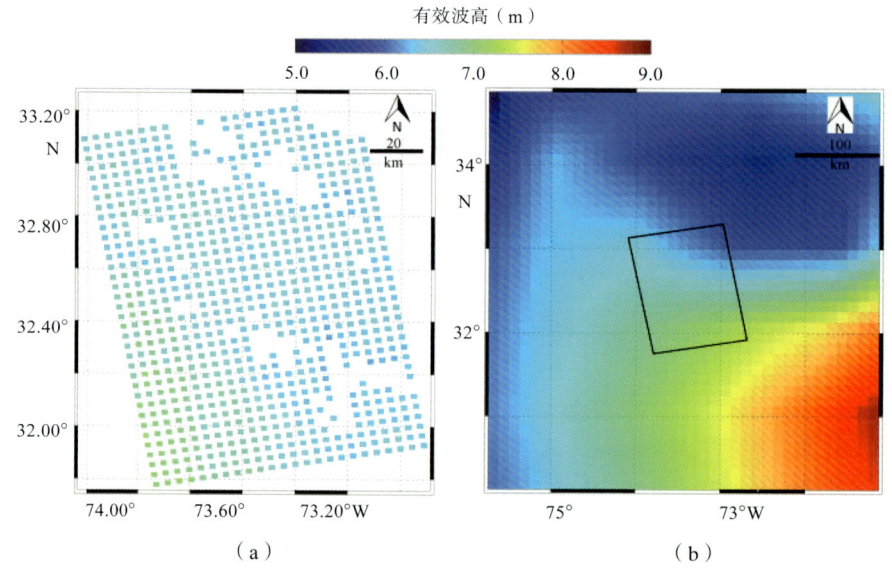

图 3-31　所选图例

（a）2012 年 10 月 28 日 22:49（UTC 时间）热带气旋 Sandy 期间 TD-X 图像的 SAR 反演有效波高；（b）2012 年 10 月 29 日 00:00（UTC 时间）的 ECMWF 再分析 0.125°网格的有效波高数据，其中矩形表示 TD-X 图像的覆盖范围

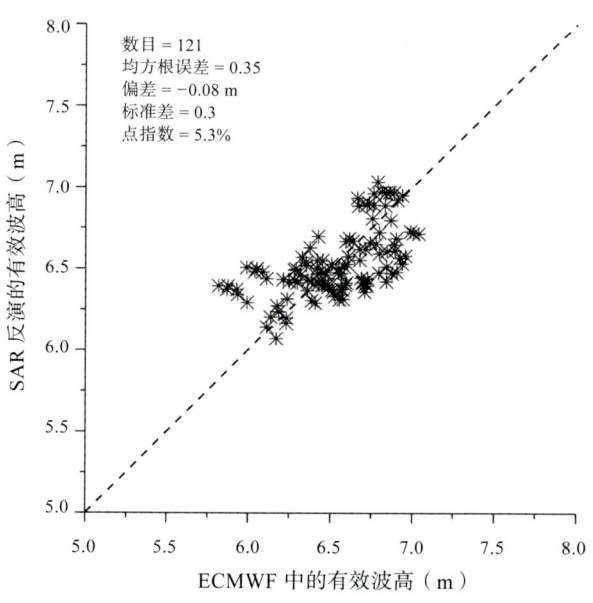

图 3-32　使用所提出的经验算法对 SAR 反演的有效波高和 ECMWF 再分析有效波高数据的比较

3.4.4 利用改进算法 CSAR_WAVE2 进行同极化 SAR 图像海浪参数反演的验证

参考现有 CWAVE 和 CSAR_WAVE 模型，使用 CSAR_WAVE2 进行 H_s 反演的过程大致如图 3-33 所示。以 2017 年 7 月 26 日 20:49（UTC 时间）VV 极化 GF-3 SAR 的快视图为例，如图 3-34（a）所示。使用 CSAR_WAVE2 得到反演的有效波高图，如图 3-34（b）所示。图中的彩色小矩形表示高度计 Jason-2 测量的 H_s，与 SAR 反演的 H_s 较为接近，特别是有效波高图的趋势与 Jason-2 的轨迹更一致。

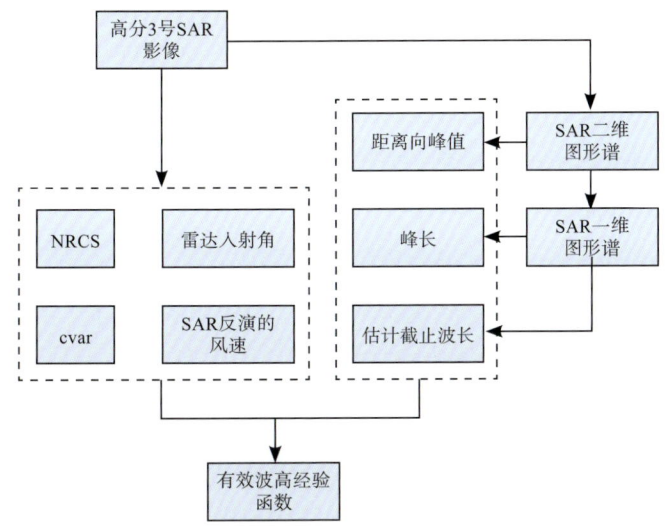

图 3-33　CSAR_WAVE2 反演 H_s 的流程

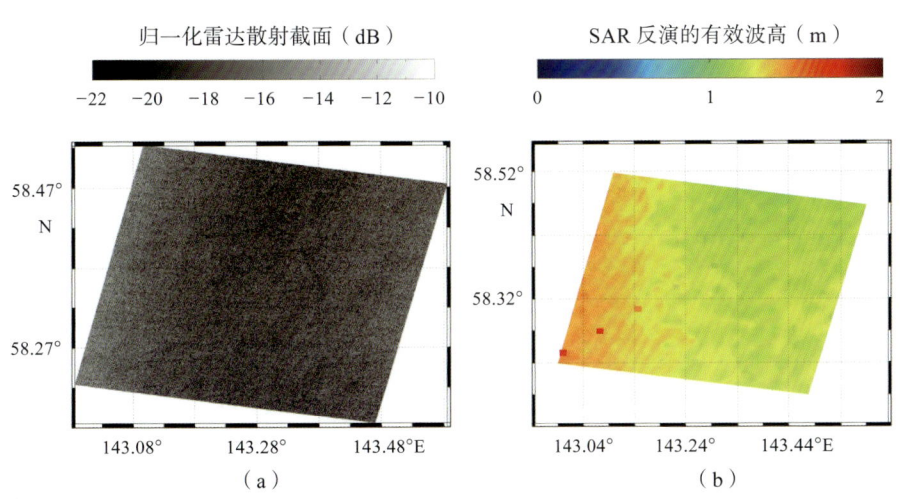

图 3-34　所选图例

（a）2017 年 7 月 26 日 20:49（UTC 时间）获得的 VV 极化 GF-3 SAR 的快视图；
（b）使用 CSAR_WAVE2 反演的有效波高图，其中几个小的彩色矩形表示高度计 Jason-2 测量的 H_s 数据将 CSAR_WAVE2 用于 92 幅 GF-3 SAR 图像的波浪反演,并将结果与来自高度计 Jason-2 的 H_s 数据进行比较。在图 3-35 中,对于 VV 极化,H_s 的均方根误差 RMSE 为 0.51 m,对于 HH 极化,H_s 的均方根误差 RMSE 为 0.52 m。对比其他研究成果,Schulz-Stellenfleth 等(2005)使用 PARSA 算法将波浪反演结果与 WAM 模型预测 H_s 比较的结果,均方根误差 RMSE 为 0.55 m。使用 PFSM(Lin et al., 2017)算法得到的结果与浮标测量值的均方根误差 RMSE 为 0.51 m。结果表明,与使用基于理论算法相比,CSAR_WAVE2 具有更好的 H_s 反演精度,特别适用于不需要计算每个映射调制复杂 MTF 的情况。

另外,还使用 Wang 等(2012)、Ren 等(2015)和 Grieco 等(2016)提出的三种经验算法,将 SAR 反演结果与来自 Jason-2 的 H_s 对比分析。需要说明的是,所有这些算法都是基于方位角截断波长开发的,并通过 VV 极化的 Radarsat-2 SAR 和 Sentinel-1 SAR 数据进行调整。图 3-36 显示采用 Wang 等(2012)、Ren 等(2015)和 Grieco 等(2016)算法反演的 H_s,与 Jason-2 数据对比的均方根误差 RMSE 分别为 0.70m、0.62m 和 0.61m。通过与 NOAA 的 NDBC 浮标测量结果的对比,可以看出 CSAR_WAVE2 同极化的 H_s 均方根误差 RMSE 约为 0.58m(Shao et al., 2017b)。同样可知,CSAR_WAVE2 算法的性能优于其他算法,其包含海洋状态的非线性高阶修正。因此,建议将 CSAR_WAVE2 应用于 GF-3 SAR 图像的同极化波浪反演。但是,有必要说明的是,在拟合和验证程序中没有高有效波高的相关数据。预计 CSAR_WAVE2 将进一步用于高有效波高情况,因为其非线性高于低海况和中等海况状态,特别是发生台风和飓风的情况。

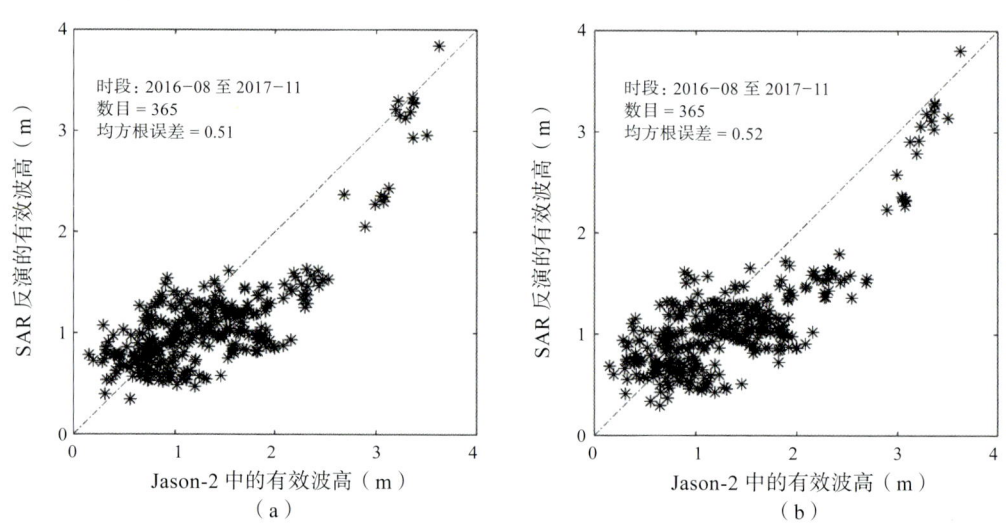

图 3-35 Jason-2 的 H_s 与利用 CSAR_WAVE2 方法从 92 幅 GF-3 SAR 反演的 H_s 对比
(a)VV 极化;(b)HH 极化

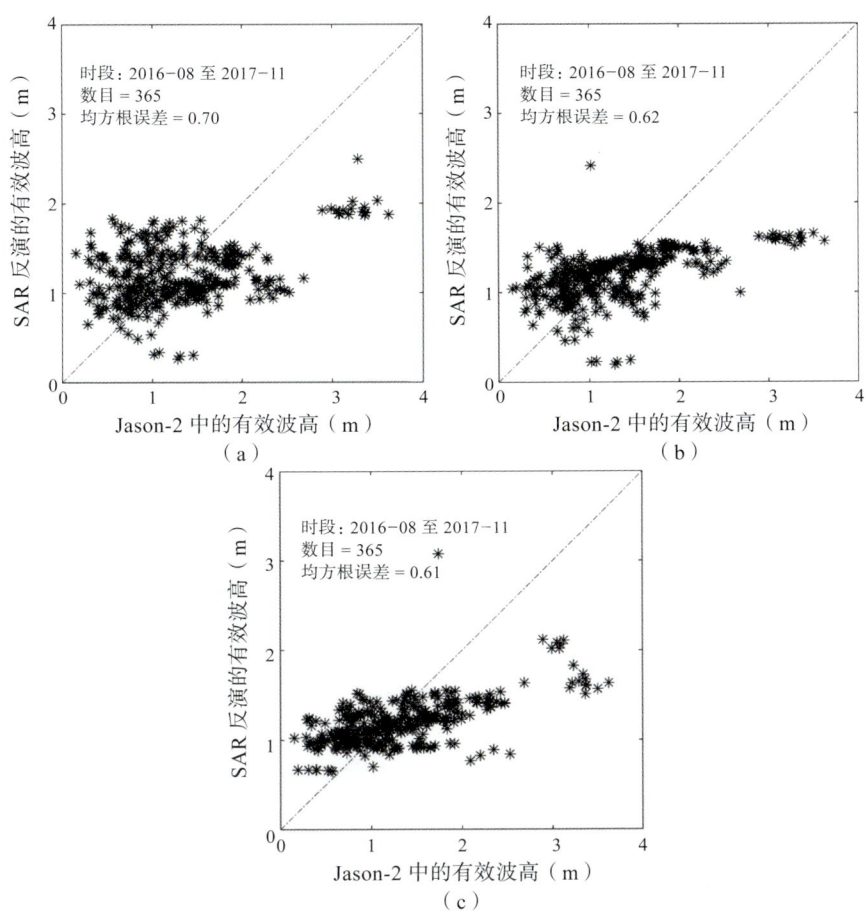

图 3-36 使用三种经验算法，92 幅 GF-3 SAR 图像 SAR 反演的 H_s 与 Jason-2 的 H_s 对比
（a）Wang 等（2012）提出的算法；（b）Ren 等（2015）提出的算法；（c）Grieco 等（2016）提出的算法

3.5 结论

本文提出的 4 种反演海浪参数的算法经过实测验证表现出良好的性能。下面分别对其做出具体总结。

3.5.1 利用 PFSM 算法反演 X 波段 SAR 图像中波浪参数结论

将 PFSM 算法应用于 X 波段 SAR，从 HH 极化 TS-X SAR 图像估计波浪参数，包括有效波高和平均波周期。结果表明，基于理论的算法 PFSM 是基于波浪的成像机制开发的。对于经验算法，除了 XWAVE 外，还提供了另一种波浪反演方法。

选择了 9 幅 TS-X 覆盖浮标的图像来验证 PFSM 算法。有效波高的均方根误差为 0.26 m，散射指数为 19.8%，平均波周期的均方根误差为 0.45s，散射指数为 26.0%。

收集了总共 16 幅 HH 极化 TS-X 图像，与 WAVEWATCH-III 模型模拟结果对比验证，结果表明 SAR 反演的有效波高和 WAVEWATCH-III 模型计算的有效波高之间均方根误差为 0.43m，散射指数为 32.8%，平均波周期的均方根误差为 0.47s，散射指数为 34.7%。在比较来自 SIR-C SAR 的数据与 WAM 数值计算之后，发现有效波高的散射指数为 38%（Kudryavtsev et al., 2003）。通常，与浮标测量结果相比，C 波段 SAR 反演的有效波高的散射指数约为 20%（Li et al., 2002）。这里模型误差偏大的原因是海洋数值模型的不足，以及 XPR 的风场反演 GMF XMOD2 模型自身的误差，见表 3-2。虽然，PFSM 算法从 HH 极化 X 波段 SAR 数据反演的有效波高与浮标的有效波高对比，其散射指数在 20% 以内，但我们认为该算法更适用于 VV 极化，因为 VV 极化对雷达后向散射的 non-Bragg 贡献小于 HH 极化（Haller et al., 2003）。

3.5.2 基于 C 波段 VV 极化 Sentinel-1 SAR 图像的海浪参数反演的半经验算法结论

目前，从 C 波段单极化 SAR（例如 VV 或 HH 极化）进行波浪反演的所有算法都依赖于先验信息（例如初猜谱或风速），这里提出了一种新的半经验算法，用于从 C 波段 VV 极化的 Sentinel-1 图像中反演波浪参数。首先，H_s 反演的经验函数的设计基本依赖于 $H_s - \lambda_c/\beta$ 和 λ_c/β 之间的模拟，类似于 Ren 等（2015）开发的线性函数，雷达入射角和波浪传播方向的相关性也包含在我们的经验函数中。然后，利用有效波高与平均波周期之间的关系设计相似的经验函数来计算 T_{mw}（Mastenbroek et al., 2000；Shao et al., 2015；Schulz-Stellenfleth et al., 2005；Li et al., 2010；He et al., 2006）。

总共收集了 106 幅 Sentinel-1 的 VV 极化图像以及来自浮标的测量结果，以开发和验证该算法。H_s 和 T_{mw} 反演公式的系数由 93 个匹配数据确定，该数据集包括 SAR 相关的截断波长 λ_c、雷达入射角 θ、相对于 SAR 二维谱范围的峰值方向以及匹配测量浮标。虽然提出的半经验算法仅根据 93 个匹配数据来拟合，但其拟合结果与浮标测量值之间具有较好的相关性，H_s 和 T_{mw} 的相关系数分别为 0.81，0.71。因此，认为所提出的算法能应用于波浪反演。

另外 50 个匹配点数据用于算法验证。验证结果显示 H_s 的 RMSE 为 0.69 m，SI 为 18.3%；T_{mw} 的 RMSE 为 1.86 s，SI 为 24.8%。基于浮标测量的风向和主波谱的方向，我们将海洋分为风浪和涌浪区域，并分别验证，包括 29 个风浪占主导的案例和 28 个涌浪占主导的案例。比较显示 29 个风浪占主导的 H_s 的 RMSE 为 0.69 m，SI 为 18.5%；T_{mw} 的 RMSE 差为 1.87 s 时，SI 为 25.1%。8 个涌浪占主导的反演 H_s 的 RMSE 为 0.71 m，SI 为 18.7%；T_{mw} 的 RMSE 为 2.04s 时，SI 为 23.1%。从之前的研究可知，现有波浪反演 H_s 算法反演的 SI 约为 20%，因此，使用该半经验算法反演的结果是准确的。

经验模型 CWAVE_ERS 和 CWAVE_ENVI 可用于仅从 ERS-2 和 Envisat-ASAR 波模式数据反演 H_s 和 T_{mw}。这里提供了一种更方便的经验方法，用于从 C 波段 VV 极化 Sentinel-1 SAR 图像（包括但不限于条带模式数据）中反演 H_s 和 T_{mw}。计划会在飓风和台风条件下进一步实施该算法，以确认极端海况下该半经验算法的适用性。

总之，所提出的半经验算法适用于来自各种频段和不同极化 SAR 数据的波浪参数，因此从单极化 SAR 数据同时反演风和波浪是可能的。

3.5.3 从同极化 X 波段 SAR 图像中反演波浪的经验算法结论

最初，XWAVE 旨在从 VV 极化 TS-X/TD-X 图像中反演波浪，该算法依赖于 SAR 反演的风速。虽然最近已开发出从同极化 TS-X/TD-X 图像中反演风场的多种算法（GMF SIRX-MOD，GMF XMOD2 和 XPR），但这些算法仅适用于风速小于 25 m/s 的情况。当应用 XWAVE 从 HH 极化 TS-X/TD-X 图像的波浪反演时，必须用 XPR 将 HH 极化中的 NRCS 转换为 VV 极化中的 NRCS 以反演风速。众所周知，SAR 的 NRCS 与风速有很强的相关性，无论是 C 波段（Hersbach et al., 2007）还是 X 波段 SAR（Masuko et al., 1986）。通过在现有 XWAVE 模型中用 NRCS 替换风速来改进经验算法，有利于 X 波段 SAR 的波浪反演。

收集了 60 幅 VV 极化和 60 幅 HH 极化的 TS-X/TD-X 图像，将图像分成多个子图像，并与 ECMWF 的 0.125°×0.125° 空间分辨率的数据匹配，得到超过 1 000 个匹配数据来拟合所提出的经验算法。在另外 24 幅 VV 极化图像和 21 幅 HH 极化图像中应用所提出经验算法，利用 30 个 NOAA 浮标的测量结果来验证反演结果，分析显示其均方根误差为 0.5 m。改进前的 XWAVE 依赖于 SAR 反演的风速，与现实情况存在偏差，这里所提出的算法能直接适用于 VV 极化和 HH 极化，而不需使用 XPR 模型。ECMWF 的 H_s 与模拟的 H_s 之间的相关性约为 0.8，因此，可认为所提出的算法适用于同极化 TS-X/TD-X 图像的波浪反演。

在热带气旋条件下使用 XMOD 从 TS-X/TD-X 图像反演风速并验证，前人尚未进行研究。这里根据提出的经验算法对热带气旋条件下的 SAR 数据进行波浪反演，且不需要风速的先验信息。以 2012 年热带气旋 Sandy 中的一幅 VV 极化 TD-X 图像为例，验证所提出的算法的适用性。由于 TS-X 图像范围内没有浮标，WAVEWATCH-III 模型的波浪数据是 0.5°×0.5° 空间分辨率，分辨率较低，无法用于验证，因此利用 ECMWF 再分析数据来初步评估该算法的性能。SAR 反演的 H_s 和 ECMWF 的 H_s 比较显示，均方根误差为 0.3m，这意味着所提出的经验算法适用于热带气旋条件。

Hwang 等（2017）提出了一种新的热带气旋风场反演方法，利用气旋情况下风速与海浪参数之间的参数化关系，从 SAR 波浪信息中反演出高风速（最高可达 65.4 m/s），验证显示了与飓风测量结果的良好一致性，并且在风速反演中没有发现饱和问题。在不久的将来，计划通过在热带气旋中覆盖浮标的更多 X 波段 SAR 图像来验证所提出的算法，这样就可通过 SAR 反演的有效波高，从 X 波段 SAR 图像中反演风场。

3.5.4 利用改进算法 CSAR_WAVE2 进行同极化 SAR 图像海浪参数反演结论

在初步评估中，利用经验波浪反演算法 CSAR_WAVE（针对 Sentinel-1 SAR 的 VV 极化调整后的算法）从 GF-3 SAR 反演有效波高与浮标测量数据对比，结果显示，H_s 的均方根误差约为 0.58 m。在 GF-3 SAR 的具体应用中，减少 H_s 反演误差对海洋和海岸监测至关重要。

2016 年 8 月至 2017 年 12 月期间，收集了以全极化模式采集的 1 523 景 GF-3 SAR 图像。同极化通道中的这些图像中有超过 10 000 个子图像来自 ECMWF 的 H_s 在 0.125° 空间分辨率上再分析数据显示，H_s 最高达 4 m。通过以上数据集，开发了一种改进的 GF-3 SAR 波浪反演算法，命名为 CSAR_WAVE2。在 CSAR_WAVE2 模型开发中，确定了七个与海洋状态明确相关且可从 SAR 图像中直接获得的变量。CSAR_WAVE2 经过严格的重新设计，是 CSAR_WAVE 的更新版本，实现了对海浪的非线性高阶修正。CSAR_WAVE2 反演结果与 ECMWF 的 H_s 数据对比分析结果显示，对于 VV 极化和 HH 极化的 COR 分别为 0.72 和 0.71，表明 CSAR_WAVE2 可以应用于同极化中 GF-3 SAR 图像的波浪反演。

另外收集到与高度计 Jason-2 相匹配的 92 幅 GF-3 SAR 图像。分析结果表明，对于 VV 极化和 HH 极化的 GF-3 SAR，H_s 的均方根误差分别为 0.51 m 和 0.52 m。另外，还应用三种已有的经验算法进行 H_s 反演（Wang et al., 2012；Ren et al., 2015；Grieco et al., 2016），并将结果与 Jason-2 测得的 H_s 进行对比，显示 H_s 的均方根误差在 0.60 ~ 0.70 m 之间。结果表明，在低到中等海况下采用 CSAR_WAVE2 反演同极化 GF-3 SAR 的 H_s 的精度得到了显著提高。

针对不同成像模式下的 GF-3 SAR 数据，将进一步研究 CSAR_WAVE2 的适用性。例如，聚束模式（SL）、标准条带模式（SS）、宽幅扫描模式（WSC）、全球观测模式（GLO）和波模式（WAV）。最近，国家卫星海洋应用中心 GF-3 SAR 已经捕获了几个位于中国海域的台风，未来，预计 CSAR_WAVE2 可用于高海况的反演。

参考文献

ABDALLA S, JANSSEN P A E M, BIDLOT J R, 2010. Jason-2 OGDR Wind and Wave Products: Monitoring, Validation and Assimilation[J]. Marine Geodesy, 33(sup1): 239−255.

ALPERS W, BRUMMER B, 1994. Atmospheric boundary layer rolls observed by the synthetic aperture radar aboard the ERS‐1 satellite[J]. Journal of Geophysical Research: Oceans, 99(C6).: 12613−12621.

ALPERS W, ROSS D B, RUFENACH C L, 1981. On the detectability of ocean surface waves by real and synthetic radar[J].J. Geophys. Res, 86: 10529−10546.

ALPERS W, RUFENACH C, 1979. The effect of orbital motions on synthetic aperture radar imagery of ocean waves[J]. IEEE Transactions on Antennas and Propagation, 27(5): 685−690.

ALPERS W R, BRUENING C, 1986. On the Relative Importance of Motion-Related Contributions to the SAR Imaging Mechanism of Ocean Surface Waves[J]. Geoscience & Remote Sensing IEEE Transactions on, GE-24(6): 873−885.

BRUCK A M, LEHNER S, 2013. Coastal wave field extraction using TerraSAR-X data[J]. Journal of Applied Remote Sensing, 7(1): 073694.

BRUCK M, 2015. Sea state measurements using the XWAVE algorithm[J]. Int. J. Remote Sens, 36: 3890−3912.

CAVALERI L, 2009. Wave modeling—Missing the peaks[J]. J. Phys. Oceanog, 39(11): 2757−2778.

CHAPRON B, JOHNSEN H, GARELLO R, 2001. Wave and wind retrieval from SAR images of the ocean[J]. Annales Des Télécommunications, 56(11−12): 682−699.

COLLARD F, ARDHUIN F, CHAPRON B, 2005. Extraction of coastal ocean wave fields from SAR images[J]. IEEE J. Ocean. Eng, 30: 526−533.

FEINDT F, SCHROTER J, ALPERS W, 1986. Measurement of the ocean wave-radar modulation transfer function at 35 GHz from a sea-based platform in the North Sea[J]. Journal of Geophysical Research Oceans, 91(C8): 9701−9708.

FERNANDEZ D E, et al., 2006. Dual-polarized C- and Ku-band ocean backscatter response to hurricane-force winds[J]. J. Geophys. Res, 111: 275−303.

FRIEDMAN K, Li X F, 2000. Storm patterns over the ocean with wide swath SAR[J]. Johns Hopkins APL Tech. Dig, 21: 80−85.

GRIECO G, et al., 2016. Dependency of the Sentinel-1 azimuth wavelength cut-off on significant wave height and wind speed[J]. Int. J. Remote Sens, 37: 5086−5104.

HALLER M C, LYZENGA D R, 2003. Comparison of radar and video observations of shallow water breaking waves[J]. IEEE Geosci. Remote Sens. Lett, 41(4): 832−844.

HASSELMANN K, et al., 1973. Measurements of Wind-Wave Growth and Swell Decay during the Joint North Sea Wave Project (JONSWAP)[J]. UDC 551.466.31；De UTC hes Hydrographisches

Institut: Hamburg, Germany, 1973.

HASSELMANN K, HASSELMANN S, 1991. On the nonlinear mapping of an ocean wave spectrum into a synthetic aperture radar image spectrum[J]. J. Geophys. Res, 96(C6): 10713−10729.

HASSELMANN S, et al., 1988. The WAM model-a third generation ocean wave prediction model[J]. Journal of Physical Oceanography, 18: 1775−1810.

HASSELMANN S, BRUNING C, HASSELMANN K, 1996(C7). An improved algorithm for the retrieval of ocean wave spectra from synthetic aperture radar image spectra[J]. J. Geophys. Res, 101: 6615−6629.

HASSELMANN S, HASSELAMNN K, 1985. Computations and parametrizations of the nonlinear energy transfer in a gravity-wave spectrum. I: A new method for efficient computations of the exact nonlinear transfer integral[J]. J. Phys. Oceanogr, 15: 1369−1377.

HASSELMANN S, HASSWLMAMN K, 2010. Computations and Parameterizations of the Nonlinear Energy Transfer in a Gravity-Wave Spectrum. Part I: A New Method for Efficient Computations of the Exact Nonlinear Transfer Integral[J]. Journal of Physical Oceanography, 15(1985): 1369−1377.

HE Y, SHEN H, PERRIE W, 2006. Remote Sensing of Ocean Waves by Polarimetric SAR[J]. Journal of Atmospheric and Oceanic Technology, 23(12): 1768−1773.

HERSBACH H, 2010. Comparison of C-Band Scatterometer CMOD5.N Equivalent Neutral Winds with ECMWF[J]. Journal of Atmospheric and Oceanic Technology, 27(4): 721−736.

HERSABACH H, STOFFELEN A, HAAN S D, 2007. An improved C - band scatterometer ocean geophysical model function: CMOD5[J]. Journal of Geophysical Research: Oceans, 112(C3): C03006.

HWANG P, Li X F, Zhang B, 2017. Retrieving hurricane wind speed from dominant wave parameters[J]. IEEE J. Sel. Top. Appl. Earth Obs. Remote Sens, 1−10.

HWANG P A, FOIS F, 2015. Surface roughness and breaking wave properties retrieved from polarimetric microwave radar backscattering[J]. J. Geophys. Res, 120: 3640−3657.

JOHNSEN H, et al., 2000. Validation of Envisat-ASAR wave mode Level 1 and 2 products using ERS SAR data[J]. IEEE Int. Geosci. Remote Sens. Sym. Pro, 4: 1498−1500.

KERBAOL V, CHAPRON B, VACHON P W, 1998. Analysis of ERS-1/2 synthetic aperture radar wave mode imagettes[J]. Journal of Geophysical Research Oceans, 103(C4): 7833−7846.

KUDRYAVTSEV V, et al., 2003. A semiempirical model of the normalized radar cross section of the sea surface, 2. Radar modulation transfer function[J]. Journal of Geophysical Research Oceans, 108(C3): FET-1-FET 3−16.

LI X, et al., 2002. Observation of hurricane-generated ocean swell refraction at the Gulf Stream north wall with the RADARSAT-1 synthetic aperture radar[J]. IEEE Transactions on Geoscience &

Remote Sensing, 40(10): 2131−2142.

LI X F, 2015. The first Sentinel-1 SAR image of a typhoon[J]. Acta Oceanol. Sin, 34: 1−2.

LI X F, et al., 2013. Tropical cyclone morphology from spaceborne synthetic aperture radar[J]. Bull. Am. Meteorol. Soc, 94: 215.

LI X M, et al., 2010. Validation and intercomparison of ocean wave spectra inversion schemes using ASAR wave mode data[J]. International Journal of Remote Sensing, 31(17−18): 4969−4993.

LI X M, LEHNER S, 2014. Algorithm for Sea Surface Wind Retrieval From TerraSAR-X and TanDEM-X Data[J]. IEEE Transactions on Geoscience & Remote Sensing, 52(5): 2928−2939.

LI X M, LEHNER S, BRUNS T, 2011. Ocean wave integral parameter measurements using Envisat ASAR wave mode data[J]. IEEE Trans. Geosci. Remote Sens, 49(1): 155−174.

LI X M, LEHNER S, ROSENTHAL W, 2010. Investigation of ocean surface wave refraction using TerraSAR-X data[J]. IEEE Trans. Geosci. Remote Sens, 48(2): 830−840.

LIN B, et al., 2017. Development and val-idation of an ocean wave retrieval algorithm for VV-polariza- tion sentinel-1 SAR Data[J]. Acta Oceanologica Sinica, 36(7): 95−101.

LONGUET-HIGINNS M S, CARTWRIGHT D E, SMITH N D, 1963. Observations of the directional spectrum of sea waves using the motions of a floating buoy[J]. In Proceedings of the a conference on Ocean Wave Spectra, Easton, Maryland, pp: 111−136.

LYZENGA D R, 1986. Numerical simulation of synthetic aperture radar image spectra for ocean waves[J]. IEEE Transactions on Geoscience and Remote Sensing, GE-24(6): 863−872

LYZENGA D R, 2002. Unconstrained inversion of wave height spectra from SAR images[J]. IEEE Trans. Geosci. Remote Sens, 40: 261−270.

MARGHANY M, IBRAHIM Z, GENDEREN J V, 2002. Azimuth cut-off model for significant wave height investigation along coastal water of Kuala Terengganu, Malaysia[J]. International Journal of Applied Earth Observation and Geoinformation, 4(2): 147−160.

MASTENBROEK C, DE VALK C F, 2000. A semi-parametric algorithm to retrieve ocean wave spectra from synthetic aperture radar[J]. J. Geophys. Res, 105(C2): 3497−3516.

MASUKO H, et al., 1986. Measurement of microwave backscattering signatures of the ocean surface using X band and Ka band airborne scatterometers[J]. J. Geophys. Res, 91: 13065−13083.

MONALDO F M, BEAL R C, 1998. Comparison of SIR-C SAR wavenumber spectra with WAM model predictions[J]. J. Geophys. Res, 103(C9): 18815−1882.

PHILLIPS O M, POSNER F L, HANSEN J P, 2001. High range resolution radar measurements of the speed distribution of breaking events in wind-generated ocean waves: Surface impulse and wave energy dissipation rates[J]. J. Phys. Oceanogr, 31(2): 450−460.

PIERSON W J, MOSKOWITZ L, 1964. A proposed spectral form for fully developed wind seas based on the similarity theory of S. A. Kitaigorodskii[J]. Journal of Geophysical Research, 69: 5181−

5190.

PLESKACHEVSKY A L, ROSENTHAL W, LEHNER S, 2016. Meteo-marine para-meters for highly variable environment in coastal regions from satellite radar images[J]. ISPRS Journal of Photogrammetry and Remote Sensing, 119(2): 464−484.

QUILFEN Y, et al., 1998. Observation of tropical cyclones by high-resolution scatterometry[J]. J. Geophys. Res, 103: 7767−7786.

REN L, et al., 2015. Significant wave height estimation using azimuth cutoff of C-band RADARSAT-2 single-polarization SAR images[J]. Acta Oceanologica Sinica, 34(12): 93−101.

REN LIN, et al., 2017. Preliminary analysis of Chinese GF-3 SAR Quad-polarization measurements to extract winds in each polarization[J]. Remote Sensing, 9(12): 1215.

REN Y Z, LI X M, ZHOU G, 2015. Sea surface wind retrievals from SIR-C/X-SAR data: a revisit[J]. Remote Sens, 7: 3548−3564.

ROMEISER R, et al., 2015. A New Approach to Ocean Wave Parameter Estimates From C-Band ScanSAR Images[J]. IEEE Transactions on Geoscience and Remote Sensing, 53(3): 1320−1345.

SCHULER D L, et al., 2004. Measurement of ocean surface slopes and wave spectra using polarimetric SAR image data[J]. Remote Sensing of Environment, 91(2): 198−211.

SCHULZ-STELLENFLETH J, KONIG T, LEHNER S, 2007. An empirical approach for the retrieval of integral ocean wave parameters from synthetic aperture radar data[J]. Journal of Geophysical Research: Oceans, 112(C3): C03019.

SCHULZ-STELLENFLETH J, LEHNER S, HOJA D, 2005. A parametric scheme for the retrieval of two-dimensional ocean wave spectra from synthetic aperture radar look cross spectra[J]. J. Geophys. Res, 110(C5): 97−314.

SHAO W, et al., 2014. Development of polarization ratio model for sea surface wind field retrieval from TerraSAR-X HH polarization data[J]. International Journal of Remote Sensing, 35(11-12): 4046−4063.

SHAO W, et al., 2015. A method for sea surface wind field retrieval from SAR image mode data[J]. Journal of Ocean University of China, 13(2): 198−204.

SHAO W, et al., 2017c. An empirical al- gorithm for wave retrieval from Co-polarization X-Band SAR imagery[J]. Remote Sensing, 9(7): 711.

SHAO W, et al., 2018. Development of wind speed retrieval from cross-polarization Chinese Gaofen-3 synthetic aperture radar in typhoons[J]. Sensors, 18(2): 412.

SHAO W, LI X, SUN J, 2015. Ocean Wave Parameters Retrieval from TerraSAR-X Images Validated against Buoy Measurements and Model Results[J]. Remote Sensing, 7(10):12815-12828.

SHAO W, et al., 2017a. Bridging the gap between cyclone wind and wave by C-band SAR measurements[J]. Journal of Geophysical Research: Oceans,122(8): 6714-6724.

SHAO W, SHENG Y, SUN J, 2017b. Preliminary assessment of wind and wave retrieval from Chinese Gaofen-3 SAR imagery[J]. Sensors, 17(8): 1705.

SHAO W Z, et al., 2016a. Ocean wave parameters retrieval from Sentinel-1 SAR imagery[J].Remote Sens, 8: 707−721.

SHAO W Z, et al., 2016b. Sea surface wind speed retrieval from TerraSAR-X HH-polarization data using an improved polarization ratio model[J]. IEEE J. Sel. Top. Appl. Earth Obs. Remote Sens 9: 4991−4997.

STOFFELEN A, ANDERSON D, 1997. Scatterometer data interpretation: estimation and validation of the transfer function CMOD4[J]. Journal of Geophysical Research: Oceans, 102(C3): 5767−5780.

STOPA J E, et al., 2015. Estimating wave orbital velocity through the azimuth cutoff from space-borne satellites[J]. Journal of Geophysical Research: Oceans, 120(11). 7616−7634.

STOPA J E, MOUCHE A, 2017. Significant wave heights from Sentinel-1 SAR: validation and applications[J].J. Geophys. Res.

SUN J, GUAN C L, 2006. Parameterized first-guess spectrum method for retrieving directional spectrum of swell-dominated waves and huge waves from SAR images[J]. Chin. J. Oceanol. Limnol, 24(1): 12−20.

SUN J, KAWAMURA H, 2009. Retrieval of surface wave parameters from SAR images and their validation in the coastal seas around Japan[J]. J. Oceanogr, 65(4): 567−577.

TAKEYAMA Y, et al., 2013. Comparison of geophysical model functions for SAR wind speed retrieval in Japanese coastal waters[J]. Remote Sens, 5: 1956−1973.

VACHON P, KROGSTAD H, SCOTTPATERSON J, 1994. Airborne and spaceborne synthetic aperture radar observations of ocean waves[J]. Atmosphere, 32(1): 83−112.

VALENZUELA G R, 1978. Theories for the interaction of electromagnetic and oceanic waves—A review[J]. Boundary-Layer Meteorology, 13(1): 61−85.

VOORRIPS C, MAKIN V, HASSELMANN S, 1997. Assimilation of wave spectra from pitch-and-roll buoys in a North Sea wave model[J]. J. Geophys. Res, 102(C3): 5829−5849.

WACKERMAN C, et al., 2002. A two-scale model to predict C-band VV and HH normalized radar cross section values over the ocean[J]. Can. J. Remote Sens, 28(3): 367−384.

WAMDIG, 1988. The WAM model—A third generation ocean wave prediction model[J]. J. Phys. Oceanogr, 18: 1775−1810.

WAMH H, et al., 2012. A semiempirical algorithm for SAR wave height retrieval and its validation using Envisat ASAR wave mode data[J]. Acta Oceanologica Sinica, 31(3): 59−66.

WANG H, et al., 2017. GF-3 SAR ocean wind retrieval: the first view and preliminary assessment[J]. Re- mote Sensing, 9(7): 694.

WEN S C, et al., 1993. Analytically derived wind-wave directional spectrum part 2. Characteristics, comparison and verification of spectrum[J]. Journal of Oceanography, 49(2): 149−172.

XU Q, et al., 2010. Assessment of an analytical model for sea surface wind speed retrieval from spaceborne SAR[J]. Int. J. Remote Sens, 31(4): 993−1008.

YANG J, WANG J, REN L, 2017. The first quantitative re- mote sensing of ocean internal waves by Chinese GF-3 SAR satellite[J]. Acta Oceanologica Sinica, 36(1): 118.

YANG X, et al., 2010. Comparison of Ocean-Surface Winds Retrieved From QuikSCAT Scatterometer and RADARSAT-1 SAR in Offshore Waters of the U.S. West Coast[J]. IEEE Geoscience & Remote Sensing Letters, 8(1): 163−167.

YANG X F, et al., 2011. Comparison of ocean surface winds from Envisat ASAR, MetOp ASCAT scatterometer, buoy measurements, and NOGAPS model[J]. IEEE Trans. Geosci. Remote Sens, 49(12): 4743−4750.

YONGZHENGREN, et al., 2012. An algorithm for the retrieval of sea surface wind fields using X-band TerraSAR-X data[J]. International Journal of Remote Sensing, 33(23): 7310−7336.

ZHANG B, et al., 2008. Synergistic measurements of ocean winds and waves from SAR[J]. Journal of Geophysical Research: Oceans, 2015, 120(9): 6164-6184.

ZHANG B, PERRIE W, He Y, 2010. Validation of RADARSAT-2 fully polarimetric SAR measurements of ocean surface waves[J]. Journal of Geophysical Research, 115(C6): 302−315.

ZHANG B, PERRIE W, HE Y, 2011. Wind speed retrieval from RADARSAT-2 quad-polarization images using a new polarization ratio model[J]. Journal of Geophysical Research: Oceans, 116(C8): C08008.

ZHANG B, PERRIE W G, 2012. Cross-polarized synthetic aperture radar: A new potential technique for hurricanes[J].Bull. Am. Meteorol. Soc, 93: 531−541.

第4章
海洋内波反演技术

近年来，利用合成孔径雷达（SAR）图像检测海洋的内波参数在海洋遥感领域备受关注，成为 SAR 重要的海洋应用之一。目前，国内外专家学者对于内波的检测方法研究层出不穷，试图从不同的角度来提高获取内波参数的精度。包括使用水声断层图像技术和高度计、CTD（Conductivity Temperature Depth）和 XBT 以及卫星多光谱成像观测等手段及方法（Brandt et al., 1996；Brain，2000；Osborne et al., 1980；Baines，1981），但应用最广泛的还是 SAR。

范值松等（2005）应用海洋内孤立波两层流体模型的 SAR 反演技术，对南海北部内孤立波的 SAR 遥感反演进行了初步研究。对于由同一波源生成的两个内孤立波波包的 SAR 遥感图像资料，可以利用 Levitus 等的月平均温盐资料确定跃层深度和约化重力加速度，进而确定内波波速并进行内波振幅的反演。申辉（2005）采用水平二维模式，对南海东沙附近内孤立波的绕射和反射过程进行了仿真成像，并将仿真结果与实测 SAR 图像进行比较分析。甘锡林等（2007a）针对传统方法不能对只有一个内波波群或两个内波波群间隔不是半日潮周期的 SAR 图像进行海洋内波参数反演的问题，提出基于 M4S 模型的 SAR 海洋内波参数反演新方法。M4S 模型通过求解作用量谱平衡方程，并仿真计算海洋内波的归一化雷达散射截面（NRCS），利用二分法不断地修改风速和跃层深度等参数，使仿真结果最大程度地逼近 SAR 图像上的实际NRCS，最终输出风速、跃层深度、内波相速度和振幅等参数。

Lavery 等（2010）则研究了非线性内波作用下表面的高频宽带的水声后向散射数据，很好地评估了海洋微波架构对于散射的影响，还对相关的微架构参数进行了简单的反演，也讨论了使用宽带系统和高频技术对于研究的作用。Xu 等（2014）基于经验模式分解（EMD）方法研究海洋内波（OIW）现象。在比较不同算法后，采用三次样条插值（CSI）进行曲线拟合，利用边界全波（BFW）方法抑制末端效应。该反演方法从 ASAR 图像中提取内部波信号，计算出峰值与波谷之间的内波距离，并获得了孤立子波的半宽度。

4.1 海洋内波 SAR 成像机理

微波穿透海水的深度仅为厘米量级，SAR 不能直接观测到水下数十米甚至数百米深处的海洋内波，SAR 观测到的是海面后向散射强度。海洋内波之所以被 SAR 观测到是由于海洋内波间接改变了海面后向散射强度。SAR 海洋内波成像的前提是内波在波源产生、传播与演变的过程中，在海表层造成表层流场的辐聚或辐散与风致海表面微尺度波产生相互作用。其成像机理由以下 3 个物理过程构成：①海洋内波引起海表层流场的变化，使表层流场发生辐聚或辐散；②变化的表层流场与海表面风致微尺度波相互作用，改变海表面微尺度波的空间分布；③雷达波与海面微尺度波的相互作用，该过程决定海面后向散射强度。范开国等（2010）研究结果表明，在 2～9 m/s 的中等风速条件下，SAR 可以探测到海洋内波。

4.2 海洋内波反演的方法

4.2.1 基于 EEMD 的 SAR 海洋内波参数反演

4.2.1.1 KDV 方程

非线性自由长内孤立波在水平方向（x 方向）的传播过程可以用科特韦格－德弗里斯方程（KDV）方程来描述（李海艳，2004）：

$$\frac{\partial \eta}{\partial t} + (C_0 + \alpha\eta + \alpha_1 \eta^2)\frac{\partial \eta}{\partial x} + \beta\frac{\partial^2 \eta}{\partial x^2} + \kappa\eta - \frac{\varepsilon}{2}\frac{\partial^2 \eta}{\partial x^2} = 0 \tag{4-1}$$

其中，η 是内波纵向位移；t 是时间；参数 C_0，α，α_1，β，κ 和 ε 分别是线性项（即线性波波速）、一阶非线性项、二阶非线性项、弥散项、浅水项和耗散项的系数。

假定海洋由两层水体构成：一层在跃层以上；另一层在跃层以下。对于混合层（上层）深度为 h_1，底层（下层）深度为 h_2 的两层海洋系统，求解式（4-1），可得到以下稳定态孤立波解（李海艳，2004）：

$$\eta(x, t) = \pm \eta_0 \operatorname{sech}^2 \left(\frac{x - C_p t}{l}\right) \tag{4-2}$$

其中，η_0 是内波最大振幅；C_p 是内波相速度和 l 为内波半波宽度。其表达式如下所示：

$$\eta_0 = \frac{4 h_1^2 h_2^2}{3 |h_2 - h_1| l^2} \tag{4-3}$$

$$C_p = C_0 \left[1 + \frac{\eta_0(h_2 - h_1)}{2h_1 h_2} \right] \qquad (4-4)$$

$$l = \frac{2h_1 h_2}{\sqrt{3\eta_0 |h_2 - h_1|}} \qquad (4-5)$$

对于式（4-3），C_0 为

$$C_0 = \left[\frac{g\Delta\rho h_1 h_2}{\rho(h_1 + h_2)} \right]^{\frac{1}{2}} \qquad (4-6)$$

其中，$\Delta\rho$ 是两层密度差异；g 为重力加速度。

4.2.1.2 SAR 图像上可反演的海洋内波参数

1）内波波速

假定所观测到的内波具有半日潮周期，从 SAR 图像测量得到半日潮产生的两个独立内波群的间距为 L，则可利用下式计算内波的群速度（甘锡林等，2007b）：

$$C_g = L / T \qquad (4-7)$$

其中，T 是半日潮周期。假定浅海内波相速度 C_p 与内波群速度 C_g 近似相等，即 $C_p \approx C_g$。

2）内波半波宽度

内波图像中最亮点与最暗点的间距（或亮带中心点与暗带中心点的间距）D 与内波半波宽度，满足以下关系（李海艳，2004）：

$$D = 1.32\, l \qquad (4-8)$$

3）内波振幅和跃层深度

根据两层模式下的表达式和内波波速理论，将式（4-3）和式（4-6）代入式（4-4）中，得到

$$C_g = \left[\frac{g\Delta\rho h_1 h_2}{\rho h} \right]^{1/2} \left[1 + \frac{2h_1 h_2}{3l^2} \right] \qquad (4-9)$$

其中，h_2 是下层水深；h 是总水深；跃层深度 $h_1 = h - h_2$；$g\Delta\rho/\rho$ 是约化重力加速度。

一般而言，从 SAR 图像上可直接得到内波波群间距 L，由式（4-9）计算内波的群速度 C_g；根据 SAR 图像上得到亮、暗条纹间距 D，由式（4-5）可得内波半波宽度 l；结合海图或数字地图得到水深 h，由实测或历史观测资料得到约化重力加速度，得到式（4-6）中的未知量 h_1、h_2，可计算出跃层深度 h_1；将得到的 l 和 h_1，结合式（4-3），

计算式（4-2）得到内波振幅 η。这样，就可以在内波 KDV 理论基础上，得到非线性框架下未知量（跃层深度），最后来计算内波振幅。

由以上内波参数之间的关系可知，内波振幅的反演与亮、暗条纹间距的精确测量密切相关。下面研究如何利用集合经验模态分解（ensemble empirical mode decomposition，EEMD）方法把反映内波调制的信号准确地分离出来，从而为内波参数反演提供高质量的数据。

4.2.1.3 基于 EEMD 的内波参数反演

EEMD 建立在研究经验模式分解（EMD）统计属性的数值实验基础之上。Flandrin 和 NE 以及 Huang 等对 EMD 的滤波器组特性进行了研究，实验证明：① EMD 在大数据量的统计意义下具有与二进离散小波分解完全类似的二进滤波器组结构的特性，可见 EMD 在频域基本是正交的。②固有模态函数（IMF）间彼此正交。EEMD 引入了正态分布白噪声在 EMD 中具有的二阶时间尺度分解特性及不同白噪声序列对应 IMFS 之间的无关性（Flandrin et al., 2004）。这为分析信号提供了均匀分布的分解尺度，同时添加的白噪声平滑了脉冲干扰、信号间歇性等异常事件，使异常事件模式在 EMD 分解过程中混入白噪声模式，这在很大程度上抑制了异常事件模式和信号固有模式的混叠，更好地凸显真实信号特征。EEMD 算法流程如下。

（1）在数据（一维内波剖面数据或二维 SAR 图像数据）中加入白噪声序列，$x_i(t) = x(t) + \omega_i(t)$，$i = 1, 2, \cdots, N$；

（2）将含噪数据 $x_i(t)$ 分解成 IMF；

（3）重复（1），（2）；

（4）总体平均，得到最终的分解结果

$$C(t) = \lim_{N \to \infty} \frac{1}{N} \sum_{k=1}^{N} \{ C_j(t) + ar_k(t) \} \qquad (4-10)$$

其中，$C_j(t) + ar_k(t)$ 是第 N 次试验的第 j 个 IMF；a 为白噪声的幅度；N 为总体试验的次数。

在 EEMD 算法中，白噪声的幅度参数 a 和总体试验的次数 N 是关键且需事先设定的变量。通常来说，所加噪声的幅度越小，EEMD 分解的误差越小；但所加噪声的幅度过小，EEMD 则不会将信号分解而完全退化为 EMD。因此，所加噪声的幅度不能太小。另一方面，依据概率论中的中心极限定理，随着总体试验次数的增加，由加入的白噪声所带来的误差可以减小到可以忽略的水平（Wu, 2009）。总体而言，当信号主要是高频成分时，所加的噪声幅度要小；当信号主要是低频成分时，所加的噪声幅度要大。本书实验中取 α 为 0.02～0.10 倍输入信号的根方差，总体试验的次数 N 取为 400。

实验对象是一维内波剖面的灰度数据，通过 EEMD 把灰度信息从高频到低频层层分离出来，其中必有一层包含了内波的主要信息；对分解得到的每一层信号进行方差归一化，可估算出各层信号的相对能量的大小。根据内波的能量特点（能量非常大），利用归一化方差最大的信号来代表内波信号，采用的归一化方差计算式为

$$S_i = (\text{var}IMF_i)^2 / \sum_{i=1}^{n} (\text{var}IMF_i)^2 \qquad (4-11)$$

其中，n 是分解的层数；$\text{var}IMF_i$ 是 IMF_i 的方差。

利用 EEMD 进行内波信号提取及参数反演的算法流程如下：①对图像进行几何校正、图像滤波和增强等预处理；②选取内波灰度剖面数据；③对数据进行 EEMD 分解，得到 m 个本征模态函数 IMF_i；④计算各个 IMF_i 的方差并归一化；⑤比较得出方差最大的分量即代表内波分量；⑥对内波分量计算局部极值对应的下标序列 $\text{Local}M(i)$，$i=1, \cdots, p$，根据下标序列对内波的亮暗点进行定位；⑦依据序列 $\text{Local}M(i)$ 计算各个孤立子波的最亮与最暗的间隔（D）以及相邻孤立子波波峰或波谷间隔（即波长），计算剖面线前后段内波波长的平均大小来确定内波的传播方向；⑧根据内波参数反演原理，得到各个孤立子波的半振幅宽度，借助其他辅助数据，进一步计算各个孤立子波的振幅等（汪雄良等，2012）。

4.2.2　序列 SAR 图像内波参数反演的仿真修正方法

序列 SAR 图像是指 SAR 对同一地区以一定的时间间隔连续生成的多幅图像。基于仿真修正的反演方法需选定两幅包含同一内波的序列 SAR 图像，即序列 SAR 图像。通过估计第一幅图像中内波参数，并将其作为初始值代入非线性波动方程（RLW 方程）和 M4S 模型，数值仿真第二幅图像中的内波，不断调整初始参数，直至仿真结果和实际图像的误差最小。此时，由数值模型运行结果即可得到两幅图的内波参数。

4.2.2.1　现有两层分层 KDV 方程参数反演方法

两层海水分层近似下的（上、下层密度分别为 ρ_1 和 ρ_2，两层密度差异为 $\Delta\rho$，上、下两层水深分别为 h_1 和 h_2）KDV 方程系数项表达形式如式（4-5）和式（4-6）（Porter et al.，1999；杨劲松等，2003）。结合一阶雷达海面成像理论，有（Porter et al.，1999；杨劲松等，2003）

$$\frac{\Delta I}{I_0} = \text{B}\text{sech}^2\left(\frac{x-C_p t}{l}\right)\tanh\left(\frac{x-C_p t}{l}\right) \tag{4-12}$$

其中，x 是非线性自由长内波的水平传播方向；t 是传播时间；ΔI 是内波引起的 SAR 图像亮度值与背景亮度值之差；I_0 是 SAR 图像背景亮度值；C_p 是内波的相速度；B 是与内波相速度、振幅、海水表面松弛率、内波深度及雷达参数等相关的系数。

由式（4-5）、式（4-6）和式（4-12）可知，两层海水分层近似下的 KDV 方程内波参数反演需要准确的 h_1、$\Delta\rho$ 和 l，而 h_1 和 $\Delta\rho$ 的获取则依赖于同步的现场水文测量数据（Zhao et al., 2004；甘锡林，2007c；Fei et al., 2007；Li et al., 2006）。

然而，一方面现场利用 CTD 测量海水温度、盐度及密度等特性的费用昂贵、实施较困难，使得 SAR 内波图像很少有同步的现场测量资料，而使用当地的历史水文数据所得结果偏差较大；另一方面，Alpers（1985）的成像理论是建立在 SAR 成像条件较好的前提下，即内波在 SAR 图像上的特征为亮暗相间的条带，且亮暗条带宽度基本一致。但实际获取的 SAR 影像，会受到如雷达视向和内波传播方向夹角（两者垂直时几乎不能成像）及海面风速的变化（风速大于 8 m/s 几乎不能成像）等各种因素的影响，使得内波特征出现亮暗带的缺失或变形，无法有效地反演内波波长，内波半波振幅宽度计算困难，只能借助于其他手段来辅助反演（甘锡林等，2007a；Li et al., 2006）。因此，现有方法在实际应用中受到较大限制。

4.2.2.2 反演的初始化

初始化信息获取。由地理位置信息计算出两幅图像中同一内波（待反演内波）的运动距离 D；以两幅图像的成像时间差 T 作为内波的传播时间得到相速度 C_p；利用现有方法反演第一幅图像中内波的密度跃层深度 h_1、线性速度 C_0、振幅 η 和半波振幅宽度 l；提取第二幅图像中对应位置内波的波截面灰度值并归一化，计算其最亮点与最暗点之间的幅值差 ER 和间距 d，同时假定仿真得到的内波 SAR 后向散射截面中最亮点与最暗点之间的幅值差和间距分别为 ES 和 ds。

4.2.2.3 内波的数值仿真

数值仿真部分为使用 RLW 方程数值模拟一个给定参数的稳态内孤立波的传播过程。RLW 方程描述了一类孤立波在非线性、频散介质中的传播过程，是 KDV 方程的另一种描述形式。在很多情况下，RLW 方程和 KDV 方程的解几乎一致。此外，RLW 方程的频散关系消除了沿 x 轴（其正向指向仿真的内波传播方向）负向快速传播的伪短波，在数值计算中可叠加初始值和边界条件而不影响数值计算精度。因此，RLW 方程更适宜于数值应用（Pierini，1986），其表达式为

$$\frac{\partial \eta}{\partial t} + C_0 \frac{\partial \eta}{\partial x} + \alpha \eta \frac{\partial \eta}{\partial x} - \frac{\beta}{C_0} \frac{\partial^3 \eta}{\partial x^2 \partial t} = 0 \qquad (4-13)$$

其中，$\alpha = \frac{3C_0(h_1 - h_2)}{2h_1 h_2}$，$\beta = \frac{C_0 h_1 h_2}{6}$，$C_0 = \left(\frac{g\Delta\rho h_1 h_2}{\rho(h_1 + h_2)} \right)^{1/2}$ 采用二阶三层格式对式（4-13）进行离散化和无量纲化，空间微分采用中心差分格式，即

$$\frac{E_i^{S+1} - E_i^{S-1}}{2\Delta T} + \frac{E_{i+1}^S - E_{i-1}^S}{2\Delta X} + \frac{3(h_1 - h_2)}{2\sqrt{h_1 h_2}} E_i^S \frac{E_{i+1}^S - E_{i-1}^S}{2\Delta X} \\ - \left[\frac{E_{i+1}^{S+1} - 2E_i^{S+1} + E_{i-1}^{S+1} - E_{i+1}^{S-1} + 2E_i^{S-1} - E_{i-1}^{S-1}}{12\Delta X^2 \Delta T} \right] = 0 \qquad (4-14)$$

其中，E、X、ΔX 及 ΔT 分别是 η、x、Δx 及 Δt 的归一化无量纲变量形式；$E = \eta / \sqrt{h_1 h_2}$；$X = x / \sqrt{h_1 h_2}$；$\Delta T = \Delta t \sqrt{\frac{g\Delta\rho}{\rho(h_1 + h_2)}}$；$\Delta X = \Delta x / \sqrt{h_1 h_2}$；$i = 1, 2, \cdots, M$ 是空间步骤；$S = 1, 2, \cdots, N$ 是时间步骤。另外，Δt、Δx 须满足流体力学数值计算的 CFL 条件，即 $C_{\max} \leq \Delta x / \Delta t$，$C_{\max}$ 是内波像速度的最大值。

仿真初始值为 KDV 方程的稳态内孤立波解，即 $\eta = \eta_0 \mathrm{sech}^2 \left(\frac{x - C_p t}{l} \right)$，仿真前后边界条件取 $\eta = 0$，扩展边界后，这个设定与实际基本一致。

得到仿真的内波振幅场后，由内波振幅及其引起的表面流场的关系式（4-15），可计算内波的表面流场（Brandt et al., 1999）：

$$U_x = -\frac{C_p \eta}{h_1 - \eta} \approx -\frac{C_0 \eta}{h_1 - \eta} \qquad (4-15)$$

4.2.2.4　内波的 SAR 成像仿真

本节使用 M4S 模型对数值模拟出的内波表面流场进行 SAR 成像仿真（甘锡林等，2007a）。M4S 模型能够模拟给定流场、风场和雷达参数的合成孔径雷达多波段、多极化、多视向海面图像。相较于采用改进的组合表面模型（Composite Surface Model，CSM），针对两尺度模型，M4S 模型模拟结果更符合实际海面微波散射情况；此外，M4S 模型整合了风场、洋流、雷达（频率、极化、入射角、雷达视向角、平台高度和运行速度）等外部因素影响，其仿真的内波 SAR 图像更贴近实际的雷达图像。

4.2.2.5　反演参数的修正

本阶段主要对内波半波振幅宽度 l，密度跃层深度 h_1 和振幅 η 进行修正。将初始化参数 D、T、C_0、η、l、h_1 及代入 RLW 方程和 M4S 模型，数值模拟 T 时刻的内波

SAR 后向散射截面，与第二幅图像中内波的波截面归一化灰度值对比，进行参数修正。对各参数修正过程如下。

1）修正半波振幅宽度 l

（1）计算仿真结果最亮点与最暗点的距离 ds；

（2）若 $ds < dr$，l 值增大（$l+|ds-dr|/2$）；若 $ds > dr$，l 值减小（$l-|ds-dr|/2$）；

（3）利用步骤（2）得到的 l 更新 η，重新运行 RLW 和 M4S 模型，不断循环，直至 $|ds-dr| \leq \varepsilon_1$（$\varepsilon_1$ 为给定小量），确定最终值。

2）修正密度跃层深度 h_1

（1）在初始化得到 h_1 的基础上，确定一个区间 $h:[h_1-k, h_1+k]$；

（2）以 0.5 m 为步长，遍历区间 h，得到新的 h_1，同时更新 η，运行 RLW 和 M4S 模型（其中 l 已确定），得到一系列对应的仿真的雷达后向散射截面；

（3）计算仿真结果最亮点与最暗点的幅值差 ES，对比 ES 和 ER，选取结果相差最小的那一个，其对应的 h_1 即为最终的密度跃层深度。

3）修正振幅 η

当海水上下分层深度差异较小时，反演精度较差，反演的振幅一般要比实际数值大（$|h_1-h_2|$ 过小的缘故）。此时，以较小的步长（本书实验中为 0.5 m）微调振幅，直至 $|ES-ER| \leq \varepsilon_2$（$\varepsilon_2$ 为给定小量）。该修正过程与 h_1 类似（李飞等，2008）。

4.2.3　基于合成孔径雷达图像内波参数反演方法

4.2.3.1　内波深度的反演

将海洋看作两层，上层厚度为 h_1，下层厚度为 h_2，海水深度为 H，则两层模式下内波垂向模态方程为（欧阳越等，2009）

$$\frac{d^2W(z)}{dz^2}\left[\frac{N^2(z)}{k^2}-1\right]k^2W(z)=0 \qquad (4-16)$$

其中，$W(z)$ 是内波垂向变化规律；$N(z)$ 是浮力频率；z 是垂向坐标；K 是内波角频率；k 是内波水平波数。其中浮力频率表达式为

$$N(z)=\left(-\frac{g}{d}\frac{\partial d}{\partial z}\right)^{1/2} \qquad (4-17)$$

其中，g 是重力加速度；d 是海水密度；求解式（4-16），并利用内波频散关系式可以得到

$$C_p = \frac{1}{k}\left[\frac{k \cdot g \Delta d/d}{\coth(k \cdot h_1) + \coth(k \cdot h_2)}\right]^{1/2} \tag{4-18}$$

当波长比水深大得多时，$\coth(k \cdot h_1) = \dfrac{1}{kh_1}$，$\coth(k \cdot h_2) = \dfrac{1}{kh_2}$。因此，式（4-18）可简化为

$$C_p = \sqrt{\frac{g \Delta d/d h_1 h_2}{h_1 + h_2}} = \sqrt{\frac{g \Delta d/d h_1 (H - h_1)}{H}} \tag{4-19}$$

此时，在已知内波速度、海水密度变化率以及海深的情况下，可利用上式计算内波的深度 h_1。

4.2.3.2 内波波速的反演

（1）两层模型法：如 4.2.3.1 节所述，利用式（4-18）或式（4-19）计算内波波速。

（2）图像测量法：当一幅 SAR 图像包含两组由同一激发源产生的内波时，可以利用图像测量法确定内波的波速。由 SAR 图像测量两组内波的间距，即为内波的运动距离；由于半日潮是陆架内波的主要驱动力，使得内波群具有与之相同的周期。因此，可由式（4-20）计算内波的速度：

$$C_p = \Lambda / T \tag{4-20}$$

其中，Λ 是内波群的波长；T 是半日潮周期。

4.2.3.3 内波特征宽度的反演

1）图像测量法

将在两层模型下由 KDV 方程的解得的内波传播引起的表层流在水平方向上的流速代入 SAR 成像模型，可以得到 SAR 图像上由内波引起的图像灰度值相对变化（张杰，2004）

$$\frac{\Delta I}{I_0} = \frac{\Delta e}{e_0} = B\,\text{sech}^2\left(\frac{x'}{\lambda/2}\right)\tanh\left(\frac{x'}{\lambda/2}\right) \tag{4-21}$$

其中，$B = \pm \dfrac{(4+V)2C_0 Z_0}{-h_1(\lambda/2)}\cos^2 h$；$\lambda$ 是内波特征宽度（也可称之为内波波长）。

那么，单个内波中最亮点和最暗点的位置可由式（4-22）确定：

$$\frac{\partial\left(\dfrac{W_I}{I_0}\right)}{\partial x} = -\frac{B}{\lambda/2}\,\text{sech}^2\left(\frac{x'}{\lambda/2}\right)\left[3\tanh^2\left(\frac{x'}{\lambda/2}\right) - 1\right] = 0 \tag{4-22}$$

求解式（4-22）得到，$x' = \pm 0.33\lambda$。于是，单个内波中最亮点与最暗点的间距 $D = 0.66\lambda$。由此可知，只要从 SAR 图像上得到内波中最亮点与最暗点的间距 D，就可计算出内波的特征宽度。为获得内波截面最亮点和最暗点的准确位置，可采用 EMD 分解等方法（甘锡林等，2007b）。

2）曲线拟合法

首先，沿内波传播方向截取一段内波 SAR 图像，获得此段图像中内波的 NRCS；然后，利用式（4-21）计算在一定内波特征宽度下 SAR 图像上 NRCS 的曲线，比较图像中真实的 NRCS 和式（4-21）计算得到的 NRCS；最后，不断修正式中内波特征宽度 λ，直至该曲线与图像中的 NRCS 匹配效果最佳。则此时的 λ 即为 SAR 图像中内波的特征宽度（Zheng et al., 2001）。

4.2.3.4 内波振幅的反演

1）两层模型法

由两层模型的 KDV 方程求解可知

$$L = \lambda/2 = 2h_1 h_2 \sqrt{3Z_0 |h_1 - h_2|} \tag{4-23}$$

再结合式（4-22）和式（4-20），可得振幅的计算公式为

$$Z_0 = 4H^2 C_p^4 / \left[3g' \left(\frac{\lambda}{d}\right)^2 \sqrt{g'^2 H^2 - 4g' H C_p^2} \right] \tag{4-24}$$

2）参数化法（曾侃，2002）

采用 Vlasenko（1994）提出的参数化浮性频率公式来反演内波振幅。参数化浮性频率为

$$N(z) = N_m \frac{1}{[(C_2 + Z)/C_1]^2 + 1} \tag{4-25}$$

其中，$C_1 = \dfrac{dH_p}{2H}$；$C_2 = \dfrac{H_p}{H}$；H_p 是密度跃层深度；dH_p 是密度跃层厚度；H 是水深；N_m 是浮性频率最大值。

通过求解内波垂向模态函数 $W(Z)$，推导出非线性参数 V 的表达式为

$$V = \frac{24 C_0^3 \pi^3 (C_2 + \overline{C_1^2 + C_2^2} \sin M_1)}{[M_3 C_1^2 (M_1 - M_2) \overline{C_1^2 + C_2^2} ((M_1 - M_2)^2 - 9\pi^2)]} \tag{4-26}$$

其中，$M_1 = \arctan \dfrac{-1 + C_2}{C_1}$；$M_2 = \arctan \dfrac{C_2}{C_1}$；$M_3 = \int_{-1}^{0} W^2(Z) dZ$。因此，内波振幅可

通过下式计算

$$Z_0 = 24H^3/\lambda^2 V \tag{4-27}$$

4.2.4 基于压缩感知和 EMD 的 SAR 海洋内波探测方法

SAR 通过探测海面后向散射系数来反演海洋内波。内波相对海面来说具有稀疏性，因此压缩感知（compressive sensing，CS）理论可应用于雷达探测海洋内波。

4.2.4.1 基于 CS 的内波稀疏重建模型

基于 CS 的内波稀疏重建模型如图 4-1 所示。首先，为减少待处理数据，应用 CS 技术对原始信号进行稀疏采样，以较少的观测数据获取原始信号的信息，减少存储和传输空间。其次，采用 EMD 对采样信号进行滤波，抑制噪声干扰。这是因为一般情况下，海面会受到各种噪声的影响，使得内波在空间域的稀疏性。最后，根据正交匹配追踪（orthogonal matching pursuit，OMP）算法对采样数据进行稀疏重建。

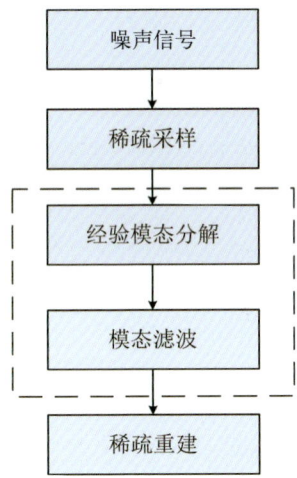

图 4-1 基于 CS 的内波稀疏重建模型

4.2.4.2 信号的稀疏采样

信号的稀疏表示将信号投影到正交变换基时绝大部分变换系数的绝对值很小，所得的变换向量是稀疏或近似稀疏的，可以将其看作原始信号的简洁表示，这是压缩感知的先验条件（Candes et al., 2006）。

R^N 空间中任意 $N \times 1$ 维实值离散时间信号 X，可表示为 ψ 域中基向量 $\{\psi_i\}_{i=1}^N$ 的线性组合。

$$X = \psi S = \sum_{i=1}^{N} s_i \psi_i \tag{4-28}$$

其中，正交基 $\psi = (\psi_1, \psi_2, \psi_3, \cdots, \psi_N)$；系数 $s_i = \langle x_i; \psi_i \rangle$，系数矩阵 $S = (s_1, s_2, \cdots, s_N)^T$。

因此，时域信号 X 和 ψ 域信号 S 是同一信号的等价表示。这样，通过选取 S 中 K ($K \ll N$) 个较大的非零数就能很好地逼近原始信号 S，称为该信号的稀疏采样。得到信号的稀疏系数向量后，通过设计观测矩阵得到信号 X 的 M 个观测值，观测过程可以表示为

$$y = \phi X \tag{4-29}$$

测量过程是非自适应的，ϕ 无需根据信号 X 而变化，观测的不再是信号的点采样而是信号本身。式（4-29）可看作原信号 X 在 ϕ 下的线性投影，由 y 重构 X，因 y 的维数远远低于 X 的维数，存在无穷解，所以式（4-29）不能直接用于原始信号的重构。由于时域信号 X 和 ψ 域信号 S 是同一信号的等价表示，且信号 S 的维数远远低于信号 X，将式（4-28）代入式（4-29）得

$$y = \phi X = \phi \psi S = \Theta S \tag{4-30}$$

其中，$\Theta = \phi \psi$ 是 $M \times N$ 矩阵，通过求解式（4-31）来重构稀疏信号

$$\hat{s} = \text{argmin } \|s\|_{l_0} \text{ s.t. } y = \Theta S \tag{4-31}$$

4.2.4.3 经验模态分解

EMD 是针对非平稳、非线性信号的一种时频分析方法。根据信号本身的内在时间尺度将其分解为一系列固有模态函数（IMF）的筛分方法。具体过程如下。

稀疏采样后的含噪信号设为 $s(t) = x(t) + n(t)$，其中 $x(t)$ 为原始信号，$n(t)$ 为噪声。首先找到 $s(t)$ 的极大和极小值，通过三次样条拟合，得到信号的上包络线 $U_x(t)$ 和下包络线 $L_x(t)$；之后计算上、下包络线的均值 $m_1(t) = U_x(t) + L_x(t) / 2$，从原始信号 $s(t)$ 信号中减去此均值 $m_1(t)$，得到一个分量 $h_1(t)$，即：$h_1(t) = s(t) - m_1(t)$，检查 $h_1(t)$ 是否满足过零点条件和均值条件：

（1）在整个信号长度上，$h_1(t)$ 的极大值点和过零点数目是否相等或者只相差一个，此条件称作过零点条件；

（2）在任意时刻，由极大值点定义的上包络线和下包络线的均值是否为 0，称此条件为均值条件。如果 $h_1(t)$ 不满足上述两个条件，继续进行筛分，求得 $h_{11}(t)$ 的上、下包络线 $m_{11}(t)$，然后得到它的均值线，求得其分量 $h_{11}(t) = h_1(t) - m_{11}(t)$。

同样，检查 $h_{11}(t)$ 是否满足上述的两个条件，如不满足重复上述筛选过程，直到得到满足条件的 $h_{1k}(t) = h_{1(k-1)}(t) - m_{1k}(t)$。最终得到的 $h_{1k}(t)$ 被看作是第一个 IMF：令 c_1

$= h_{1k}(t)$，其包含原信号 $s(t)$ 中的高频部分。将原信号 $s(t)$ 减去 c_1，得到残余信号 $r_1(t)$：$r_1(t) = s(t) - c_1$。对残余信号进行如同上述的筛分得到更多 IMF，直到最后的 IMF 被分离出来。最终的残余信号 $r_n(t)$ 可能是一个常数或为一个单调函数，若为一个单调函数则代表信号 $s(t)$ 的趋势变化。

为了保证本征模式函数分量返回具有充分物理意义的受调振幅和频率，筛分过程的停止准则由限制标准差 SD 来确定。

$$SD = \sum_{i=0}^{r} \left[\frac{|h_{1(k-1)}(t) - h_{1k}(t)|^2}{h_{1k}^2(t)} \right] \tag{4-32}$$

通常 SD 值设置为 0.2～0.3，即满足 $0.2 < SD < 0.3$ 时本层筛分过程结束。这个条件控制了筛分的次数，得到的 IMF 分量保留了原始数据中幅度调制的信息。

至此，可将信号 $s(t)$ 分解为 n 个 IMF 和残余信号 $r_n(t)$ 之和，即

$$s(t) = \sum_{j=1}^{n} C_1 + r_n(t) \tag{4-33}$$

4.2.4.4 模态滤波

从滤波角度来看，EMD 分解过程相当于用窄带滤波器对信号进行自适应滤波，各模态分量的频率随着模态阶数的增大而降低，而趋势项则是频率最低的成分。信号的噪声成分主要分布在高频段，主要集中在前几个分量中（陈东方等，2004）。对其中的高频分量进行阈值处理，叠加得到去噪后的信号。由 EMD 重建的信号表示为 $s_k(t) = \sum_{i=k}^{n} IMF_k(t) + r_n(t)$，为有效判断噪声所在的模态阶数，重建原始信号，依据模态能量比值关系，本文构造如下形式

$$i_k = \frac{\sum_{i=k}^{n} IMF_k(t)}{\sum_{i=k+1}^{n} IMF_{k+1}(t)} \quad k \in \{1, 2, \cdots, n-1\} \tag{4-34}$$

在式（4-34）中，i_k 值变化明显的区间即为噪声和信号区分大的区域，可根据 i_k 值的变化来选取适当的模态个数，从而达到有效抑制噪声，重建原始信号的目的。

4.2.4.5 稀疏重建

信号稀疏重建是压缩感知的理论核心，主要是寻找 $y = \Theta S$ 的最稀疏解，即满足式（4-31）的解。当式中 Θ 满足 RIP 特性时，CS 理论能够通过逆问题先求解稀疏系数 S；然后，代入式（4-28）将稀疏度为 K 的信号 X 从 M 维观测值 y 中正确地恢复出来。由于 ψ 是固定的，因此 ϕ 须满足一定的条件，等价表示为观测矩阵 ϕ 和稀疏基

ψ 互不相关（杨劲松，2001）。

由于式（4-31）的求解计算复杂，所以多数研究聚焦于寻找可接受复杂度的近似解，即次优解。求次优解的方法有两类：一类是基追踪算法，把 l_0 范数放宽到 l_1 范数通过线性规划求解，该算法求解精确，但需要更高的计算复杂度；另一类是贪婪算法（匹配追踪算法和 OMP 算法）。通过选择合适的原子并经过系列的逐步递增实现信号矢量的逼近，称为匹配追踪算法，该算法对于维数较低的小尺度信号问题运算速度很快，但是对于存在噪声的大尺度信号问题重构结果不是很精确，不具有鲁棒性（Donoho，1995）。在匹配追踪算法的基础上 Gilbert 发展了 OMP 算法，保证了在每步迭代后，信号的残余与以前选择的所有原子正交。在此基础上，选择的原子不会重复，信号残余会迅速减小，因此能以较快的收敛速度找到信号的唯一稀疏解。另外，若噪声存在，OMP 算法需多次迭代寻找最优解。

4.3 方法数据集

4.3.1 方法一的数据集

实验所用的图像是一幅 ERS-1 SAR 图像（图 4-2），该图像的成像参数及相关信息见表 4-1。图像区域大小为 200 km × 100 km，像素点之间的距离是 12.5 m。该图显示了自菲律宾海向北流向日本的暖流，一部分经过巴士海峡和吕宋岛入侵南海，由于吕宋岛附近水域下的浅槽（长 200 ~ 300 m）而形成较强的内波同步的测量数据表明，该内波的前导波最大振幅达到近 100 m（汪雄良等，2012）。

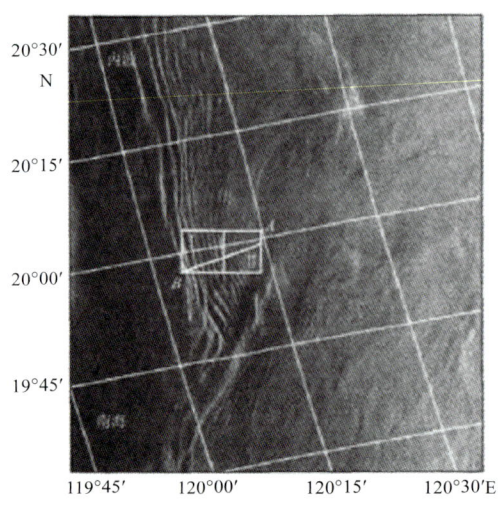

图 4-2　1995 年 6 月 16 日南海内波 SAR 图像

表 4-1 图像相关信息及成像参数

名称	参数
卫星	ERS-1
传感器	SAR C 波段
位置	南海
图幅宽度	100 km
成像中心	20°30′N，120°30′E
成像时间	1995 年 6 月 16 日 14:29（UTC 时间）

4.3.2 方法二的数据集

以机载 SAR 序列图像为研究实例，选取其中包含同一内波的两幅图像，如图 4-3 所示，A、B 标记点为反演内波参数所选的点（李飞等，2008）。

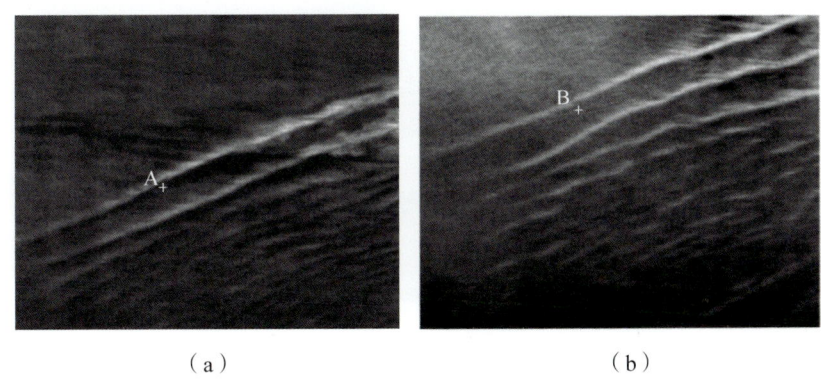

（a） （b）

图 4-3 实验所用机载序列 SAR 图像

图 4-4 为两幅图像中同一内波的传播示意图，左上角三角形标记为当日现场 CTD 测量位置。

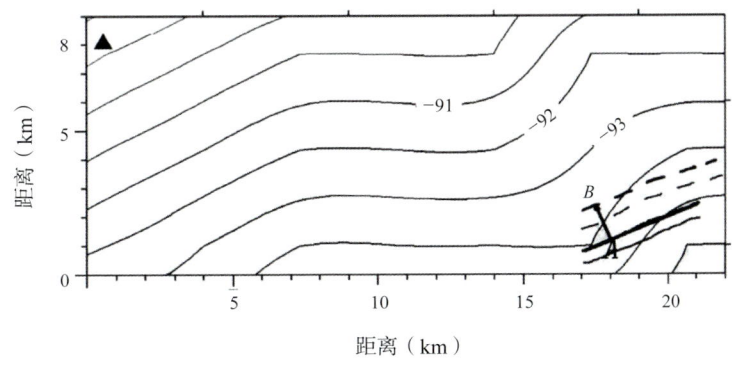

图 4-4 两幅 SAR 图像中同一内波的传播示意图

4.3.3 方法三的数据集

4.3.3.1 实验一

实验一的 SAR 影像如图 4-5 所示,图中中心附近的方框为选取内波反演区域,旁边的 △ 表示 CTD 历史资料测量位置,左上角 ○ 是内波实测位置。历史水文资料来自海洋数据库(Ocean Data Bank),实测数据来自 2000 年亚洲海域国际声学实验(ASIAEX 2000)。图像的成像时间为 2002 年 5 月 17 日,实测数据获取时间为 2001 年 5 月 10 日,虽然图像成像时间与实测数据的获取时间相差一年,但已是能获取数据中时间最接近的选择。另外,内波的特征与季节十分相关,同是 5 月的数据,使得该数据具有可比性(欧阳越等,2009)。

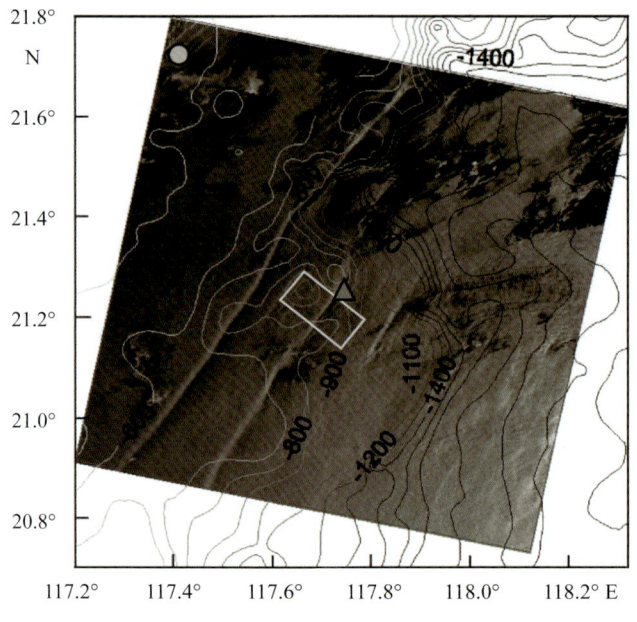

图 4-5 2002 年 5 月 17 日 ERS-2 SAR 影像

4.3.3.2 实验二

实验二的 SAR 影像如图 4-6 所示,图中方框为选取内波反演区域,△ 是 CTD 历史资料测量位置,○ 为内波实测位置。历史水文资料来自海洋数据库,实测数据来自 ASIAEX 2000。图像的成像时间为 2000 年 4 月 26 日,实测数据获取时间为 2000 年 4 月(欧阳越等,2009)。

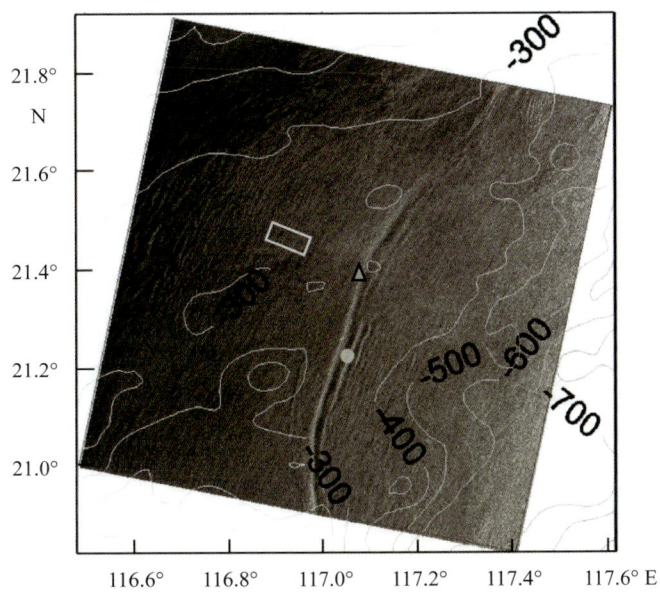

图 4-6　2000 年 4 月 26 日 ERS-2 SAR 图像

4.3.4　方法四的数据集

SAR 通过探测海面的后向散射系数来研究海洋内波，后向散射系数 σ 的表达式为（杨劲松，2001）

$$\sigma(t) = 10\lg\left[1 \pm \frac{4+\gamma}{\mu}\frac{2C_0\eta_0}{h_1 l}\cos^2\phi\,\text{sech}^2\left(\frac{x'}{l}\right)\tanh\left(\frac{x'}{l}\right)\right] \quad (4-35)$$

其中，内波位移 $x' = C_p t$；内波的相速度 $C_p = \sqrt{\dfrac{g}{k}}$；波数 $k = \dfrac{2\pi}{\lambda}$；摩擦风速 $\mu_* = \sqrt{1.5\times10^{-3}U_{10}}$；张弛率 $\mu = \omega\dfrac{\mu_*}{C_p}\times\left(0.01 + 0.016\times\dfrac{\mu_*}{C_p}\right)\times\left[1-\exp\left(-8.9\times\sqrt{\dfrac{\mu_*}{C_p}-0.03}\right)\right]$；半振幅宽度 $l = \dfrac{2h_1 h_2}{\sqrt{3\eta_0|h_2-h_1|}}$；其他参数取值见表 4-2 所示（高建虎等，2011）。

其时域波形如图 4-7（a）所示，为了模拟真实海况，加入噪声后的雷达海面后向散射系数 $\delta(t) = \sigma(t) + n(t)$，其中 $n(t)$ 为高斯白噪声，信噪比为 10 dB，如图 4-7（b）所示。对比图 4-7（a）和图 4-7（b）可知，在噪声污染下海面散射系数的振幅受到强烈干扰，轮廓线变得模糊，局部区域轮廓失真（高建虎等，2011）。

表 4-2 仿真参数

变量名称	变量符号	数值
风速	U_{10}	2 m/s
重力波	γ	0.5
传播时间	η_0	1 000 s
内波振幅	η_0	5 m
跃层深度	h_1	30 m
底层深度	h_2	20 m
电磁波波长	λ	0.5 m
内波传播方向与雷达视向的夹角	ϕ	30°

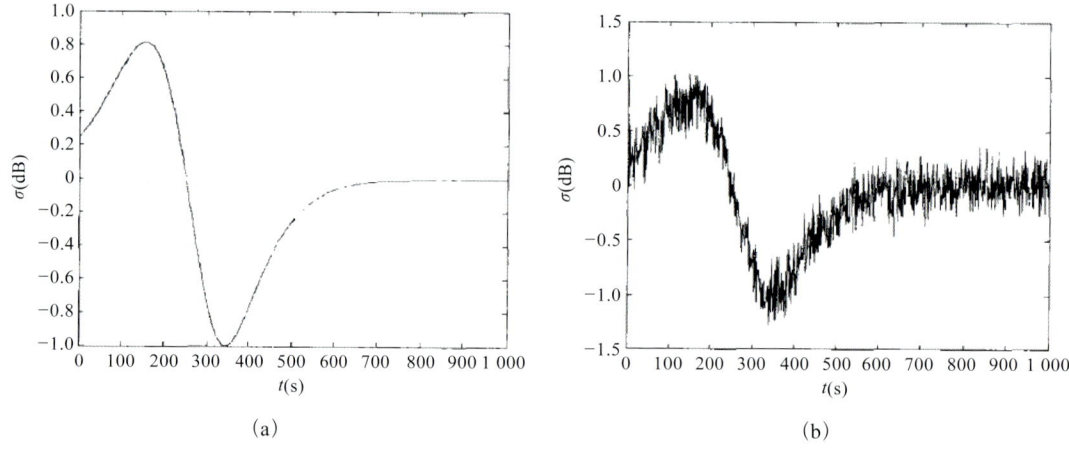

图 4-7 所选图例

(a)内波波形;(b)加入噪声后的内波后向散射系数波形

4.4 实验结果及分析

4.4.1 基于 EEMD 的内波参数反演

为提取内波信号,取图 4-2 中横跨子图 Ⅰ 和 Ⅱ 的 BA 线灰度剖面为研究对象,分别进行 Symmlet8 小波、EMD 和 EEMD 分解,结果如图 4-8 至图 4-10 所示。

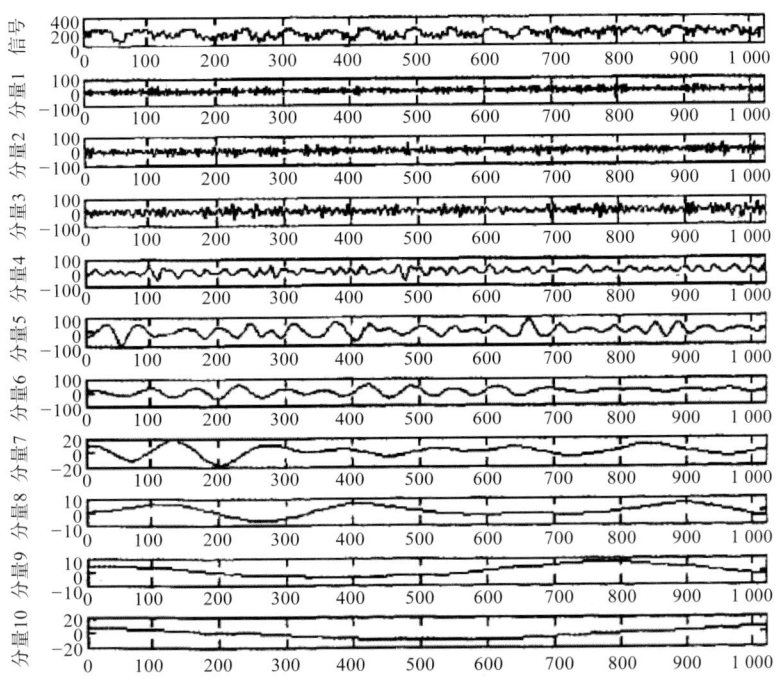

图 4-8　内波剖面的 Symmlet8 小波分解结果

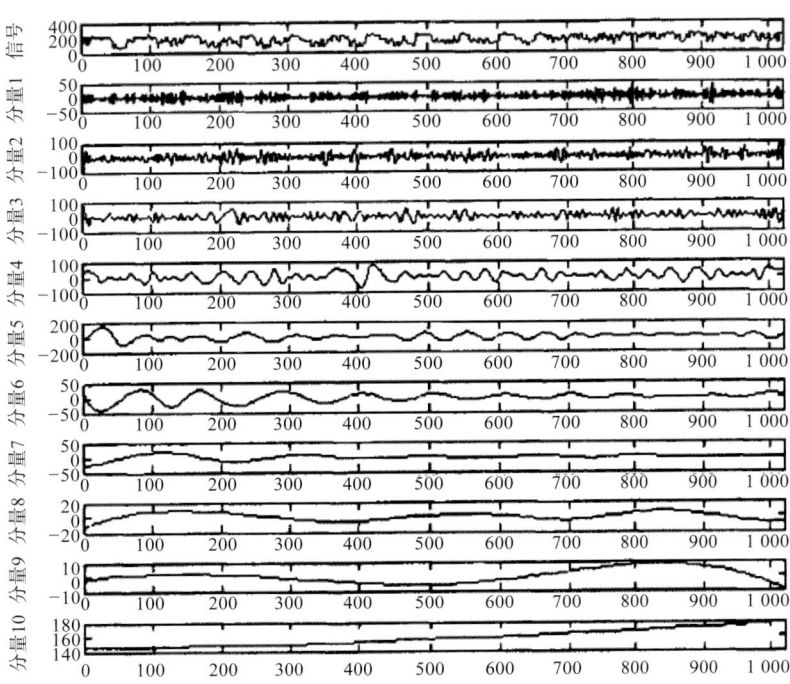

图 4-9　内波剖面的 EMD 分解结果

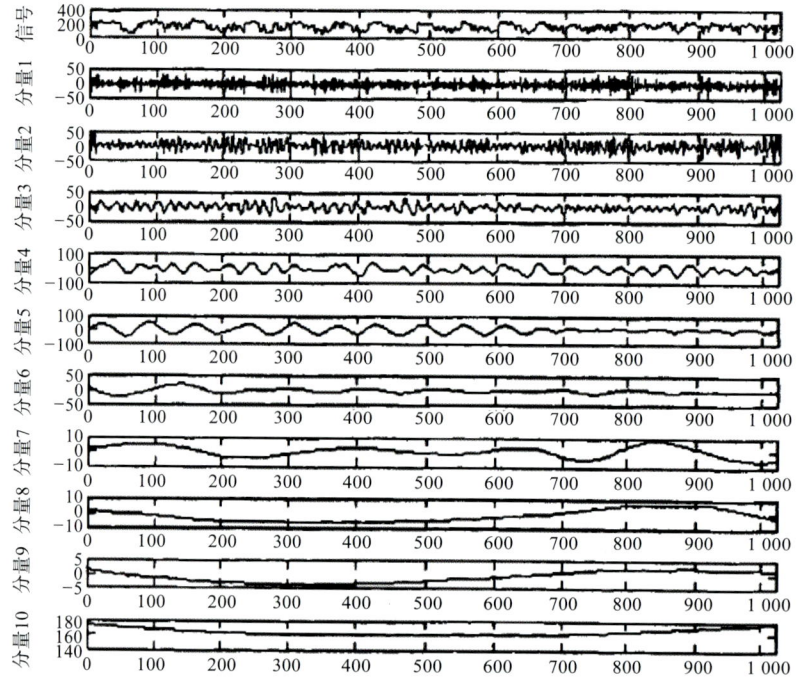

图 4-10 内波剖面的 EEMD 分解结果

对这些分量分别计算方差，并利用式（4-11）归一化，结果见表 4-3。根据内波信号归一化方差最大的特性，可自动检测出内波分量。具体而言，表中小波分解的第 5 分量（S5）、EMD 分解的第 5 分量（EMD-IMF5）和 EEMD 分解的第 5 分量（EEMD-IMF5）代表内波分量。

表 4-3 小波分解、EMD 和 EEMD 的各分量的归一化方差

分量	小波分解 归一化方差	EMD 归一化方差	EEMD 归一化方差
1	0.014 0	0.004 6	0.049 0
2	0.031 8	0.081 2	0.080 0
3	0.104 5	0.047 5	0.027 0
4	0.052 1	0.188 0	0.146 1
5	0.634 8	0.660 8	0.691 2
6	0.160 0	0.012 0	0.003 3
7	0.001 6	0.001 7	0.000 7
8	0.000 1	0.000 3	0.000 1
9	0.000 1	0.000 1	0.000 0
10	0.000 8	0.003 8	0.002 3

将原始数据、S5、EMD-IMF5 和 EEMD-IMF5 一起绘制，得到图 4-11。可以看出，EEMD-IMF5 的波动起伏情况基本和原始序列的内波波动情况一致，这也间接验证了采用方差最大原则来检测内波分量的可行性。从信号的特征来看，在 800～900 区间，EEMD-IMF5 较好保留原始内波序列的特征波，但 EMD-IMF5 则没有反映出该特征波；在 120～140、250～300、420～450 以及 500～600 范围内，S5 存在模式混叠现象；另外，在 100～150 之间，EMD-IMF5 同样存在模式混叠现象。从波形的分布来看，EMD-IMF5 的结果与原信号差别较大，EEMD-IMF5 则更接近内波波动的物理本质，适合用来提取内波参数。因此，取 EEMD-IMF5 作为内波信号进行后续内波参数反演（汪雄良等，2012）。

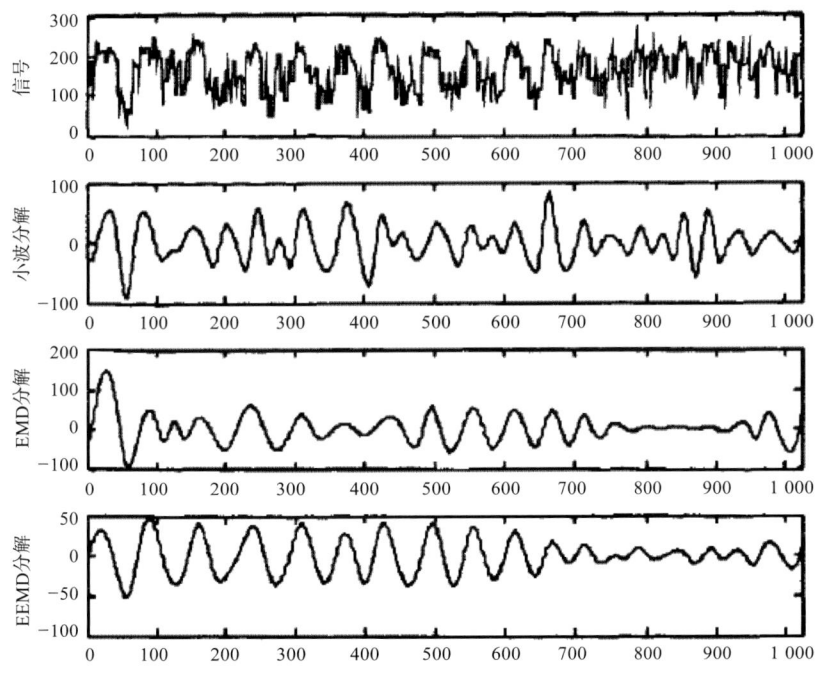

图 4-11　BA 线灰度数据、S5、EMD-IMF5 和 EEMD-IMF5 对比

表 4-4 和表 4-5 分别为所提取的内波信号中各孤立子波的波长以及亮-暗点间隔与半振幅宽度。在得到半振幅宽度和跃层深度后，可根据式（4-3）来计算内波振幅。由于本书所用实验数据与李海艳（2004）所用数据一致，可知混合层深度大致为 46 m，水深大致为 4 000 m，即 h_1 =46 m，h = 4 000 m。利用表 4-5 中序号 1 计算的半振幅宽度值来反演前导波的振幅，即 $\eta_0 = \dfrac{4h_1^2 h_2^2}{3|h_2 - h_1|l^2} \approx 97$ m。该反演值与 Osborne 等（1980）的结果相近。

表 4-4　各孤立子波的波长 λ_i

单位：m

序号	1	2	3	4	5	6	7	8	9	10
λ_i	862.5	900	1 000	862.5	787.5	675	862.5	737.5	737.5	662.5

表 4-5　各孤立子波的亮-暗点间隔 D_i 与半振幅宽度 l_i

单位：m

序号	1	2	3	4	5	6	7	8	9	10
D_i	450	487.5	387.5	400	425	337.5	462.5	375	375	362.5
l_i	340.9	369.3	293.6	303.0	321.9	255.7	350.3	284.0	248.1	274.6

实验结果及分析表明，与小波分解和 EMD 方法相比，EEMD 能有效克服模式混叠现象，所提取的分量更接近内波波动的物理本质，利用该分量反演得到的内波振幅与验证算例十分相近，充分说明 EEMD 反演方法的有效及可行性。

4.4.2　基于仿真修正的序列 SAR 图像内波参数反演方法

4.4.2.1　序列 SAR 内波图像

由经纬度信息可计算 A、B 两点之间距离 $D = 1\,380$ m。查阅当地历史水文数据，只有 2001 年世界海洋地图集（World Ocean Atlas 2001，WOA2001）的 1/4 分全球海洋水文数据库中有与实验区域较接近的记录点，可知当地海洋历史同期密度跃层深度为 28 m。

图 4-12 为 A、B（见图 4-3）两处内波的归一化雷达散射截面，其横轴为 SAR 图像实际像元（乘以 SAR 图像分辨率后即为实际地理距离）（李飞等，2008）。

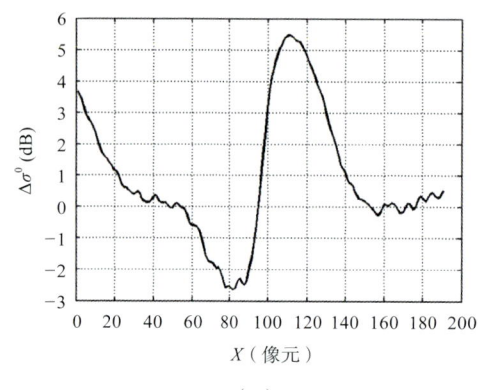
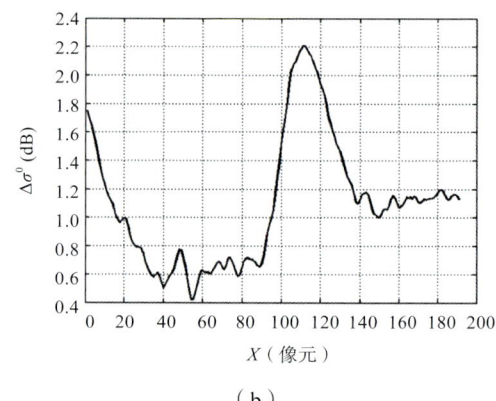

（a）　　　　　　　　　　　　　　（b）

图 4-12　A、B 两点处的内波归一化雷达散射截面

（a）A 点处内波截面；(b）B 点处内波截面

表 4-6 列出了利用现有方法对 A 点处内波进行参数反演的结果。

表 4-6 A 点处内波参数初始反演结果

D (m)	T (S)	C_0 / (m/s)	η (m)	l (m)	h_1 (m)	h (m)
1 380	2 940	0.47	12	114	28	94

选取 $\Delta t = 15$ s，$\Delta x = 20$ m，运行模型，进行波长、密度跃层深度和振幅的修正，最终得到 B 点处内波的仿真雷达后向散射截面，将其与 B 点处实际内波归一化波截面对比，如图 4-13 所示。

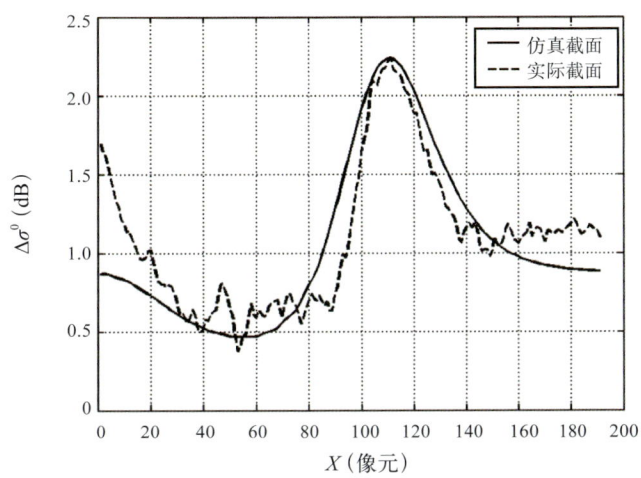

图 4-13 仿真结果与实际结果对比

表 4-7 列出了 ε_1、ε_2 以及参数修正完毕后 dr、ds、ER 及 ES 的值，其中 corr 为仿真雷达后向散射截面 X 与实际 SAR 图像内波截面 Y 的相关系数，其定义为 corr(X,Y) = $E\{[X-E(X)][Y-E(Y)]\}$。式中，$E(X)$、$E(Y)$ 分别为 X 和 Y 的均值。

表 4-7 参数修正结束后各个量值大小

ε_1 (m)	ε_1 (dB)	dr (m)	ds (m)	ER (m)	ES (m)	corr (m)
5	0.01	285	290	1.7454	1.736	90.95

表 4-8 列出了 A、B 两点处基于仿真修正方法内波参数的最终反演结果。

表 4-8 A、B 两点处内波参数最终反演结果

单位：m

η	l	h_1	h
7.5	97	24	94
7.5	97	24	94

4.4.2.2 结果讨论

本次实验有同步的 CTD 测量数据,如图 4-14 所示。由实测 CTD 温/盐剖面可看出,当日海水密度跃层深度在 23 m 左右。本书方法反演的结果为 24 m。两者非常接近,仿真的内波雷达后向散射截面与实际 SAR 图像内波截面的相关度为 90.95%,证明该方法的有效性。

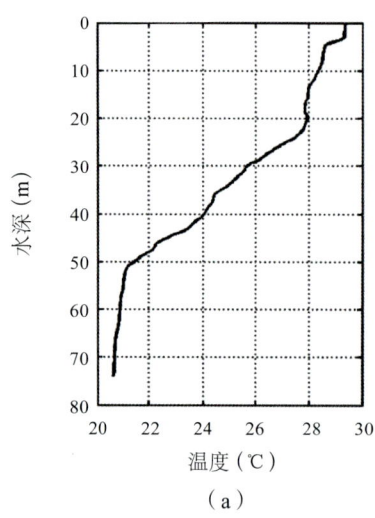
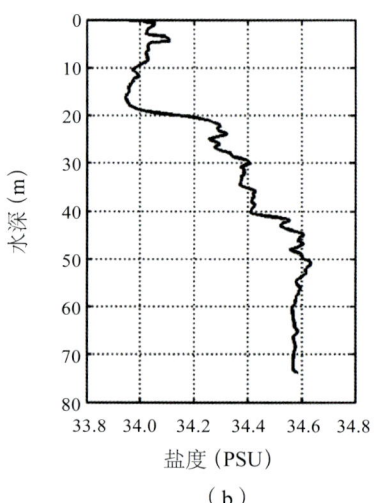

图 4-14 现场 CTD 测量的当日海水温度、盐度剖面
(a) 温度剖面;(b) 盐度剖面

对于 A 点处内波,在无现场数据的情况下,现有反演方法只能依靠历史水文数据,即以 28 m 作为密度跃层深度来反演振幅。而实测密度跃层深度为 23 m 左右,相差较大。另外,在半波振幅宽度的反演中,A 点处内波截面曲线无法有效使用现有方法进行曲线拟合来反演波长,其亮带相对幅值(相对于 SAR 图像背景亮度)约为 5.3 dB,几乎是其暗带相对幅值的 2 倍,内波亮暗相间的条带特征变形较大。

对于 B 点处内波,波截面曲线变形严重,亮带相对幅值已经是暗带相对幅值的 4～5 倍,且亮暗带宽度也相差很大,曲线噪声较大。利用现有方法对其进行内波参数反演,结果见表 4-9。与 A 点处现有方法反演结果相比,B 点处半波振幅宽度几乎是 A 点处的 2 倍,振幅只有 1/6。A、B 两处内波只传播了 1 380 m 的距离,时间差只有 49 min,振幅衰减不可能如此之大。由图 4-3 可知,现有方法在 B 点处基本失效(李飞等,2008)。

表 4-9 图 4-3 B 点处内波参数现有方法反演结果

单位: m

η	l	h_1	h
2.12	227	28	94

与现有方法相比，本书方法反演序列 SAR 图像内波参数具有以下优点（李飞等，2008）。

（1）克服了现有方法在没有现场同步水文测量数据的情况下只能使用历史同期数据的限制。实际上，新方法只需一个大致的初始密度跃层深度估计即可进行参数反演，并不依赖水文资料的精度。

（2）利用 RLW 方程的数值化模型，以实际 SAR 内波图像为目标做反演参数的修正，得到的密度跃层深度更接近实际值，提高了反演精度。

（3）采用 M4S 模型仿真 SAR 成像，几乎考虑了各种影响 SAR 内波成像的因素，相对于现有方法中的 SAR 内波成像理论，其适应范围更广，仿真结果与实际图像偏差最小。

4.4.3 基于合成孔径雷达图像内波参数反演方法

实验一和实验二的反演结果分别见表 4-10，表 4-11（欧阳越等，2009）。

表 4-10 图 4-5 的反演结果

水文资料参数		反演参数	反演方法	反演结果	实测结果
h_1	50 m	C_p	两层模型法	1.31 m/s	1.24 m/s
H	850 m		图像测量法	-	
$\Delta d/d$	0.003 7	λ	图像测量法	1 363.6 m	1 500 m
H_p	50 m		曲线拟合法	1 104.4 m	
dH_p	150 m	Z_0	两层模型法	4.684 1 m	63 m
			参数化法	38.98 m	

表 4-11 图 4-6 的反演结果

水文资料参数		反演参数	反演方法	反演结果	实测结果
h_1	80 m	C_p	两层模型法	1.28 m/s	–
H	360 m		图像测量法	–	
$\Delta d/d$	0.002 7	λ	图像测量法	1 723.5 m	–
H_p	80 m		曲线拟合法	1 420.6 m	
dH_p	200 m	Z_0	两层模型法	3.51 m	40 m
			参数化法	16.1 m	

4.4.3.1 各反演方法输入量分析

对各反演方法的输入量进行比较,参见表 4-12 可知(欧阳越等,2009)。

(1)利用两层模型法进行内波波速、内波深度和内波振幅的反演时,密度变化率 $\Delta d/d$ 和海水深度 H 是必须的输入量;

(2)在用两层模型法计算内波波速和内波深度时,两者必有其一是已知量,否则只能利用图像测量法确定内波群的波长来求得内波波速;

(3)用参数化法计算内波振幅不需要计算密度变化率 $\Delta d/d$,但需要已知海水密度曲线,即密度跃层厚度 dH_p。由于不同反演方法的输入量不同,而输入量的准确性又直接影响反演结果的准确性。因此,在反演内波参数时,应选取输入量值相对可靠的反演方法。

表 4-12 内波参数反演方法已知输入量比较

反演参数	反演方法	已知输入量
内波波速	两层模型法	密度变化率 $\Delta d/d$,上层厚度 h_1,下层厚度 h_2
	图像测量法	内波群的波长 Λ,半日潮周期 T
内波深度	两层模型法	密度变化率 $\Delta d/d$,水深 H,内波波速 C_p
内波特征宽度	图像测量法	由 SAR 图像得到最亮、最暗点间距
	曲线拟合法	根据由内波引起图像灰度值相对变化公式
内波振幅	两层模型法	密度变化率 $\Delta d/d$,水深 H,内波波速 C_p,内波特征宽度 λ
	参数化法	上层厚度 h_1,密度跃层厚度 dH_p,水深 H,内波特征宽度 λ

4.4.3.2 反演结果及适用性条件分析

由于两幅实验的 ERS SAR 图像中都仅包含一个内波群,无法用图像测量法计算内波群速度,并没有利用反演方法计算内波深度,而是直接使用实测数据。此外,由于实验二中内波速度和特征宽度缺少实测数据,无法对二者的反演结果进行验证。这里,根据两幅实验图像所覆盖的区域(较为接近),采用实验一的实测结果对实验二的反演结果进行验证。分析可知:

(1)反演的部分结果与实测数据存在一定的偏差,一方面是由于实测与 SAR 图像内波反演位置存在偏差;另一方面是反演方法自身的限制。该方法采用的模型是基于弱非线性和弱频散条件,即 $H \leq \lambda$,$Z \leq H$ 一旦实际情况与之不符则会影响反演结果的准确性。

(2)反演内波特征宽度时,图像测量法需要得到内波图像中最亮点与最暗点之间精确的间距,而曲线拟合方法则要求 SAR 图像中内波的亮暗条纹曲线比较规整。因此,需根据实际情况选择合适的反演方法。

(3)采用参数化方法反演振幅时,视海水为连续层化,这比两层模型更接近海洋实际情况,反演结果更接近实际测量值。另外,参数化法反演的内波振幅比两层模型法大,这是因为与两层分层相比,连续层化减弱了内波的恢复力(曾侃,2002)。

4.4.4 基于压缩感知和 EMD 的 SAR 海洋内波探测方法

依据本书提出的算法流程(见图 4-1)。

(1)根据 CS 理论,对信号进行稀疏采样,50% 的采样结果如图 4-15 所示。采样后的信号振幅不变,长度变短,但稀疏采样后的信号噪声仍然存在。

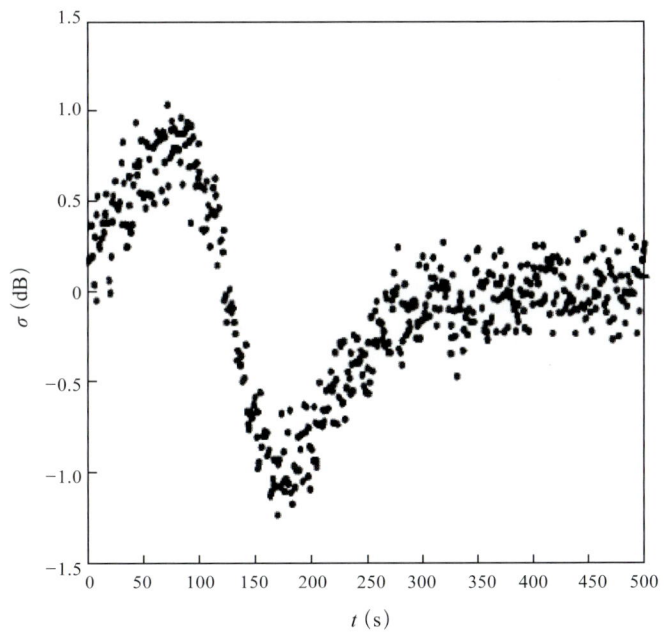

图 4-15　对噪声信号的稀疏采样(50%)

(2)对稀疏采样后的信号进行 EMD 分解,分解之后的信号模态按照频率从高到低进行排列,信号的噪声主要分布在高频部分,即分布在前几个模态中,如图 4-16 所示。

(3)判断噪声所在的模态个数,利用式(4-34)确定信号噪声所在的模态数为 $IMF_1 \sim IMF_3$,再根据式 $s_k(t) = \sum_{k=4}^{7} IMF_k(t) + r_7(t)$,求得滤波后的信号,如图 4-17 所示。由图可知,经 EMD 滤波的信号保留了原始信号信息,降低了噪声对信号稀疏性的破坏。

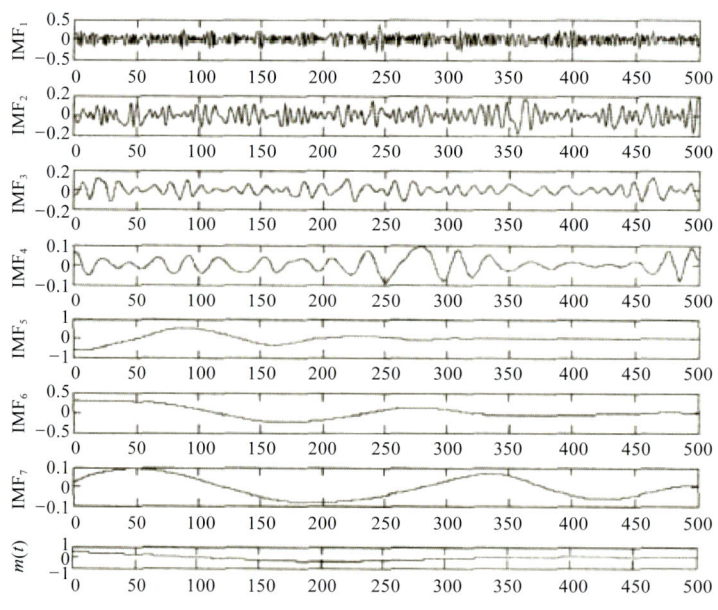

图 4-16 内波的 EMD 分解

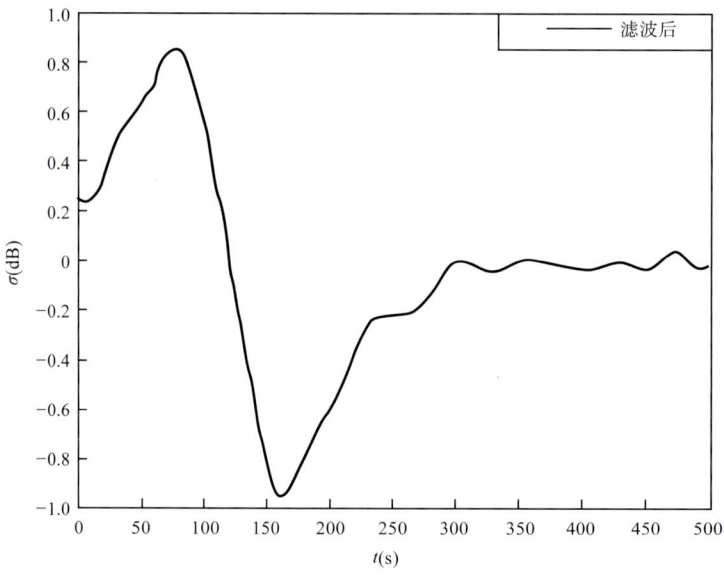

图 4-17 EMD 滤波后的内波

滤波后的信号保持了稀疏采样后信号的特征信息，为恢复原始信号的整个时域波形，采用 OMP 算法对滤波后的稀疏信号进行稀疏重建，结果如图 4-18 所示。可以看出，重建后的信号除在端点处有小幅震荡外，在波峰和波谷处保持了与原始信号相似的特征信息，降低了噪声，平滑了信号。

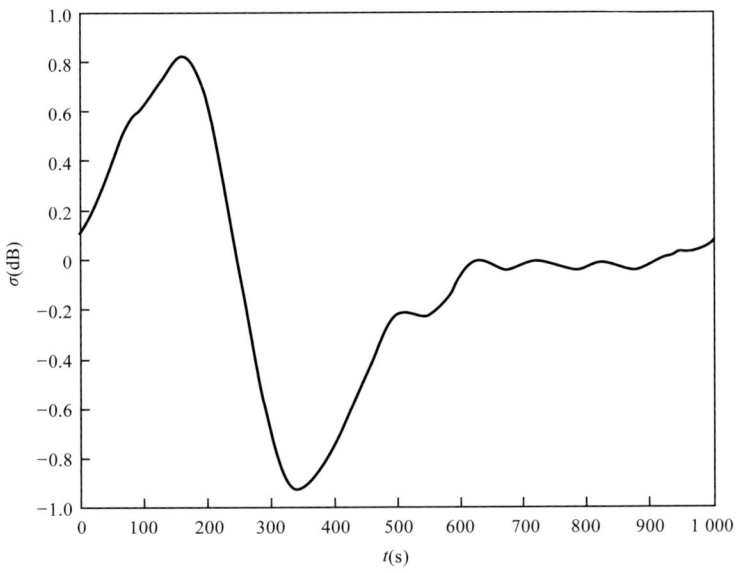

图 4-18 内波稀疏重建结果

为验证滤波后信号对重建算法的影响,图 4-19 给出滤波前后采用 OMP 算法的收敛速度,滤波后的信号采用 OMP 算法的收敛速度有所提高。为评估重建效果给出如下公式:

$$E=\sum_{i}^{N}(\tilde{X}_i-X_i)^2 / \sum_{i}^{N}(X_i)^2 \qquad (4-36)$$

其中,E 是重建误差;l_2 是 2 范数;$\tilde{X}=\{\tilde{X}_1,\tilde{X}_2,\cdots,\tilde{X}_N\}$ 是重建信号。

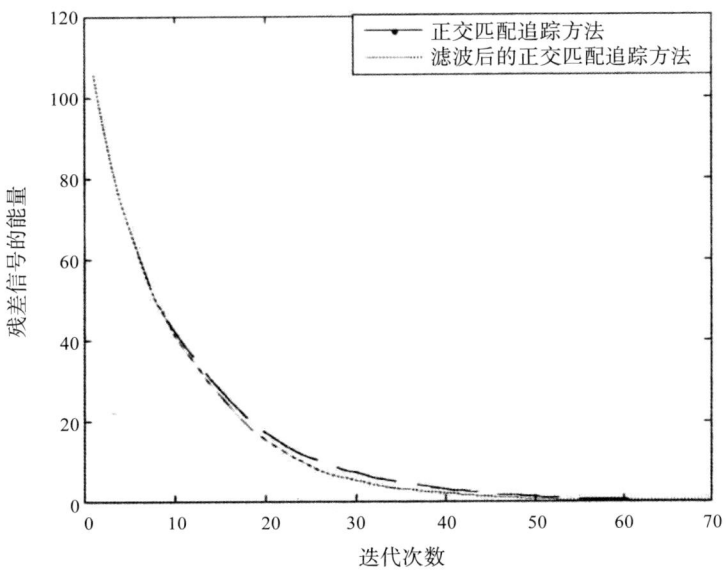

图 4-19 滤波前后的 OMP 算法收敛速度

根据式（4-36）对重构结果进行 5 次测量，相对于原始信号，重建信号的正确率在 91% 以上，测量结果见表 4-13 所示。

表 4-13　重构误差及正确率

测量指标	测量 1	测量 2	测量 3	测量 4	测量 5
误差率	0.080 4	0.071 7	0.082 1	0.083 1	0.064 4
正确率	0.919 6	0.928 3	0.917 9	0.916 9	0.935 6

在无噪声环境中，CS 通过优化计算能以高概率重建原始信号，然而噪声的存在破坏了信号的稀疏性，使得信号在某空间域投影系数非零。因此，含有噪声或采样过程中引入噪声时的信号重建是 CS 理论中的难点问题，针对这一问题提出的基于压缩感知和 EMD 的 SAR 海洋内波探测方法，有效降低了信号噪声，增强了信号在投影域的稀疏性，加快了 CS 恢复算法的收敛速度，提高了信号稀疏重建的准确性，减少了信号的幅度损失，是对 CS 理论很好的补充和完善。另外，滤波性能的好坏直接影响后续的稀疏重建，由于噪声种类多，不同噪声分布不尽相同，在采用 EMD 滤波时针对不同噪声还应考虑噪声在模态函数中的分布情况，相应滤波方法有待进一步研究（高建虎等，2011）。

4.5　总结

一般而言，SAR 的海洋目标成像信号较弱，且易受各种海面运动的干扰，同时各种海洋目标 SAR 成像理论不完善，因此，对海洋目标要素的定量化反演还存在着短时间内无法克服的困难。目前，除了风速和海浪的定量反演结果已有业务化应用，其他要素在目标自动识别、要素反演精度等方面还具有极强的经验性，需从理论上和实验上加强（史伟哲，2011）。

目前 SAR 图像内波参数反演方法面临如下问题。

（1）内波反演方法中内波流体动力学模型一般采用经典的 KDV 方程，但该方程不是任何条件下都适用的。同时，现有的振幅反演方法依赖于波长的反演精度，而实际成像条件较差，很多情况下 SAR 图像上内波明暗相间的条带特征不明显、噪声干扰严重，甚至出现亮、暗带缺失或畸变等，给内波波长的反演造成较大困难。

（2）实测数据是验证反演精度的最好方法，但大部分 SAR 图像不具有同步现场观测数据。现场水文同步测量数据的匮乏，使得大多数反演方法都是借助于历史水文

第 4 章 海洋内波反演技术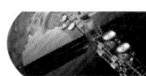

数据资料来进行，但历史水文数据资料精确度及时空一致性并不理想。

我国海域广阔，内波活动频繁，对海洋内波的研究有着迫切需求。海洋内波与海洋水声学、海洋生物学、物理海洋学、海洋工程学和军事海洋学等诸多学科有着密切联系，同时与海洋资源开发、潜艇水下航行等也有重要关联。随着机载 SAR 和星载 SAR 的蓬勃发展，利用 SAR 图像进行海洋内波探测在海洋遥感领域受到极大关注，成为 SAR 重要的海洋应用之一。相信随着 SAR 对内波探测研究的深入，SAR 图像内波正演、内波参数反演等研究必将更加成熟实用（种劲松等，2003）。

参考文献

陈东方, 吴先良, 2004. 采用 EMD 方法消除瞬态散射回波中的高斯白噪声干扰 [J]. 电子学报, 32(3): 496-498.

范开国, 等, 2010. SAR 海洋内波表层流反演方法探讨 [J]. 遥感学报, 14(1).

范植松, 等, 2005. 南海北部内孤立波 SAR 遥感反演的初步研究 [J]. 中国海洋大学学报（自然科学版）, 35(6): 885-888.

高建虎, 陈杰, 张履谦, 2011. 基于压缩感知和 EMD 的 SAR 海洋内波探测方法 [C]. 第九届全国信息获取与处理学术会议.

甘锡林, 等, 2007a. 基于 M4S 模型的合成孔径雷达海洋内波参数反演新方法 [C]. 中国海洋湖沼学会第九次全国会员代表大会暨学术研讨会论文摘要汇编.

甘锡林, 等, 2007b. 基于希尔伯特-黄变换的合成孔径雷达内波参数提取新方法 [J]. 遥感学报, 11(1): 39-47.

甘锡林, 2007c. 合成孔径雷达海洋内波遥感研究 [D]. 杭州: 国家海洋局第二海洋研究所.

李飞, 种劲松, 欧阳越, 2008. 基于仿真修正的序列 SAR 图像内波参数反演方法 [J]. 国土资源遥感, 2008(4).

李海艳, 2004. 利用合成孔径雷达研究海洋内波 [D]. 青岛: 中国海洋大学.

欧阳越, 种劲松, 吴一戎, 2009. 基于合成孔径雷达图像内波参数反演方法 [J]. 测试技术学报, 23(2): 168-172.

申辉, 2005. 海洋内波的遥感与数值模拟研究 [D]. 青岛: 中国科学院研究生院（海洋研究所）.

史伟哲, 2011. 星载 SAR 海洋场景仿真与反演方法综述 [J]. 航天器工程, 20(1): 50-56.

汪雄良, 等, 2012. 基于 EEMD 的 SAR 海洋内波参数反演 [J]. 测试技术学报, 26(1): 1-8.

杨劲松, 2001. 合成孔径雷达海面风场海浪和内波遥感技术 [D]. 青岛: 青岛海洋大学.

杨劲松, 等, 2003. 利用 SAR 图像计算内波深度和振幅的可行性研究 [J]. 国土资源遥感, 15(1): 29-32.

张杰, 2004. 合成孔径雷达海洋信息处理与应用 [M]. 北京: 科学出版社.

曾侃, 2002. 从卫星合成孔径雷达海表图像研究海洋内波的三个问题 [D]. 青岛: 青岛海洋大学.

种劲松, 周晓中, 2013. 合成孔径雷达图像海洋内波探测研究综述 [J]. 雷达学报, 2(4): 406-421.

ALPERS W, 1985. Theory of radar imaging of internal waves[J]. Nature, 314(6008): 245-247.

BAINES P G, 1981. Satellite Observations of fnternal Waves on the Australian North-west Shelf[J]. Marine & Freshwater Research, 32(3): 457-463.

BRAIN D, 2000. A review of internal tide observations by acoustic tomography and altimetry[J]. Proceedings of the 5th Pacific Ocean Remote Sensing Conference (PORSEC), 12(2): 651-652.

BRANDT P, ROMEISER R, RUBINO A, 1999. On the determination of characteristics of the interior ocean dynamics from radar signatures of internal solitary waves[J]. Journal of Geophysical Research, 104(C12): 30039-30045.

第 4 章 海洋内波反演技术

BRANDT P, RUBINO A, ALPERS W, 1996. Internal waves in the Strait of Messina observed by the ERS 1/2 synthetic aperture radar[C]. International Geoscience & Remote Sensing Symposium. IEEE, 3: 1487−1489.

CANDES E J, ROMBERG J, 2006. Quantitative robust uncertainty principles and optimally sparse decompositions[J]. Foundations of Computational Mathematics, 6(2): 227−254.

DONOHO D L, 1995. De-noising by soft-thresholding[J]. IEEE Transactions on Information Theory, 41(3): 613−627.

FEI L, JONSONG C, YUE O, 2007. Internal wave parameters retrieval from SAR image: based on EMD filter and parameterized buoyancy frequency[C]. Asian & Pacific Conference on Synthetic Aperture Radar. 0.

FLANDRIN P, RILLING G, GONCALVES P, 2004. Empirical mode decomposition as a filter bank[J]. IEEE Signal Processing Letters, 11(2): 112−114.

LAVERY A C, CHU D, MOUM J N, 2010. Observations of broadband acoustic backscattering from nonlinear internal waves: assessing the contribution from microstructure[J]. IEEE Journal of Oceanic Engineering, 35(4): 695−709.

LI H, et al., 2006. Effects of wind on internal waves synthetic aperture radar images[C]. IEEE International Conference on Geoscience & Remote Sensing Symposium. IEEE.

OSBORNE A R, BURCH T L, 1980. Internal solitons in the Andaman Sea[J]. Science, 208(4443): 451−460.

PIERINI S, 1986. Solitons in a channel emerging from a three-dimensional initial wave[J]. Nuovo Cimento C, 9(6): 1045−1061.

PORTER D L, THOMPSON D R, 1999. Continental Shelf Parameters Inferred from SAR Internal Wave Observations[J]. Journal of Atmospheric & Oceanic Technology, 16(4): 475−487.

VLASENKO V I, 1994. Multimodal soliton of internal waves[J]. Atmospheric and Oceanic Physics, 30(2): 161−169.

WU Z, 2009. Ensemble empirical mode decomposition: a noise assisted data analysis method[J]. Adv Adapt Data Anal, 1: 1−41.

XU X G, et al., 2014. Internal wave parameter inversion based on Empirical Mode Decomposition[J]. The Journal of China Universities of Posts and Telecommunications, 21(6): 87−93.

ZHENG Q, et al., 2001. Theoretical expression for an ocean internal soliton synthetic aperture radar image and determination of the soliton characteristic half width[J]. Journal of Geophysical Research: Oceans, 106(C12): 31415−31423.

ZHAO Z, et al., 2004. Estimating parameters of a two-layer stratified ocean from polarity conversion of internal solitary waves observed in satellite SAR images[J]. Remote Sensing of Environment, 92(2): 276−287.

第5章
海底地形反演技术

浅海水深是海洋环境的重要要素。浅海水深的测量对浅海石油勘测与开采、海底输油管道与通信电缆的埋设、海上交通运输与海洋渔业、海水养殖、近海经济和海洋救护等具有十分重要的意义,同时也是军事海洋环境研究的一项重要内容。

传统的浅海水深测量主要依靠以船只为平台的现场测量,采用声呐技术进行(梁开龙,1995)。随着现代技术的发展,浅海多波束扫描仪广泛应用于浅海水深的测量中(刘忠臣等,2005)。这种现场测量方法主要以点、线、面等测量方式获得数据,精度虽高,但测量范围小、周期长、成本高,且对船只无法到达或有争议的海域无法进行测量,因而大大制约了广大浅海海域的水深测量。

人们一直在寻找一种既快速又经济的浅海水深测绘方法。随着遥感技术的发展,提出了浅海水深遥感测量的新方法。自20世纪70年代,国内外从海水的可见光遥感反射率(张骞,1988;Philopt,1989)、高光谱(可见光/近红外)的遥感辐亮度(施英妮等,2008)及激光测距(陈卫标等,2004)等多方面对水深遥感测量进行不断探索,并取得了一定的成果。然而,采用上述遥感技术方法进行浅海水深探测,只能在水色清澈的海域和白天进行,不能穿透云层等缺点限制了可见光水深遥感测量技术的发展(林敏基,1991;Hennings et al., 1998)。

随着卫星遥感技术的进一步发展,合成孔径雷达的出现引起了世界海洋界的高度重视。SAR是利用雷达与探测目标之间的相对运动产生的多普勒(Doppler)效应,将尺寸较小的真实天线孔径用数据处理的方法合成一个较大的等效天线孔径的一种主动式微波成像雷达。其波长较长,对海表面的测量可以不受云层和天气因素的影响,主动发射微波,不受白天黑夜影响(刘永坦,1999;魏钟铨,2001)。这种全天候、全天时和高分辨率(数米至数十米)的海洋遥感观测优势是可见光、高光谱及其他微波遥感所无法比拟的。此外,SAR可在不同波段、不同极化方式、不同视向和俯角下得到目标的不同高分辨率雷达图像,提供了丰富的目标信息。

SAR主要通过与工作波长接近的海表面微尺度波共振来测量海面后向散射信号的幅值和时间相位信息,产生表征海面后向散射强度的高分辨率遥感图像(Valenzuela,

1978；Wright et al.，1984）。它不依赖于海底的反射信号，即使在海水浑浊时也能对海面成像。另外，凡是能够影响到海表面微尺度波动分布的海洋、大气过程均被 SAR 遥感成像。浅海水深作用下的海表层流场改变海表面微尺度波的空间分布，所以记录瞬时海表面微尺度波动分布的 SAR 遥感图像包含浅海水深信息（De Loor，1981；Fu et al.，1982；董庆等，1997；Zhou et al.，1999；陈鹏等，2017）。1969 年，De Loor 最早发现真实孔径雷达（real aperture radar，RAR）遥感图像中有浅海水深信息。其后，美国、欧空局、加拿大、德国空间局和意大利等国家和地区发射 Seasat-A、ERS-1/2、Radarsat-1、Envisat、TerraSAR-X、Radarsat-2 和 COSMO-SkyMed-1 卫星的 SAR 遥感图像均显示了较丰富的浅海水深信息。基于 SAR 浅海水深遥感图像，为了解 SAR 浅海水深遥感成像机理和开发 SAR 浅海水深遥感探测技术，国内外科学家相继进行了一系列的现场实验和理论研究，取得了巨大的进步。目前，SAR 已成为浅海水深遥感探测的重要手段（郭华东，2000；Calkoen et al.，2001；Huang et al.，2004；Jackson et al.，2004；张杰，2004；Fan et al.，2007）。

利用 SAR 遥感图像探测浅海水深，具有覆盖面广、费用低、周期短及便于进行动态监测等优势，特别适合对面积大、精度要求不高、生态变化敏感的浅海海域进行地形探测。从 SAR 浅海水深遥感图像中提取的第一手浅海水深信息，既可用于构建浅海水深草图，为常规水深测量提供最优的测量方案；也可用于浅海水深的测量，支持国家和地方政府部门进行管理、监测和保护广大沿岸浅海区域。

5.1 SAR 浅海水深遥感成像机理

SAR 浅海水深遥感成像的前提是较强潮流的存在和风致海表面微尺度波的产生（Jackson et al.，2004）。国内外研究结果表明：在 3 ~ 9 m/s 的中等风速和流速大于 0.5 m/s 的强潮流条件下，雷达可以探测到浅海水深（Alpers et al.，1984；黄韦艮等，2000；Jackson et al.，2004；范开国，2009）。SAR 电磁波穿透海水的深度仅为厘米级，不能直接穿透海水探测浅海水深，因而 SAR 浅海水深遥感成像机理引起科学家们极大的兴趣。

早期的雷达浅海水深遥感图像被认为是成像的干扰或模糊的油渍，也有人认为是涌浪所致。但随即发现此类现象的位置固定，并且只在流速较大时出现，因而推断为浅海水深（De Loor，1981；Valenzuela et al.，1983）。直到 1978 年，Seasat 收集到大量的 SAR 浅海水深遥感图像，证实了浅海水深在适当的条件下可成像于雷达（RAR 和 SAR）遥感图像（Fu et al.，1982；Alpers et al.，1984）。

Alpers 和 Hennings 最早给出的 AH 成像理论模型，认为由于浅海水深间接改变了海表面风致微尺度波的空间分布，而海表层变化的流场会引起辐聚、辐散现象。在辐聚区海表面粗糙度变大，Bragg 波振幅增加，在辐散区海表粗糙度降低，Bragg 振幅减少，对应于雷达遥感图像上辐聚区亮度增强，而辐散区亮度减少。这就是表层流场对海表面微尺度波的水动力调制过程，也是 SAR 之所以能探测到浅海水深信息的原因（Alpers et al., 1984；Alpers, 1985）。国内外研究结果表明，SAR 浅海水深遥感成像机理主要由以下 3 个物理过程组成（Hughes, 1978；Alpers et al., 1984；Shuchman et al., 1985；Valenzuela et al., 1985；Holliday, 1986；Van Gastel et al., 1987；Hennings, 1990；Cooper et al., 1994；Vogelzang et al., 1989，1992，1997；范开国，2009；王小珍，2014；傅斌等，2015）。

（1）潮流与浅海水深的相互作用改变海表层流场；

（2）变化的海表面流场与风致海表面微尺度波相互作用，改变海表面微尺度波的分布，即水动力调制过程；

（3）雷达波与海表面微尺度波相互作用，该过程决定雷达海面后向散射强度。

图 5-1 描述了 SAR 浅海水深遥感成像机理的三个物理过程。

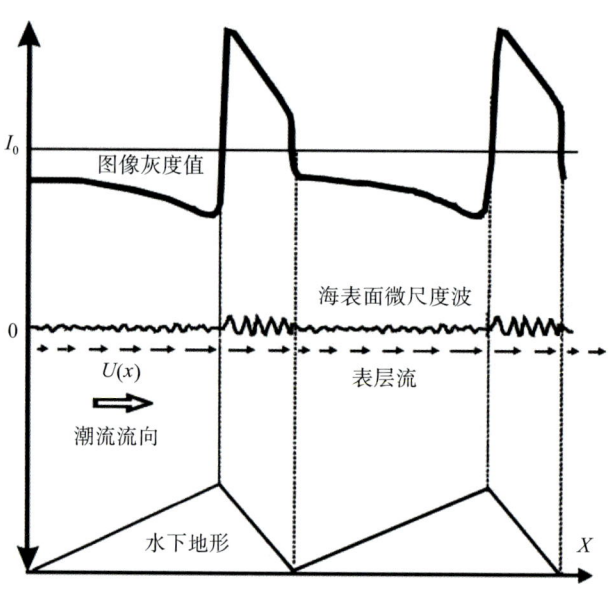

图 5-1　SAR 浅海水深遥感成像机理的物理模型

（范开国，2009）

SAR 在通过合成孔径技术提高方位向分辨率的同时，还根据散射单元回波信号的相对频率获取散射单元的位置信息（郭华东，2000）。变化的海表层流场使基于观测静止散射单元的零多普勒位置发生位移，从而影响 SAR 浅海水深遥感图像，即速度聚束效应。研究结果表明，速度聚束效应对 SAR 浅海水深遥感成像的影响远小于水动力调制效应，可以忽略（Alpers et al., 1984；Greidanus, 1997；Hennings, 1998）。

5.2　SAR 浅海水深遥感图像特征

SAR 浅海水深遥感图像所表现的雷达海面后向散射强度的变化与浅海水深有着密切的关系，一般对应着不超过 50 m 的浅海水深（傅斌等，2001；傅斌等，2015；范开国等，2009），有时在具有较大地形坡度变化的深水区也可探测到水下地形（傅斌，2003）。因此，利用雷达海面后向散射强度与地形变化的关系，结合 SAR 遥感图像特征，可定量获取浅海水深信息（Fan et al., 2007）。浅海水深在 SAR 遥感图像上呈现明—暗相间的条纹状，其形态与水下地形的形态基本一致。一般地，浅海水深的顶部在 SAR 遥感图像上出现暗—亮的突变，且浅海水深的成像面积一般较大，不同于其他海洋现象的 SAR 遥感图像特征。

5.2.1　我国台湾浅滩 SAR 浅海水深遥感图像特征分析

我国台湾浅滩位于 22.5°—23.5°N，117.5°—119°E，东西长 190 ~ 210 km，南北宽 80 km，总面积约 1.5×10^4 km^2，其中浅水区（水深小于 15 m）约 4 000 km^2。我国台湾浅滩为 30 ~ 40 m 等深线所圈闭，东北方向与澎湖列岛相连，西北方向经深 45 m 的浅槽与东山岛南澳岛相望，南部紧邻水深由 60 m 剧降到 1 000 m 的大陆架前缘斜坡和上路坡。

图 5-2 给出了 2002 年 8 月 11 日 10:35（UTC）的 ERS-2 SAR 浅海水深遥感图像与 2006 年 8 月下旬在该浅海域连续走航实测水深数据的对应关系。其中，三个顶点坐标分别为：A（23.044 649°N，118.664 196°E）、B（23.013 746°N，118.624 771°E）、C（23.015 727°N，118.666 888°E），按照 C → B → A 的顺时针顺序连续走航重复观测，此外，三角形（ACB）周长为 12.9 km，剖面 AC 垂直于水下沙丘地形特征变化方向，剖面 CB 平行于水下沙丘特征变化方向。由图可知，我国台湾浅海水下沙丘地形在 SAR 遥感图像上呈现亮 - 暗相间的条纹状特征。AC 剖面的情况表明，水下沙丘地形 SAR 遥感图像与水下地形的形态特征基本一致，并且沿着流向方向，浅海水深的顶部（水深最浅处）在 SAR 遥感图像的出现暗 - 亮的特征变化。此外 SAR 浅海水深遥感图像的变化趋势，与浅海水深的变化基本趋势保持一致，且具有较大的成像面积。

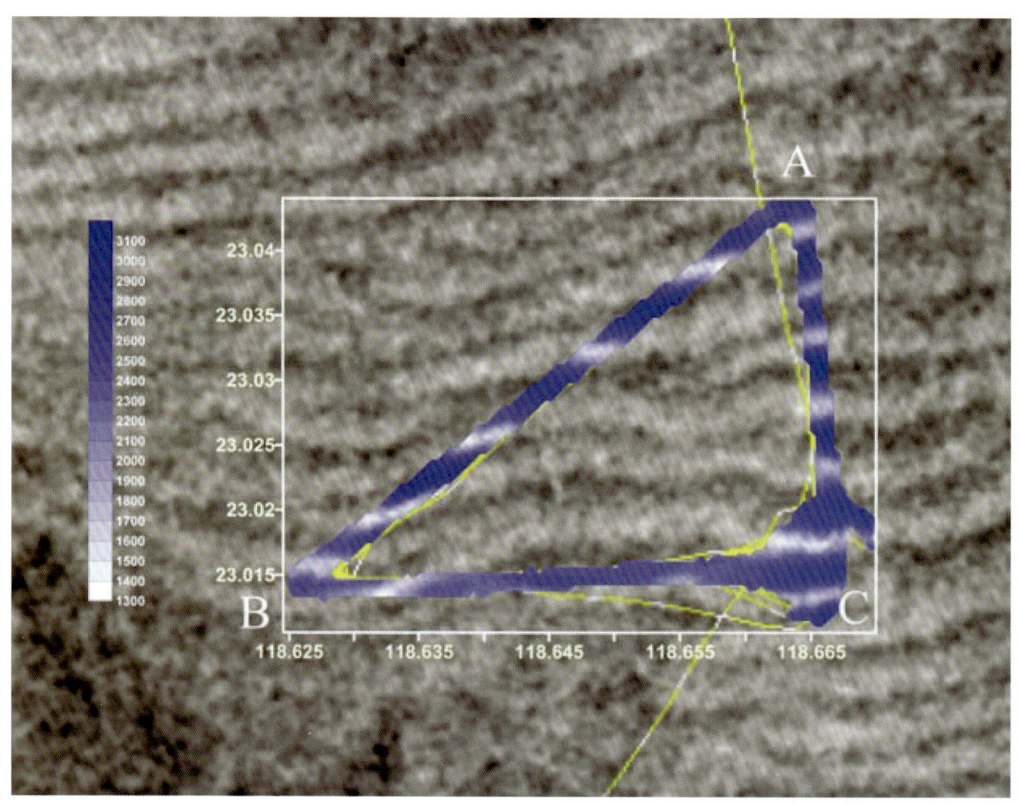

图 5-2　2002 年 8 月 11 日 10:35（UTC）的 ERS-2 SAR 浅海水深遥感图像与该海域 2006 年 8 月下旬连续走航实测水深对应关系

其中三角黄线为连续走航路线示意图，A、B、C 为三角形站位的三个顶点（范开国等，2009）

5.2.2　辽东浅滩 SAR 浅海水深遥感图像特征分析

辽东浅滩位于辽东湾碗口以南、老铁山水道以北的渤海东部海域，东临辽东半岛，是我国陆架结构典型潮流沙脊所在区之一，其沙脊之间的距离约为 10 km，每个沙脊的长度约为 20 km。

图 5-3 中（a）和（b）分别给出渤海东部水深图和 2007 年 1 月 3 日 13:44 UTC 分成像的 Envisat-ASAR 遥感图像（Li et al., 2009）。图 5-3（a）中的 1～6 代表辽东浅滩的 6 个水下沙脊，图 5-3（b）中部的手指状线性特征分别用 S2 至 S6 表示。图 5-3（a）和（b）综合比较，海图中沙脊 2～5 的位置与 SAR 遥感图像中手指状线性特征 S2 至 S5 的位置基本一致，并且形状和方向与 SAR 图像中的特征十分一致，可以认为 SAR 遥感图像上的这些手指状的准线性特征代表水下沙脊。由于 S1 较小，未能在 SAR 图像上显示。

第 5 章 海底地形反演技术

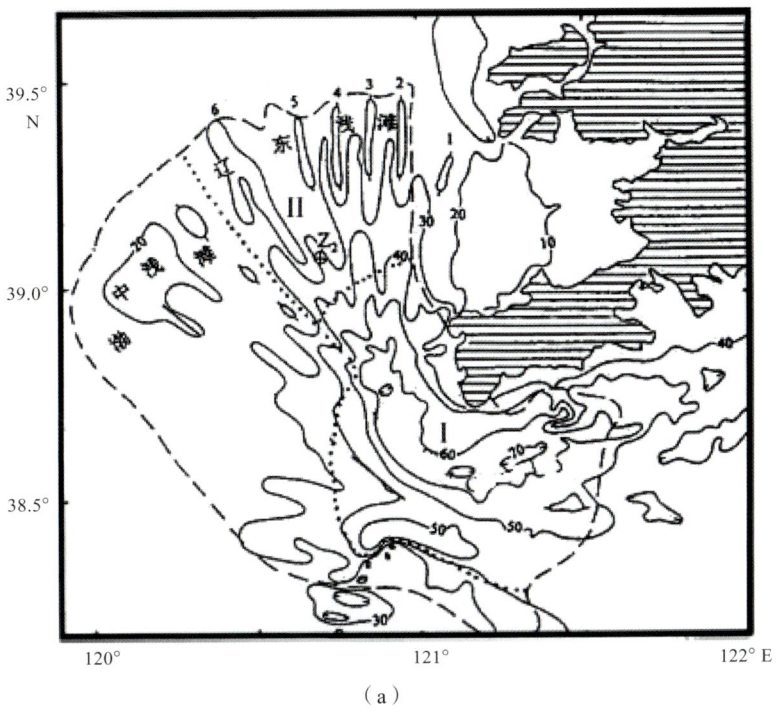

(a)

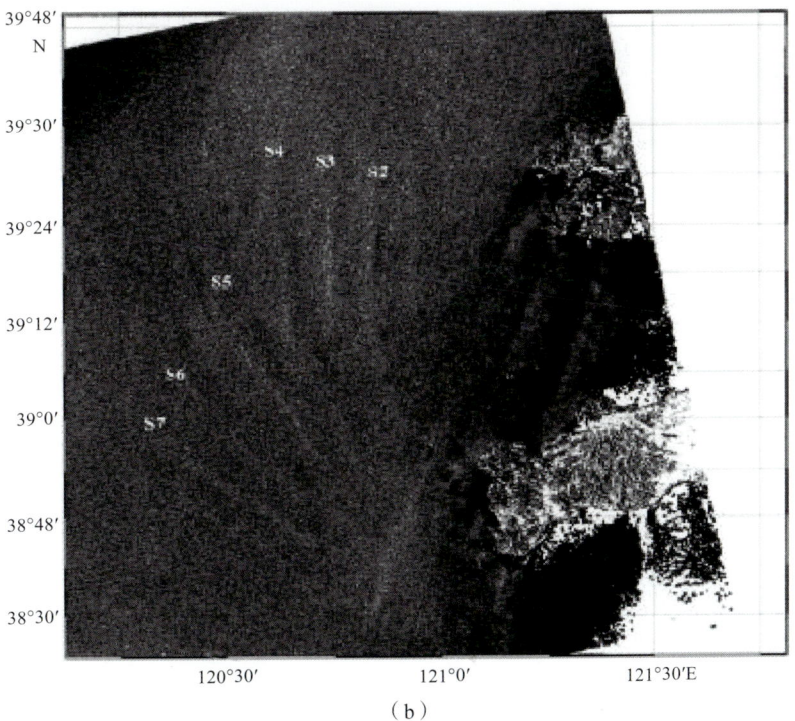

(b)

图 5-3 渤海东部水深和遥感图像

(a) 渤海东部水深图，水深等值线单位为 m，1~6 代表辽东浅滩的 6 个水下沙脊；

(b) 2007 年 1 月 3 日 13:45（UTC）成像的 Envisat ASAR 遥感图像

5.3 SAR 浅海水深遥感探测技术

SAR 浅海水深遥感探测起源于 1986 年（Harris et al., 1986）。目前较具有规模和影响的是荷兰科学家从 1993 年开始建立的"水深估测系统"（Bathymetry Assessment System，BAS），包括一个成像仿真模型和一个数据迭代同化模型。该系统将 SAR 浅海水深遥感成像机理和成像理论应用于 SAR 浅海水深的探测，其成像仿真模型由两个互为补充的一维流模式组成（即平行于浅海水深特征变化方向的沙丘模型 $Uh = C_1$ 和垂直于浅海水深特征变化方向的槽道模型 $U = C_2\sqrt{h}$）。考虑到 SAR 遥感图像所具有的斑点噪声接近甚至大于浅海水深信号，直接反演可能会因斑点噪声的存在影响浅海水深反演的精度，因此 BAS 采用迭代计算的方式反演水深。该系统使得大部分浅海海区，甚至是较复杂的二维浅海海域都能得到较为准确的浅海水深结果，在实验海区达到 30cm 的误差（Calkoen et al., 2001；ARGOSS，2000；Valk，2008）。但该系统需要大量的常规水深数据，且迭代反演过程非常复杂。

随着顺轨干涉合成孔径雷达（along track interferometric synthetic aperture radar，ATI/SAR）的发展，加拿大遥感中心 1994 年在芬迪湾进行了机载 ATI/SAR 浅海水深遥感研究（Camlbell et al., 1997），随后德国 Hamburg 大学和 GmbH 航空雷达遥感研究公司联合开展的 EUROPAK-B 项目也专门对机载 ATI/SAR 浅海水深遥感探测等进行了研究（Romeiser et al., 2002b）。其中包含以德国科学家 Romeiser 等为代表的科学家对浅海水深影响下海表流场的 ATI/SAR 遥感成像机理进行数值模拟研究（Romeiser et al., 2000），并分别利用 SRTM 干涉数据与德国北海实验的机载 ATI/SAR 数据，探讨分析 ATI/SAR 探测浅海水深的可行性（Romeiser et al., 2010）。

在国内，傅斌（2005）通过对 SAR 遥感图像的前期处理，建立了在准一维简化情况下，直接从 SAR 遥感图像出发，根据 SAR 浅海水深遥感成像仿真模型反演浅海水深的遥感探测模型。之后，利用 ERS-1 SAR 和 Radarsat SAR 遥感图像对我国山东蓬莱附近的浅海水深（黄韦艮等，1996）、江苏苏北浅滩和台湾浅滩的浅海水深进行探测研究。该遥感探测模型与代表国际水平的 BAS 相比，更少依赖于常规水深测量资料，但 SAR 遥感图像的斑点噪声可能会影响水深反演的准确性。

范开国等（2009a，2011）以目前较为流行的 SAR 浅海水深遥感探测模型为参考，借鉴荷兰的 SAR 水深估测系统技术的迭代反演优势，避免在水深迭代反演过程中引入浅水动力学方程，减少由于边界条件等不确定的水文因素而导致的水深反演误差，同时克服了傅斌等对成像仿真模型直接求解的反演技术中由于 SAR 斑点噪声所引入水深反演误差的缺陷，开发出基于海面微波散射成像的 SAR 浅海水深遥感探测技术。

在台湾浅滩海域的 SAR 实例探测结果表明，SAR 遥感图像反演浅海水深的水深误差均小于 10%。但是，存在平均浅海水深深度较浅的情况时，均方根误差较小，而当平均浅海水深深度较深时，均方根误差较大的情况。

袁业立（1994，1997）直接从波数谱平衡方程出发得到海表面波高频谱形式的解析式，描述了海面风、主海波运动和较大尺度海水运动对海表面微尺度波的调制，并结合 Bragg 共振散射模型，得到雷达海面后向散射强度与较大尺度海水运动的解析表达式。金梅兵等（1997b）在此基础上，结合浅海动力学方程组成 SAR 浅海水深反演方程组，求解得到 SAR 遥感图像覆盖海域的浅海水深。之后利用该方法探测了塘沽海区（夏长水等，2003）、台湾浅滩、双子岛等海域（张杰，2004；Yang et al., 2007）浅海水深。但该反演方程组求解的收敛结果可能不唯一，且水深反演精度对初始水深条件的依赖性较强。

5.4 总结与展望

全天时、全天候、高分辨率的星载 SAR 已成为卫星海洋遥感观测的重要技术手段之一。SAR 通过与工作波长接近的海表面微尺度波共振成像，凡是能够影响海表面微尺度波动分布的海洋、大气过程均在 SAR 遥感图像成像，而浅海水深作用下的海表层流场改变海表面微尺度波的空间分布，所以记录瞬时海表面微尺度波动分布的 SAR 遥感图像包含有浅海水深信息。

自 20 世纪 60 年代末从实验研究中获知微波具有探测浅海水深信息的能力以来，科学家从未停止对 SAR 浅海水深遥感成像机理与遥感探测技术的研究探索。从最初的 SAR 浅海水深遥感图像水下地形信息的目视解译分析，SAR 浅海水深遥感探测的研究逐渐从定性转向半定量、定量分析，遥感成像机理的研究也逐渐深入，取得了可喜的成果。

利用 SAR 图像，可以获取船只无法进入的浅海区域的第一手水深信息，纠正已有海图的错误信息。同时能实现对水下地形变化频繁或需经常探测的水文区域进行动态监测。即减少了常规浅海水下地形的探测经费，也为常规探测提供最优方案。目前，SAR 遥感图像已经成为研究浅海水深遥感探测的重要数据源，SAR 浅海水深遥感探测技术也已成为浅海水深探测的重要技术手段之一。

尽管目前已经对 SAR 浅海水深遥感有了一定的研究，但对于以下几个问题并没有比较清楚的认识和定量的解决。

（1）在适当的条件下，SAR 能探测到浅海水深特征。对特定雷达系统而言，雷达图像的后向散射截面强度与浅海水深变化的相关性依赖于风、潮流和浅海水深的相互作用，目前这种相关性还没有系统的解决。

（2）SAR 在大尺度背景地形特征的浅海水深图像具有亮-暗相间的条纹特征。而与大坡度水下地形相关的水动力调制是由复杂的二维甚至三维浅海水深影响到海表层流速梯度造成的，这种梯度流场与空间和时间相关，并通过调制海表面微尺度波高谱使得雷达后向散射截面和浅海水深信息联系起来。而已提出的成像理论大都基于准一维情况下，由于众多参数的经验表达式及其待定参数，使得它们只能针对某些 SAR 遥感图像特征来定性地解释观测到现象的一些侧面。其成像仿真模型也只能在浅海水深方向均匀的情况下有效，无法适用于地形方向变化的海域。因此，单纯的准一维成像模型只能用于大尺度背景地形特征、方向性好的浅海水深。而对于浅海水深同时存在的纵向、横向等地形特征的情况，SAR 浅海水深遥感成像机理尚不能完全解释。因此，需对浅海水深 SAR 遥感图像的各种特征分析研究，建立二维甚至三维成像仿真模型来解释 SAR 浅海水深成像机理，同时更细致地研究水下地形对海表流场的调制过程，进一步探清其主要驱动因素和传递过程。

（3）风是 SAR 浅海水深成像过程中不可忽略的环境要素。风速具有强剪切力，海面风仅有平均风的 3%～4%，但对于 7 m/s 的平均风速而言，风应力会在海表层产生相对于海表层流不能忽略但与浅海水深无关的风生流。虽然大气的不稳定性也会影响海表层流速，但其尺度一般较大，其影响可以忽略。由此可知，海表层流速的变化不仅仅与浅海水深相关，也受到风应力的作用。因此，需建立包含浅海水深因素、风应力对海表层流速的影响，且考虑流场内部剪切力对海表层流速影响的模型。此外，还需建立能准确描述二维海表层流场与海表面微尺度波高谱相互作用的二维波-流相互作用模型。

（4）弱相互作用理论是 SAR 浅海水深成像理论和地形探测中最薄弱的环节，虽然可以仿真 SAR 浅海水深成像，并应用于地形探测中，但仍存在两个主要的问题。一方面，波-流相互作用在高频信号，其成像理论模型计算结果偏低，尽管发展了许多其他散射模型，但对高频信号仍估计不足，可能由于存在的参数化方式产生较大的松弛率。另一方面，目前几乎所有的成像理论模型在探测 SAR 浅海水深时，当雷达视向与流速梯度方向垂直，即 Bragg 波向垂直于流速梯度方向，忽略了动力调制，认为 SAR 无法探测到浅海水深信息。但这与实验事实不符。因此改进已有成像理论模型在这两方面的不足对 SAR 浅海水深探测研究极为关键。

（5）虽然局地源函数的弛豫时间近似简化了作用量谱平衡方程，并且源函数的源、汇使得作用量谱围绕平衡态发生扰动，但在源函数近似过程中还应考虑到由于风输入、

第 5 章　海底地形反演技术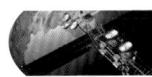

波-波非线性作用和波破碎（波堵）等非局地原因所带来的作用量谱的变化，来改善局地源函数近似不足的问题。另一方面，通过更多的现场实验数据，给出更切合浅海海域微尺度波高谱和松弛率的数学描述。

综上所述，SAR 浅海水深遥感探测的国内外研究工作大都基于准一维的反演模型，其操作性较差，并且应用一维情况获取二维的水深图较困难。因此需要建立二维的反演模型，并通过数据同化技术减少斑点噪声可能引入的水深反演误差，同时在反演过程中，尽量减少现场数据的同时提高水深反演的精度。

高质量的浅海水下地形 SAR 图像要细心挑选，而多波段、多极化或全极化、ATI/SAR 遥感图像将是进行浅海水深 SAR 遥感探测的趋势。

参考文献

陈鹏，等，2017. 星载合成孔径雷达大气遥感与图像解译 [M]. 北京：海洋出版社.

陈卫标，等，2004. 机载激光水深测量精度分析 [J]. 中国激光，31(1): 102-104.

董庆，唐军武，冯林新，1997. 水下地形在雷达图像上的可视模型及数值模拟 [J]. 海洋通报，16(1): 29-34.

范开国，等，2011. 台湾浅滩浅海水深 SAR 遥感探测实例研究 [J]. 地球物理学报，55(1): 310-316.

范开国，等，2008a. 风速风向对 SAR 浅海水下地形成像影响的仿真研究 [J]. 遥感学报，12(5): 743-749.

范开国，等，2008b. SAR 浅海水下地形遥感研究进展 [J]. 遥感技术与应用，23(4): 479-485.

范开国，2009a. 基于海面微波散射成像仿真 M4S 软件的 SAR 浅海地形遥感探测 [D]. 青岛：中国海洋大学.

范开国，等，2009b. 浅海水下地形 SAR 遥感仿真研究 [J]. 海洋学研究，27(2): 79-83.

范开国，等，2009c. SAR 浅海水下地形遥感探测技术综述 [J]. 地球物理学进展，24(2): 714-720.

傅斌，2005. SAR 浅海水下地形探测 [D]. 青岛：中国海洋大学.

傅斌，等，2001. 星载 SAR 浅海水下地形和水深测量遥感模拟仿真 [J]. 北京：海洋学报，23(1): 35-41.

傅斌，等，2015. 合成孔径雷达浅海水深遥感探测技术与应用 [M]. 北京：海洋出版社.

傅斌，黄韦艮，2003. 大坡度水下地形的 SAR 遥感模拟仿真 [J]. 国土资源遥感，1: 33-36.

郭华东，2000. 雷达对地观测理论与应用 [M]. 北京：科学出版社.

黄韦艮，等，1996. 蓬莱附近海区水下地形的星载合成孔径雷达遥感 [J]. 东海海洋，14(1): 52-57.

黄韦艮，等，2000. 星载 SAR 水下地形和水深遥感的最佳雷达系统参数模拟 [J]. 遥感学报，4(3): 172-177.

金梅兵，袁业立，1997a. SAR 影像对海底地形变化可视度的仿真模拟与分析 [J]. 海洋与湖沼，28(增刊): 21-26.

金梅兵，袁业立，1997b. 利用 SAR 影像探测海底地形的数学物理反问题的提法与解法 [J]. 海洋与湖沼，28（增刊）: 27-31.

梁开龙，1995. 水下地形测量 [M]. 北京：测绘出版社.

林敏基，1991. 海洋与海岸带遥感应用 [M]. 北京：海洋出版社.

刘永坦，1999. 雷达成像技术 [M]. 哈尔滨：哈尔滨工业大学出版社.

刘忠臣，等，2005. 中国近海及临近海域地形地貌 [M]. 北京：海洋出版社：24-33.

施英妮，等，2008. 基于神经网络方法的高光谱遥感浅海水深反演 [J]. 高技术通讯，18(1): 71-76.

王小珍，2014. 珠江口浅海地形变化遥感探测研究 [D]. 杭州：国家海洋局第二海洋研究所.

魏钟铨，2001. 合成孔径雷达卫星 [M]. 北京：科学出版社.

夏长水，袁业立，2003. 塘沽海区海底地形的 SAR 影像仿真与反演研究 [J]. 海洋科学进展，

21(4): 437-445.

袁业立, 1994. 论骑行波 -1. 波动不稳定性和频率调制 [J]. 中国科学 (B), 24(3): 317-324.

袁业立, 1997. 海波高频谱形式及 SAR 影像分析基础 [J]. 海洋与湖沼, 28: 1-5.

张骞, 1998. 水深遥感研究 [J]. 河海大学学报, 26(6): 68-72.

张杰, 2004. 合成孔径雷达海洋信息处理与应用 [M]. 北京: 科学出版社.

ALPERS W, 1985. Theory of radar imaging of internal waves[J]. Nature, 314: 245-247.

ALPERS W, HENNINGS I, 1984. A theory of the imaging mechanism of underwater bottom topography by real and synthetic aperture radar[J]. J. Geophys. Res, 89: 10529-10546.

ARGOSS, 2000. Towards the Operational Use of ERS SARfor bathymetry mapping in Belgium using the advanced Bathymetry Assessment System: BABEL2[J]. Prepared for: ESA, ESRIN.

CALKOEN C J, HESSELMANS G H F M, WENSINK G J, 2001. The bathymetry assessment system: efficient depth mapping in shallow seas using radar images[J]. Int. J. Remote Sensing, 22: 2973-2998.

CAMLBELL J W M, et al., 1997. Ocean surface feature detection with the CCRS along-track InSAR[J]. Canadian J. of Remote Sensing, 28(1): 24-27.

COOPER A L, CHUBB S R, 1994. Radar surface signature for the two-dimensional tidal circulation over Phelps Bank, Nantucket shoals: A comparison between theory and experiment[J]. J. Geophys. Res, 99: 7865-7883.

DE LOOR G, 1981. The observation of tidal patterns, currents, and bathymetry with SLAR imagery of the sea[J]. IEEE Journal of Ocean Engineering, 6(4): 124-129.

FAN K G, et al., 2007. A review about SARtechnique for shallow water bathymetry surveys[J]. China Ocean Engineering, 21(4): 723-731.

FU L, HOLT B, 1982. Seasat views oceans and sea ice with synthetic aperture radar[J]. JPL publications: 81-120.

GREIDANUS H, 1997. The use of radar for bathymetry in shallow seas[J]. Journal of Hydrographic Society, 83: 13-18.

GREIDANUS H, et al., 1997.Intercomparison and validation of bathymetry radar imaging models[C]. IEEE International Geoscience & Remote Sensing Symposium: 1326-1329.

HARRIS P T, ASHLEY G M, COLLINS M B, 1986. Topograpphic features of the Bristol Channel sea-bed: A comparison of SEASAT (SAR) and side-scan sonar images[J]. Int. J. Remote Sensing, 7: 119-136.

HENNINGS I, 1990. Radar imaging of submarine sand waves in tidal channels[J]. J. Geophys. Res., 95: 9713-9721.

HENNINGS I, 1998. A historical overview of radar imaging mechanism of sea bottom topography[J]. International Journal of Remote Sensing, 19(7): 1 447-1 454.

HOLLIDAY D G, ST-CYR, WODDS N E, 1986. A radar ocean imaging model for small to moderate incidence angles[J]. Int. J. Remote Sensing, 7: 1809−1834.

HUANG W G, FU B, 2004. A spaceborne SARtechnique for shallow water bathymetry surveys[J]. J. Coastal Research, 43: 223−228.

HUGHES B A, 1978. The effect of internal waves on surface wind waves: 2. Theoretical analysis[J]. J. Geophys. Res., 102: 1163−1181.

JACKSON C R, APEL J R, 2004. Synthetic aperture radar marine user's manual[Z]. Natl. Environ. Satell. Data, and Inf. Serv., Nalt. Oceanic and atmos. admin.

LI X, et al., 2009. Sea surface manifestation of along-tidal-channel underwater ridges imaged by SAR[J]. IEEE Transactions on Geoscience and Remote Sensing, 47(8): 2467−2477, doi: 10.1109/TGRS.2009.2014154.

PHILOPT W D, 1989. Bathymetric mapping with passive multispectral imagery[J]. Applied Optics, 28(8): 1569−1578.

ROMEISER R, et al., 2002a. Demonstration of current measurements from space by along-track SARinterferometry with SRTM data[C]. IEEE International, 1: 158−160.

ROMEISER R, Hirsch O, Gade M, 2002b. Remote sensing of surface currents and bathymetric features in the German Bight by along-track SARinterferometry. Proceedings. IGARSS, 3: 1081−1083.

ROMEISER R, SUCHANDT S, Runge H et al., 2010. First Analysis of TerraSAR-X Along-Track InSAR-Derived Current Fields. Geoscience and Remote Sensing. IEEE Transactions, 48(2): 820−829.

ROMEISER R, THOMPSON D R, 2000. Numerical study on the along-track interferometric radar imaging mechanism of oceanic surface currents[J]. IEEE Trans. on Geosci. and Remote Sensing, 38: 446−458.

SHUCHMAN R A, LYZINGA D R, MEADOWS G A, 1985. SARimaging of ocean-bottom topography via tidal-current interactions: Theory and observations[J]. Int. J. Remote Sensing, 6: 1197−1200.

VALENZUELA G R, 1978. Theories for the interaction of electromagnetic and ocean waves - a review[J]. Boundary Layer Meteorology, 13: 61−85.

VALENZUELA G R, et al., 1983. Shallow water bottom topography from radar imagery[J]. Nature, 303(23): 687−689.

VALENZUELA G R, PLANT W J, SCHULER D L, 1985. Microwave probing of shallow water bottom topography in the Nantuchet Shoals[J]. Journal of Geophysical Research, 90: 4 931−4 942.

VALK C E, 2008. Comparison of data and model predictions of current, wave and radar cross-section modulation by seabed sand waves. SeaSAR2008.

VAN GASTEL K, 1987. Imaging by X band radar of subsurface features: A nonlinear phenomenon[J].

J. Geophys. Res, 92(C11): 11857−11866.

VOGELZANG J, 1989. The mapping of bottom topography with imaging radar - a comparison of the hydrodynamic modulation in some exiting models[J]. Int. J. Remote Sensing, 10: 1503−1518.

VOGELZANG J, et al., 1992b. Sea Bottom Topography with Polarimetric P-, L- and C-Band SAR[C]. BCRS Rep, Netherlands Remote Sensing Board, Delft, The Netherlands, 91−40.

VOGELZANG J, et al., 1997. Mapping submarine sand waves with multiband imaging radar- Experimental results and model comparison[J]. J. Geophys. Res, 102(C1): 1183−1192.

VOGELZANG J, WENSINK G J, DE LOOR G P, 1992a. Sea bottom topography with X-band SLAR: the relation between radar imagery and bathymetryP[J]. International Journal of Remote Sensing, 13: 1 943−1 958.

WRIGHT L D, SHORT A D, 1984. Morphodynamic variability of surf zones and beaches: a synthesis[J]. Marine Geology, 56: 93−118.

YANG J G, ZHANG J, MENG J M, 2007. Underwater topography detection of Shuangzi Reefs with SARimages acquired in different time[J]. Acta Oceanologica Sinica, 26(1): 48−54.

ZHOU C B, et al., 1999. Satellite SARobservation of shallow water bottom topography of the east Austrlia Sea[J]. Acta Oceanologica Sinica, 18(2): 215−223.

第6章
海面溢油监测技术

近几年,随着海洋石油资源的不断勘探和开采,石油加工业和海上运输业的快速发展,海上油气田溢油、输油管道破裂、载油船舶的突发性溢油等重大事故也随之增多(李颖等,2017),这给海洋环境、海洋生态资源和海洋经济造成重大损害。此外,海面溢油监测可用于海上军事侦察以及寻找失事飞机或船只。如何有效监测海面溢油,及时为后续工作获取有用的海洋表面信息,是目前各国研究的热点。合成孔径雷达,作为一种先进的主动式的微波对地观测设备,能够克服雨天、雾天、夜晚的影响,具有较强的穿透能力,是海面溢油监测重要的技术手段之一(王栋,2014)。

SAR 海面溢油检测在实现溢油监测方面起到很大的作用。目前国内外溢油检测的主要技术手段很多,其中包括对溢油图像进行预处理去除图像上的异常值,针对溢油区域采用分割方法来分离海水和油膜,基于溢油区域进行特征提取与分类来确定油膜属性。然而,无论在滤波器的选择、分割算法的改进还是分类器的设计等方面,仍处于不断探索和发展的阶段(王栋,2014)。

许多专家学者对 SAR 溢油的探测机理进行了研究,Alpers 等(1989)和 Cini 等(2008)针对溢油对海表面粗糙程度抑制作用而引起海面的"Marangoni"效应的机理和作用进行深入探索。Pinel 等(2008)建立了溢油的海浪谱衰减模型,分析了海面溢油对短重力波等的抑制,为后续溢油探测机理研究提供了模型参考和理论基础(李颖等,2017)。

郑洪磊等(2015)将基于极化特征的单次反射特征值相对差异度(single bounce eigenvalue relative difference,SERD)应用到海面溢油检测中,利用不同图像的全极化 SAR 数据对比分析了 SERD 与极化散射熵的溢油检测效果。Li 等(2016)等展示了混合极化 SAR 的第二个斯托克斯(Stokes)参数如何使用经典的最大类间方差(Otsu)阈值方法来检测海洋表面的油。Konik 等(2016)采用面向对象的方法进行雷达图像分析,使用优化过滤器对图像进行预处理,增强了多级分层分割的能力,以便检测由于运输活动而发生的不同尺寸、形式和同质性的溢出。

陈伟民等（2018）通过J-M特征优选方法，提取出溢油检测识别度较高的特征影像，并利用遗传算法优化的小波神经网络（Genetic Algorithm-Wavelet Neural Network，GA-WNN）进行溢油检测。宋莎莎等（2018）针对海面油膜、生物油膜和低风区疑似溢油现象，研究L波段和C波段的共极化相位差、一致性系数、极化熵、各向异性和平均散射角等极化特征对海面油膜以及不同海面暗斑现象的检测能力。

6.1 SAR海面溢油监测基本原理

当海水表面有油膜覆盖时，会影响短波的分布，雷达接收的后向散射系数会因此受到一定的减弱，波长越短Bragg散射波受油膜的阻尼作用越强，因此采用波长较短的X波段和C波段效率较高。根据能量平衡方程得出海洋表面谱能量比公式为（梁小祎，2007）：

$$\frac{S_t}{S_w} = \frac{\beta_w - 2C_g \Delta_w + \alpha_w}{\beta_s - 2C_g \Delta_s + \alpha_s} \quad (6-1)$$

其中，下标w代表干净的海水；下标s代表有油膜的海水；S_t和S_w是海面光谱；β_w和β_s是能量输入率；Δ_w和Δ_s是黏滞阻系数；C_g是海水速度；α_w和α_s是能量转换率。

油膜的厚度会影响海水的表面张力。油膜越厚的地方，其表面张力衰减越强，后向散射系数越弱；反之海水表面张力衰减越弱，其后向散射系数越强。由此可以认为，雷达的后向散射系数会受到油膜厚度、风速等因素的影响（康利军等，2018）。

一般来说，海洋溢油区域在SAR影像上的成像机制是，覆盖在海面上的油膜对海面波产生阻尼作用，减少相应位置的海洋表面粗糙度，抑制海洋表面风产生的短重力毛细波，从而使雷达接收到的后向散射回波信号强度减弱，主要表现为在SAR影像上形成相对周边背景较暗的低散射区，在形状上主要以较暗或黑色的斑块状和条带形式出现，条带状油膜一般较细，受风或潮流等影响有时会出现轻微弯曲或者不连续的现象，但一般不会出现分支，在SAR影像上的油膜附近通常可以看到亮点。

对于入射角在20°~70°之间的雷达入射波，传感器接收的海面雷达后向散射以Bragg散射为主。由于表面油膜的厚度小于雷达在海水中的穿透深度，所以海表面是否存在油膜对Bragg系数没有影响。因此海洋表面波受到海表面油膜的衰减作用可以通过无油膜覆盖海面的雷达后向散射系数O^0_{sea}与油膜覆盖海面的雷达后向散射系

数 O_{oil}^0 的比值来衡量，表面油膜对雷达后向散射系数的衰减作用随 Bragg 系数、油黏性和油层厚度的增加而增强。在海况相同的条件下，不同质量的油膜对相同海面波的衰减作用也有所不同。轻质油油膜在 C 波段对海面波产生约 4 dB 的衰减作用，而重质油油膜产生约 10 dB 的衰减作用。因此，在相同海况、相同油种情况下，成因相同的表面油膜产生的雷达后向散射系数的特征变化可以反映海表面油膜的厚度变化，油膜越厚，对海面波的衰减作用越强。另外，SAR 对表面油膜的监测能力与海面风速密切相关。海洋表面只有在具有一定粗糙度的情况下，表面油膜对海洋表面波的抑制作用才能得以体现。风速过低时，海洋表面不能形成短重力毛细波，在雷达图像上呈现暗黑色，无法监测到表面油膜；风速过大时，一方面海洋表面短波获得足够能量使得表面油膜的抑制不起作用，另一方面海洋上层湍流作用使油膜破碎或下沉使得表面油膜无法监测。研究表明，3 ~ 6 m/s 的风速是 SAR 影像监测海表油膜比较理想的条件，其上限为 10 ~ 14 m/s。因此，在一般研究中需结合风场数据分析溢油的发生与扩散（姚骐等，2016）。

6.2　海面溢油监测的方法

6.2.1　人工神经网络算法

人工神经网络（srtificial neural network，ANN）是一种旨在模仿人脑结构及功能的信息处理系统，反映了人脑功能的若干基本特征。ANN 中包含大量能够处理简单信息功能的节点（神经元），每个节点可以向与之靠近的节点发出信号，这些信号或起激活作用或起抑制作用，通过节点间的相互作用，实现整个网络的信息处理，在解决复杂的或非线性问题时，具有独特的能力。在众多的神经网络结构中应用最普遍，且效果较好的是反向传播学习算法人工神经网络模型（BP 神经网络），其原理过程如下（姚骐等，2016）。

（1）随机给定隐层神经元和输入层神经元的初始权值；

（2）由给定样本输入 $X_i^{(p)}$，确定隐层实际输出 $a_j^{(p)}$，令隐层阈值 $\theta_j = W_{nj}$，$X_n = -1$。则有

$$a_j^{(p)} = f \sum_{i=1}^{p} W_{ij}(n) y_i(n) \tag{6-2}$$

计算输出层与隐层间的权值 V_{jr}，以输出层的第 r 个神经元为对象，由给定输出目标值 $t_r^{(p)}$ 作为等式结果建立方程，该方程可表示为

$$\begin{cases} a_0^{(1)} V_{1r} + a_1^{(1)} V_{2r} + \cdots + a_m^{(1)} V_{mr} = tr^{(1)} \\ a_0^{(2)} V_{1r} + a_1^{(2)} V_{2r} + \cdots + a_m^{(2)} V_{mr} = tr^{(2)} \\ a_0^{(p)} V_{1r} + a_1^{(p)} V_{2r} + \cdots + a_m^{(p)} V_{mr} = tr^{(p)} \end{cases} \quad (6-3)$$

（3）重复步骤（2）获得权矩阵。

人工神经网络算法的优点在于评估时间短，时效性强，避免人为因素的干扰；缺点是收敛速度慢，不能保证收敛到全局最小点，存在网络学习、记忆的不稳定性。

6.2.2 马尔柯夫链法

马尔柯夫过程（Markov processes）是一类随机过程：它是 t 时刻研究事物的状态转移，只与前一时刻 $t-1$ 的状态有关，而与过去 $t-2$，$t-3$，…时刻的状态无关，这种状态转移过程是无后效性的。马尔柯夫链就是时间和状态都离散的马尔柯夫过程，可通过构建马尔柯夫随机场 MRF（Markov random field）来实现。在实际应用中，马尔柯夫链算法适用于时间序列和空间序列。在一个马尔柯夫链中，系统从 t 时刻的一种状态 E_i，发展变化到 $t+1$ 时刻的另一种状态 E_j，这种状态变化的可能性称为状态转移概率，从状态 E_i 到状态 E_j 的转移概率 $P(E_i \to E_j)$ 等同于在状态 E_i 下 E_j 发生的概率，即条件概率 $P(E_i/E_j)$，表示为

$$P(E_i \to E_j) = P(E_i/E_j) = P_{ij} \quad (6-4)$$

则某一被研究对象的状态转移概率矩阵可表示为

$$P = \begin{bmatrix} P_{11}^{(m)} & P_{12}^{(m)} & \cdots & P_{1j}^{(m)} \\ P_{21}^{(m)} & P_{22}^{(m)} & \cdots & P_{2j}^{(m)} \\ \vdots & \vdots & \vdots & \vdots \\ P_{i1}^{(m)} & P_{i2}^{(m)} & \cdots & P_{ij}^{(m)} \end{bmatrix} \quad (6-5)$$

其中，$P_{ij}^{(m)}$ 表示从状态 E_i 经过 m 次转移最终转换为 E_j 的状态转移概率。

因此，若已知转移概率矩阵 P 和 E_i 初始状态，则可建立马尔柯夫链对溢油现象进行监测，进而获得溢油区域信息（姚骐等，2016）。

6.2.3 阈值分割方法

图像分割是为了把溢油和海水背景分割开来，使得提取到的溢油和海水背景参数的特征更加地清楚和完善。本节介绍两种适合检测溢油的阈值分割方法：最大类间方

差法和最大熵法。之后，提出一种将两种方法相结合的阈值分割法，在最大类间方差法和最大熵法的基础上，采用最大熵原理选择最佳阈值对 SAR 图像中的溢油进行分割（刘朋，2012）。

6.2.3.1 最大类间方差法

最大类间方差法是由日本学者大津于提出的（Otsu，1979）。其基本思想是对像素进行分类，通过分类使得类与类之间的方差达到最大，而本类内的像素的方差最小，进而来确定分割两类物质合适的阈值。假设一幅灰度级总数为 M 的原始图像，像素总数为 N，灰度级为 i 的像素点的个数为 n_i。则各灰度出现概率为：

$$P_i = \frac{n_i}{N} \qquad (6-6)$$

设分割阈值为 t，将图像按灰度值分为两类：一类是取值范围在 $0 \sim t$ 之间的 A 类；另一类是取值范围在 $(t+1)$ 至 $(M-1)$ 之间的 B 类。则 A、B 出现的概率分别为 $\omega_A = \sum_{i=0}^{t} P_i$、$\omega_B = \sum_{i=t+1}^{M-1} P_i$，它们的平均灰度为

$$\mu_A = \frac{1}{\omega_A} \sum_{i=0}^{t} i P_i \qquad (6-7)$$

$$\mu_B = \frac{1}{\omega_B} \sum_{i=t+1}^{M-1} P_i \qquad (6-8)$$

则全图平均灰度为

$$\mu = \sum_{i=0}^{M-1} i P_i = \omega_A \mu_A + \omega_B \mu_B \qquad (6-9)$$

此时类间方差为

$$\sigma_t^2 = \omega_A (\mu_A - \mu)^2 + \omega_B (\mu_B - \mu)^2 = \omega_A^* \omega_B^* (\mu_A - \mu_B) \qquad (6-10)$$

由此可推断，当灰度为 t 时类间方差值最大，以此为阈值进行分割可取得较为理想的结果（姚骐等，2016）。

6.2.3.2 基于图像灰度共生矩阵最大熵法

熵是克劳修斯于 1865 年提出并应用于热力学的态函数，之后被应用于统计物理学。随着信息熵概念的提出，熵的应用领域更加广泛和深入。1948 年，香农从全新的角度提出信息熵的概念：

$$H = \sum_{i=0}^{n} p_i \lg p_i \tag{6-11}$$

其中，p_i 是信息源中第 i 种信号出现的概率；$\lg p_i$ 是它带来的信息量；H 表征信息量的大小，是一个系统状态不确定的量度，即一个随机事件不确定程度的量度。

图像的信息熵反映了图像的总体概貌。如果 SAR 图像中有溢油，那么在溢油与周围海水背景可分割的交界处信息熵取得最大值。用 $F = [f(x, y)]_{N \times N}$ 表示一幅 $N \times N$ 大小，L 灰度级的数字图像，其定义方向为 θ，间隔为 d 的灰度共生矩阵为（这里只考虑 $\theta = 0°$，$d = 1$）

$$P(g_1, g_2) = \frac{\#\{[(x_1, y_1), (x_2, y_2)] \in S \mid f(x_1, y_1) = g_1 \ \& \ f(x_2, y_2) = g_2\}}{\#S} \tag{6-12}$$

其中，等号右边是具有某种空间关系、灰度值分别是 g_1 和 g_2 的像素对个数，分母 $\#S$ 为像素对的总个数（代表数量），这样得到的 P 是归一化的。此时，该图像的熵为

$$H = -\sum_{i=0}^{M-1} \sum_{j=0}^{M-1} P(i, j) \lg [P(i, j)] \tag{6-13}$$

因此，灰度共生矩阵利用最大熵法选取 SAR 图像最佳分割阈值的思路如下：假设 SAR 图像中待识别的油膜目标为 A，背景为 B。计算该图像的灰度共生矩阵 P，矩阵 P 大小为 256×256，则 A 和 B 的概率分别为：P_A，P_B；归一化后，计算出 A、B 的熵分别为：H_A，H_B；将油膜目标和背景的局部熵相加得到二阶局部熵为：$H_T = H_A + H_B$；遍历该图像的所有灰度级，当 H_T 为最大时，得到的灰度值 t 就是实现图像分割的最佳阈值（刘朋，2012）。

6.2.3.3 基于最大熵原理选取分割阈值的新方法

这里，介绍的方法是在最大类间方差法和最大熵图像分割法基础之上，运用最大熵原理来选择最佳灰度阈值对 SAR 图像进行溢油目标分割（刘朋，2012）。假设经过最大类间方差法得到分割灰度阈值为 t_1，则熵为 $H[\lg(t_1)] = -F(t_1) \lg F(t_1) - [1-F(t_1)] \lg[1-F(t_1)]$；另外，假设基于图像灰度共生矩阵最大熵法得到的分割灰度阈值为 t_2，则熵为 $H[\lg(t_2)] = -F(t_2) \lg F(t_2) - [1-F(t_2)] \lg[1-F(t_2)]$；为了使分割后的二值化图像兼顾最大类间方差和最大熵的效果，选择的阈值 t 应满足 $\min(t_1, t_2) \leq t \leq \max(t_1, t_2)$，由于 $F(t)$ 是 t 的增函数，因此可以得到：$\min[F(t), F(t)] \leq F(t) \leq \max[F(t), F(t)]$。根据最大熵原理，最佳阈值 $t^* = \arg\max H[F(t)]$。

以图 6-1 为例，图中 $0 \leq F(t_1) < F(t_2) \leq 0.5$，因此 $t^* = t_2$。即当 $F(t_1), F(t_2) \in [0, 0.5]$ 时，$t^* = \max(t_1, t_2)$。同理，$F(t_1), F(t_2) \in [0.5, 1]$ 时，$t^* = \min(t_1, t_2)$。

特别是当 $P(t_1) \in [0, 0.5]$，$P(t_2) \in [0.5, 1]$ 或者 $P(t_2) \in [0, 0.5]$，$P(t_1) \in [0.5, 1]$ 时，t^* 的取值应满足 $F(t^*) = 0.5$。

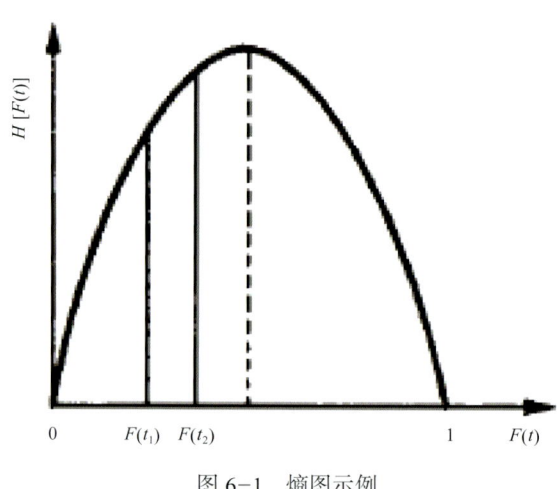

图 6-1　熵图示例

6.2.4　基于伽玛和对数正态组合的 MRF 海面溢油图像分割算法

本节提到的油膜与背景海水 MRF 分割算法，是用 SAR 图像进行海面溢油检测这个复杂系统中的一部分。该系统的主要目的是去掉海水部分，更好发现海面油膜。系统输入 SAR 图像数据时，需用户提供海水和油膜样本进行训练，才能进行正确分割（王栋，2014）。

6.2.4.1　预处理

从星载 SAR 获得的图像图幅一般较大，常用分开处理的方法，即将大图幅的图像先进行区域分割，再对其进行处理。

在预处理阶段，对输入的 SAR 图像进行两次采样。第一次是一个粗糙的采样，以缩短处理的时间和减少占用的计算机资源。第二次采样，会大大降低图像的分辨率和细节信息，产生较多细小噪声错误，但不影响像元的整体强度分布，如图 6-2 所示。通过 Frost 滤波可有效减少采样误差。对于原始的 SAR 溢油图像，除了时间和资源消耗外并没有多大的精度改进，因为样本没有对密度等级进行大量的修改，所以我们选择在采样之后只进行一次滤波。

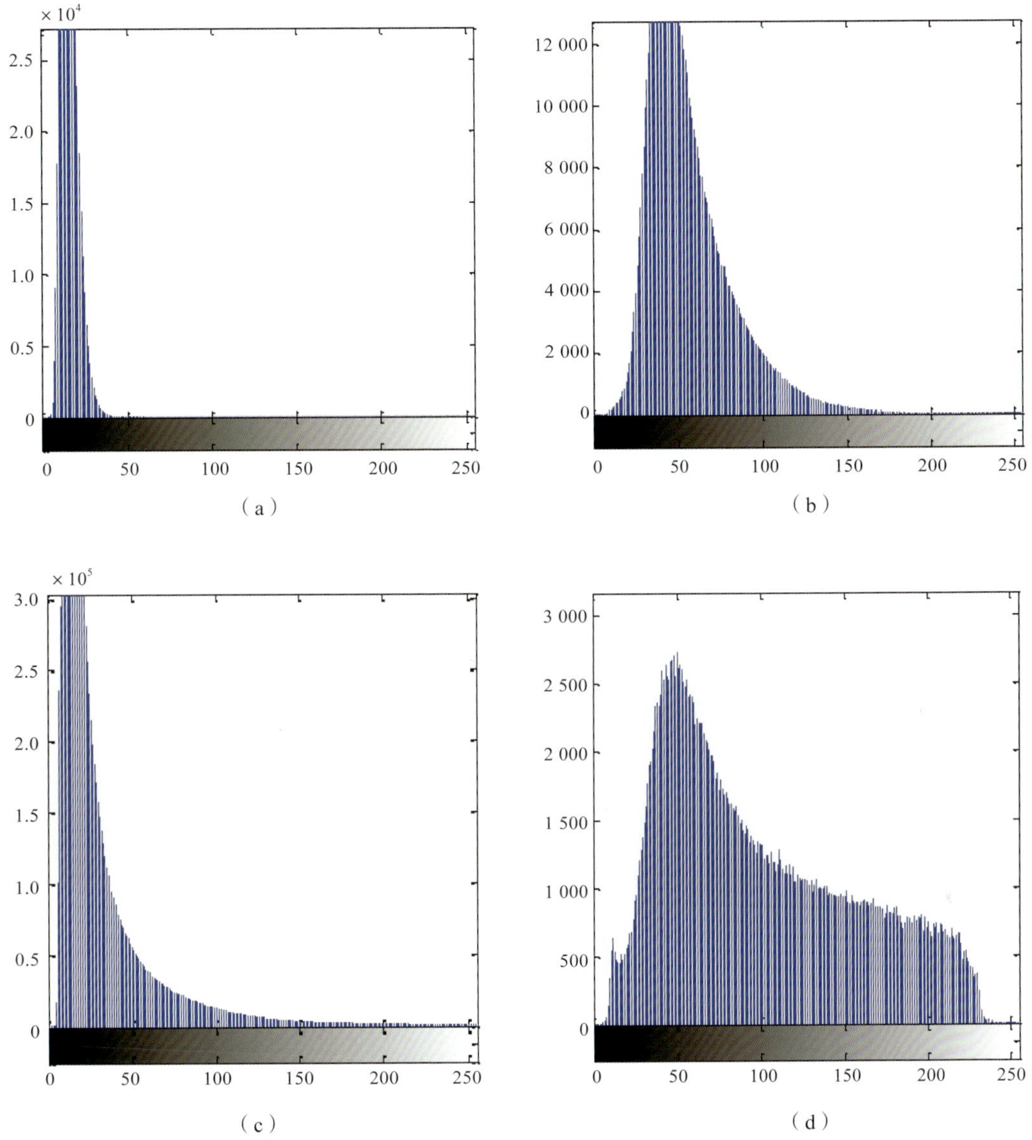

图 6-2 各样本噪声图

（a）油膜样本-1；（b）海水样本-1；（c）油膜样本-2；（d）海水样本-2

6.2.4.2 分布模型

$P(y|x)$ 代表给定标记 X 时观测图像 Y 的条件概率。一般在给定标记 X 的情况下，观测数据之间具有相互独立性。即 $P(y|x) = \prod_{i=1}^{N} P(y_i|x_i)$，其中，$P(y_s|x_s)$ 是点 s 处的条件概率，通过 SAR 图像的观测数据模型确定。图 6-3（a）包含两个区域的仿真图像，设区域 1 为目标，区域 2 为背景，图 6-3（b）是整个图像的直方图，图 6-3（c）和（d）是背景区域和目标区域的直方图。由拟合精度评价准则（李禹等，2008），结合图 6-3

不难看出，单独的伽玛（Gamma）分布模型是确定背景的最优模型，单独的对数正态（Log-Normal）分布模型是确定目标的最优模型。如图 6-3（c）和图 6-3（d）以及表 6-1 所示，针对整幅 SAR 图像，无论是单独的 Gamma 分布模型还是单独的 Log-Normal 分布模型，都只能实现对背景（目标）的最优确定，而基于它们的组合建模，能够实现对目标和背景的同时准确确定。

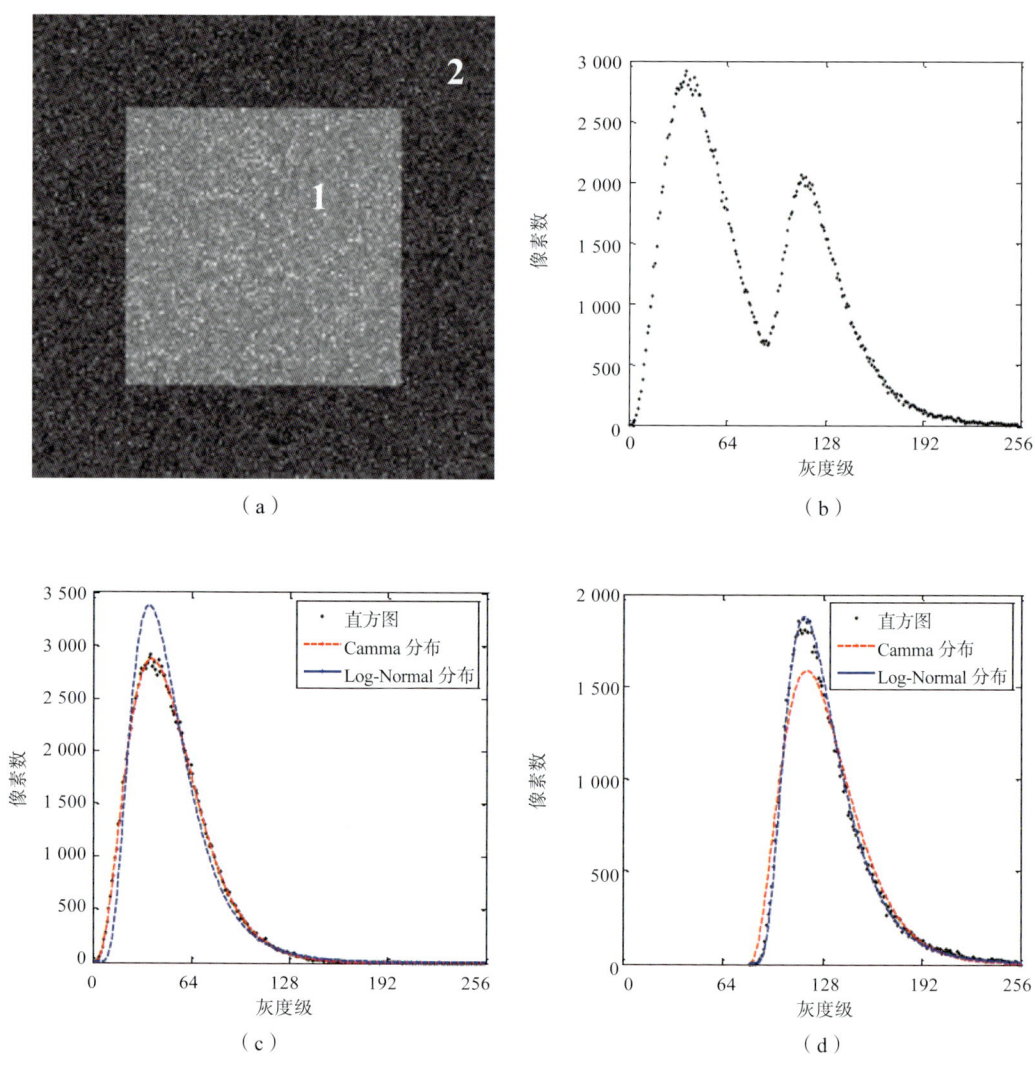

图 6-3　目标和背景区域的建模示图
（a）包含 2 个区域的仿真图像；（b）仿真图像的灰度直方图；
（c）背景直方图及拟合分布；（d）目标直方图及拟合分布

表 6-1 参数估计和检验结果

	伽玛（Gamma）分布模型		对数正态（Log-Normal）分布模型	
	参数估计 (σ, n)	χ^2 检验量	参数估计 (μ, σ)	χ^2 检验量
背景	(0.800, 6.010)	3 734	(−0.527, 0.532)	4 810
目标	(0.902, 7.864)	1 251	(−0.527, 0.590)	2 761

由以上分析可知，每一种单独的统计建模都有其自身的特点和适用范围，相比单模型较难保证图像区域的适配性，Gamma 与 Log-Normal 的组合模型更适合本文研究。

6.2.4.3 图像标记

标记图像 X 的先验概率是 $P(X)$，是 X 先验知识的一种表现形式。可用吉布斯（Gibbs）分布来表示，为了利用模拟退火算法，将温度参数 T 引入到 Gibbs 分布中（Wu，1982），

$$P(X=x) = \prod_{s \in \Omega} p(X_s = x_s) = \prod_{s \in \Omega} \frac{1}{Z(T)} \exp\left(-\frac{U(x_s)}{T}\right)$$
$$= \prod_{s \in \Omega} \frac{\exp\left(-\sum_{r \in \eta_s} V_c(x_s, x_r)/T\right)}{\sum_{x_s} \exp\left(-\sum_{r \in \eta_s} V_c(x_s, x_r)/T\right)} \tag{6-14}$$

其中，Z 是归一化系数；$U(x_s)$ 是能量函数；$V_c(x_s, x_r)$ 是势能函数；T 是参数，其值是随迭代次数的不断增多而逐步变小的。在经典 MRF 分割算法中，$V_c(x_s, x_r)$ 通常定义为 Potts 模型（Zadeh，1965）：

$$V_c(x_s, x_r) = \begin{cases} -\beta, & x_s = x_r \\ +\beta, & x_s \neq x_r \end{cases}, \quad s, r \in c, \beta > 0 \tag{6-15}$$

其中，Potts 模型的正则性由参数决定，x_s 是 s 处的类别标记，满足 $x_s \in \{1, 2, \cdots, K|K$ 代表类别数$\}$。以 $K=2$ 为例，式（6-7）和式（6-8）将 SAR 图像分割为背景 B（Background）、目标 T（Target）两类区域：$x_s = \begin{cases} 1, & s \in B \\ 2, & s \in T \end{cases}$。

6.2.4.4 算法流程

基于 Gamma 与 Log-Normal 的组合模型 MRF 分割算法流程如图 6-4 所示，实现步骤如下。

（1）快速选取阈值对目标图像进行初始粗分割；
（2）对分割出的区域分别计算灰度直方图，建立观察模型，估计对应的参数并利

用 χ^2 进行统计量检验，确定一种最优的统计分布模型；

（3）计算 $P(y_i|x_i)$ 和 $p(x_i)$，基于 MPM（maximization of the posterior marginals）准则，计算 $\hat{x}$；

（4）确定最终分割结果。

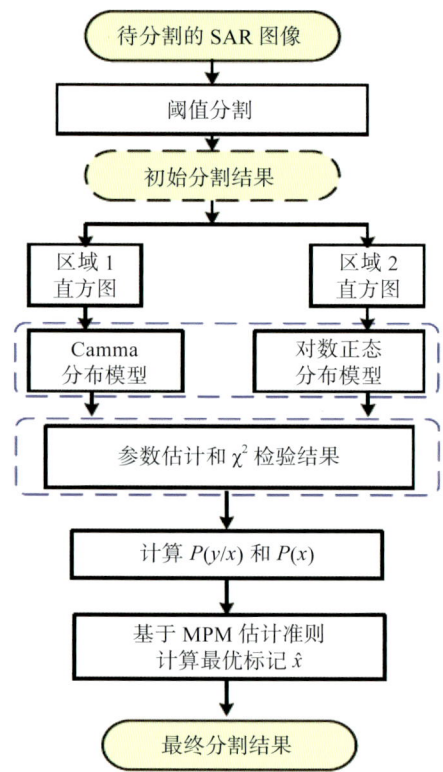

图 6-4　基于伽玛与对数正态分布组合模型的 MRF 分割流程

6.2.5　基于极化特征 SERD 的 SAR 溢油检测

单次反射特征值相对差异度（SERD）参数是由 Allian 等基于 Cloude 极化目标分解理论提出的，其对表面粗糙度较为敏感，且能比较单次散射机制的相对大小（Allain et al.，2004，2005）。SERD 最早应用于森林分类等陆地遥感监测领域，并取得较好的分类效果（郑洪磊等，2015）。

极化散射矩阵 S 能完整地描述 SAR 目标的电磁散射特性（李仲森，2013），表示为

$$S = \begin{bmatrix} S_{HH} & S_{HV} \\ S_{VH} & S_{VV} \end{bmatrix} = \begin{bmatrix} |S_{HH}| \cdot e^{j\phi_{HH}} & |S_{VH}| \cdot e^{j\phi_{HV}} \\ |S_{VH}| \cdot e^{j\phi_{VH}} & |S_{VV}| \cdot e^{j\phi_{VV}} \end{bmatrix} \qquad (6-16)$$

其中，S_{HV}是水平极化发射，垂直极化接收；$|S_{HH}|$是振幅；ϕ_{HH}是相位。根据互易定理，$S_{HV} = S_{VH}$。极化散射矩阵矢量化处理得到目标散射特征矢量：

$$K = \frac{1}{\sqrt{2}} \begin{bmatrix} S_{HH} + S_{VV} & S_{HH} - S_{VV} & 2S_{HV} \end{bmatrix}^T \tag{6-17}$$

目标的极化相干矩阵可由K得到，即$T_3 = K \cdot K^{*T}$。通过计算相干矩阵的特征矢量，将相干矩阵分解为三种相互正交的散射机制贡献之和，特征值对应散射机制的权重系数。

$$T_3 = \sum_{i=1}^{i=3} \lambda_i u_i \cdot u_i^{T*} \tag{6-18}$$

其中，λ_i是特征值；u_i是λ_i对应的特征矢量。若令$\lambda_1 > \lambda_2 > \lambda_3$，则3个特征值由大到小分别表示主散射机制、次散射机制、最次散射机制。

H定义为：$H = \sum_{i=1}^{3} P_i \log_3 P_i$，其中，$P_i = \dfrac{\lambda_i}{\lambda_1 + \lambda_2 + \lambda_3}$。$H$值的大小描述了目标散射的随机性，大小在0～1之间。若$H=0$，系统处于完全极化状态，相干矩阵只有1个特征量不为零，对应确定的随机过程。若$H=1$，系统处于完全非极化状态，相干矩阵有3个相等的特征值，目标散射退化为随机噪声，无法采集到目标的极化信息。随着H值增加，海面目标极化状态的随机性也随之增加。

对于海面微波散射，同极化和交叉极化通道之间的相关性可近似为零。T_3矩阵可化简为

$$T_3 = K \cdot K^{*T} =$$

$$\frac{1}{2} \begin{bmatrix} \langle |S_{HH}+S_{VV}|^2 \rangle & \langle (S_{HH}+S_{VV})(S_{HH}+S_{VV})^* \rangle & 0 \\ \langle (S_{HH}-S_{VV})(S_{HH}-S_{VV})^* \rangle & \langle |S_{HH}-S_{VV}|^2 \rangle & 0 \\ 0 & 0 & \langle 4|S_{HV}|^2 \rangle \end{bmatrix} \tag{6-19}$$

解出T_3矩阵的特征值，表示为

$$\lambda_{1nos} = \frac{1}{2} \left\{ \langle |S_{HH}|^2 \rangle + \langle |S_{VV}|^2 \rangle + \sqrt{(\langle |S_{HH}|^2 \rangle - \langle |S_{VV}|^2 \rangle) + 4|\langle S_{HH} S_{VV} \rangle|^2} \right\}$$

$$\lambda_{2nos} = \frac{1}{2} \left\{ \langle |S_{HH}|^2 \rangle + \langle |S_{VV}|^2 \rangle + \sqrt{(\langle |S_{HH}|^2 \rangle - \langle |S_{VV}|^2 \rangle) + 4|\langle S_{HH} S_{VV} \rangle|^2} \right\}$$

$$\lambda_{3nos} = 2 \langle |S_{HV}|^2 \rangle$$

前两个特征值λ_{1nos}和λ_{2nos}与同极化后向散射系数有关。第三个特征值λ_{3nos}对应交叉极化通道，与多次散射有关。根据特征值λ_{1nos}和λ_{2nos}对应的特征矢量解出散射角α_i

的值：

$$\alpha_i = \arccos(|u_{i1}|) \ (i=1,2) \tag{6-20}$$

其中，u_{i1} 是 T_3 矩阵第 i 个特征矢量的第一个元素，特征矢量表达式为 $u_i = e^{j\phi_i}[\cos(\alpha_i) \sin(\alpha_i)\cos(\beta_i)e^{j\delta_i} \sin(\alpha_i)\cos(\beta_i)e^{j\gamma_i}]$。

由 α_i 值的大小可以区分散射机制的类型：$\alpha_i \leq \dfrac{\pi}{4}$，特征值对应单次散射。$\alpha_i \geq \dfrac{\pi}{4}$，特征值对应二次散射。$\beta_i$ 对应目标方位角，i 为目标绝对相位，δ_i 和 γ_i 为目标相位角。基于以上理论推导，SERD 可定义为

$$\text{SERD} = \frac{\lambda_s - \lambda_{3\text{nos}}}{\lambda_s + \lambda_{3\text{nos}}} \tag{6-21}$$

若 $\alpha_1 \leq \dfrac{\pi}{4}$ 或 $\alpha_2 \geq \dfrac{\pi}{4}$，$\lambda_s = \lambda_{1\text{nos}}$；若 $\alpha_1 \geq \dfrac{\pi}{4}$ 或 $\alpha_2 \leq \dfrac{\pi}{4}$，$\lambda_s = \lambda_{2\text{nos}}$。

SERD 对表面粗糙度非常敏感（李仲森，2013），其值可说明目标散射机制中的单次散射的强弱，SERD 值大说明目标散射机制中单次散射较强，SERD 值小说明目标散射机制中单次散射较弱。海水表面存在毛细波和短重力波，而油膜的存在对毛细波和短重力波起到了抑制作用，导致海表面粗糙程度不同，进而影响雷达波束照射海表面的散射机制。在海水低熵散射区域，相干矩阵有 1 个较大的特征值，散射机制以单次散射为主，λ_s 与 $\lambda_{3\text{nos}}$ 之间差别较大。因此，低熵散射区域的 SERD 值相对较小。而在有油膜存在的海面高熵散射区域，海面目标散射机制由多种散射机制构成，单次散射不位于主导地位。相关矩阵的三个特征值的数值差别不大，故油膜处 SERD 值较小。根据以上原理，可根据 SERD 值的大小区分油膜和海水（郑洪磊等，2015）。

6.2.6　基于 GA-WNN 的极化 SAR 海洋溢油检测方法研究

6.2.6.1　极化 SAR 散射矩阵

全极化散射矩阵（陈伟民等，2018）为

$$S = \begin{bmatrix} S_{\text{HH}} & S_{\text{HV}} \\ S_{\text{VH}} & S_{\text{VV}} \end{bmatrix} = \begin{bmatrix} |S_{\text{HH}}| & e^{j\phi_{\text{HH}}} & |S_{\text{VH}}| & e^{j\phi_{\text{VH}}} \\ |S_{\text{VH}}| & e^{j\phi_{\text{HV}}} & |S_{\text{VV}}| & e^{j\phi_{\text{VV}}} \end{bmatrix} \tag{6-22}$$

其中，S_{xy} 的下标是 SAR 天线的极化状态：VV 是天线垂直发射信号和垂直接收信号；VH 是天线垂直发射信号和水平接收信号；HV 是天线水平发射信号和垂直接收信号；HH 是天线水平发射信号和水平接收信号，$|\cdot|$ 和 ϕ_{HH} 分别是复散射系数的幅度和相位。根据互易性假设，$S_{\text{HV}} = S_{\text{VH}}$，在 Pauli 基下，目标的散射矢量 $\vec{K}$ 定义为

$$\vec{K} = \frac{1}{\sqrt{2}} \begin{bmatrix} S_{HH} + S_{VV} & S_{HH} - S_{VV} & 2S_{HV} \end{bmatrix}^T \qquad (6-23)$$

其中，T 是矩阵转置。

6.2.6.2　WNN

WNN 的隐含层神经元和输出层神经元的激励函数分别采用小波基函数和 Sigmoid 函数（S 型生长曲线），网络参数权重系数、伸缩平移参数和阈值都通过小波神经网络训练得到。图 6-5 为小波神经网络的结构。图中各参数意义如下：

X_k 是输入层第 k 个神经元的输入；

Y_i 是输出层第 i 个神经元的输出；

M 是输入层神经元个数；

n 是隐含层神经元个数；

N 是输出层神经元数；

$\psi(a_j, b_j)$ 是指隐藏层第 j 个神经元的小波函数；

a_j，b_j 是小波基函数的伸缩参数、平移参数；

$[W_{jk}]_{n \times M}$ 是隐含层第 j 个神经元与输入层第 k 个神经元相连的权值；

$[W_{ij}]_{N \times n}$ 是输出层第 i 个神经元与输入层第 j 个神经元相连的权值。

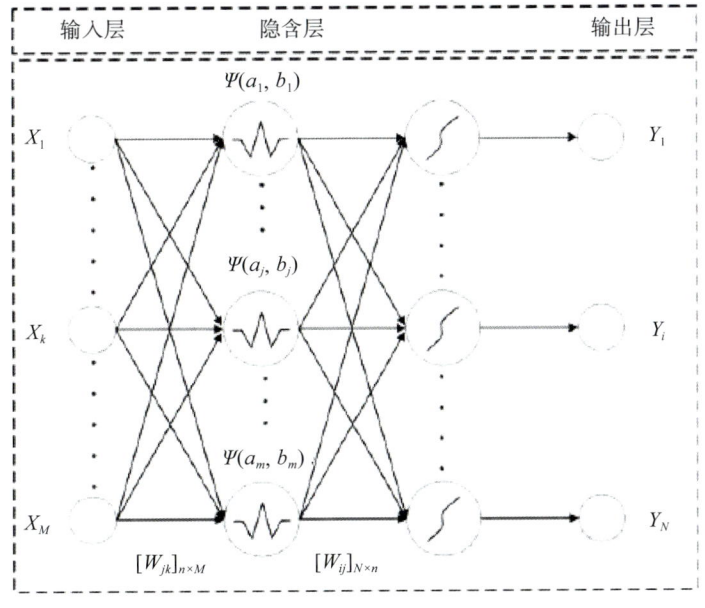

图 6-5　小波神经网络结构

实验中，隐含层小波基函数为

$$\phi(X) = e^{\left(-\frac{X^2}{2}\right)} \cos(1.75X) \tag{6-24}$$

输入层采用 Sigmoid 函数

$$f(x) = \frac{1}{1+e^{-X}} \tag{6-25}$$

根据 WNN 的网络模型结,输出层第 i 个神经元的输出 Y_i 为

$$\psi(a_j, b_j) = \phi\left(\frac{\sum_{k=1}^{M} W_{jk} X_k - b_j}{a_j}\right) \tag{6-26}$$

$$Y_i = f\left[\sum_{j=1}^{n} W_{ij} \psi(a_j, b_j) - t_i\right] \tag{6-27}$$

其中,$\sum_{k=1}^{M} W_{jk} X_k$ 是隐含层第 j 个神经元的输入;$\phi\left(\frac{\sum_{k=1}^{M} W_{jk} X_k - b_j}{a_j}\right)$ 是隐含层第 j 个神经元的输出;t_i 是输出层第 i 个神经元的阈值。

对于 P 个样本,网络误差 E 采用均方误差进行后向传播算法

$$E = \frac{1}{2} \sum_{i=1}^{P} \sum_{j=1}^{N} (y_i^j - o_i^j)^2 \tag{6-28}$$

其中,o_i^j 是第 i 个样本的第 j 个神经元的期望输出。

6.2.6.3 遗传算法

遗传算法(genetic algorithm,GA)由 Holland(1992)提出,是一种借鉴生物界自然选择和进化机制发展起来的高度平行、随机、自适应搜索方法。换言之,遗传算法就是将种群作为一组问题,利用群体搜索的技术,通过对当前种群施加选择、交叉和变异等一系列遗传操作,进而产生新一代的种群,并逐步使种群进化到包含近似最优解的状态。主要步骤如下。

(1)变量初始化和编码:确定优化参数个数,设定种群大小和进化代数。将待优化参数用 0,1 二值编码表示。

(2)随机生成初始父代群体:每个个体由一个基因编码串表示,大量个体组成父代群体。

(3)个体适应度评价:以适应度函数值的大小为标准,对父代个体计算适应度值。

(4)遗传操作:包括选择算子、交叉算子、变异算子。选择算子,从群体中选择优质的个体,淘汰劣质的个体的操作;交叉算子,按适应度函数的优劣选择新一代父

代群体后，存入配对库中再随机地选择配对，按一定的概率在两两之间实施交叉操作，即个体间进行信息交换；变异算子，改变群体中个体串的某些基因座上的基因值，维持群体多样性。

（5）进化迭代：依据条件判断是否进行下一次的遗传进化。

利用 GA 全局搜索能力优化网络初始值，优化流程如图 6-6 所示。

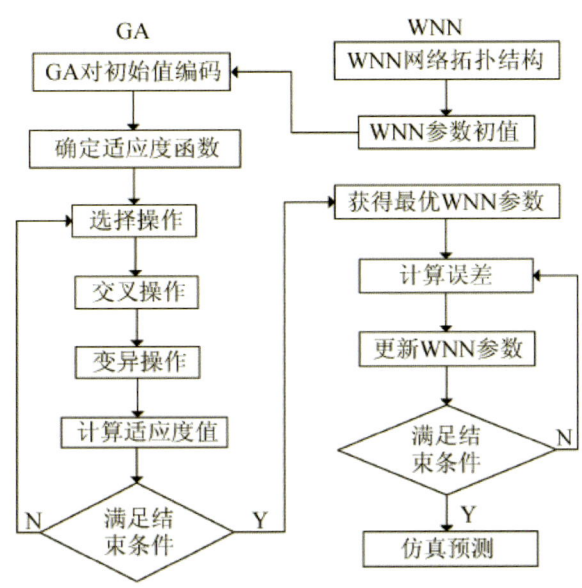

图 6-6　GA-WNN 流程

主要步骤如下：

步骤 1：确定 WNN 网络拓扑结构和初始参数；

步骤 2：进行种群初始化和编码：种群大小为 40，个体长度 10，遗传代数 120 次；

步骤 3：计算适应度函数 $f = 1/E$。其中，E 为小波神经网络的均方误差；

步骤 4：进行遗传操作，包括选择算子、交叉算子、变异算子。其中，交叉概率为 0.95，变异概率为 0.05；

步骤 5：计算适应度值并判断是否满足条件（达到迭代次数或小于限差）。若不满足，则转到步骤 4；若满足，则转到步骤 6；

步骤 6：对满足条件的个体进行解码，并作为最优初值带入 WNN 进行训练；

步骤 7：得到满足条件的 WNN 参数记录，进行仿真预测。

6.2.6.4　溢油极化特征提取

海洋溢油检测的极化特征参数较多，这里选取几个具有代表性的极化特征参数进行特征提取操作，对这些特征影像对比分析，为溢油检测提供较好的特征影像。具体过程如下（陈伟民等，2018）：

1）极化散射能量

该极化特征定义见式（6-29）：

$$span = |S_{HH}|^2 + |S_{HV}|^2 + |S_{VH}|^2 + |S_{VV}|^2 \tag{6-29}$$

其中，$span$ 是 SAR 目标散射的总能量。在溢油检测过程中，溢油区域由于表面光滑，后向散射总能量会小于海水的后向散射总能量（Yin et al., 2015）。

2）H、$\bar{a}$、A 三分量分解

Cloude 和 Pottier 于 1996 年提出基于特征值/特征向量分解方法，相干矩阵被 3 种确定性的散射机制的总和唯一确定，由相干矩阵的特征向量表述。相应地，相干矩阵的 3 个特征值分别作为 3 种散射机制所占的比重，此时相干矩阵 D 是一个空间平均统计量，即

$$D = \sum_{i=1}^{3} u_i u_i^{*T} \tag{6-30}$$

其中，i 是 D 矩阵分解的特征值；u_i 是 D 矩阵分解的特征向量，* 表示共轭；T 表示转置。

极化熵 H 定义见式（6-31）：

$$H = -\sum_{i=1}^{3} p_i \log_3(p_i), \quad 0 \leqslant H \leqslant 1 \tag{6-31}$$

其中，$p_i = \dfrac{\lambda_i}{\lambda_1 + \lambda_2 + \lambda_3}$，$\lambda_1 \geqslant \lambda_2 \geqslant \lambda_3$。

极化熵描述分布式散射体的随机散射程度。当 H 接近于 0 时，散射体趋于单一的散射机制，相当于完全极化状态；当 H 接近于 1 时，散射体的散射机制随机性最大，此时的散射体呈现完全去极化状态。总的来说，低 H 表现单次散射，高 H 表现随机散射。

对于海水或抑制作用较弱的类油膜区域，其海表面的散射几乎都是单次散射的 Bragg 散射模型，因此极化熵的值比较小；油膜覆盖的区域，表现出一种显著的随机散射机制，此时的极化熵有较大的值。Migliaccio 等（2009a）提出利用 Cloude 三分量分解的方法检测溢油情况，其结果证明了极化熵 H 用于溢油检测的有效性，能很好地识别油膜和类油膜。

极化各向异性参数 A 的定义见式（6-32）：

$$A = \dfrac{\lambda_2 - \lambda_3}{\lambda_2 + \lambda_3}, \quad 0 \leqslant A \leqslant 1 \tag{6-32}$$

式（6-32）描述了从特征分解中提取的后两个特征值的相对大小，因此溢油检测原理与极化熵的方法类似，在此不再描述（Migliaccio et al., 2009a）。

平均散射角 $\bar{\alpha}$ 的定义见式（6-33）：

$$\bar{\alpha} = \sum_{i=1}^{3} p_i \alpha_i, \quad 0° \leq \alpha_i = \arccos\left[|u^i(1)|\right] \leq 90° \tag{6-33}$$

其中，i 是对应极化目标的散射角，平均散射角与平均物理散射机制有关联。由于不同属性的散射体有着不同的平均散射角，因此可以根据其大小检测溢油情况。Minchew 等（2012）使用 $\bar{\alpha}$ 来检测溢油，结果表明：当 $\bar{\alpha} < 45°$ 时，散射体是单一反射的 Bragg 散射模型，即海水/类油膜区；当 $\bar{\alpha} > 45°$ 时，已不是 Bragg 散射，对应油膜区域。

3）极化度 P

极化度 P 是一个基于米勒矩阵（Mueller Matrix）的基不变参数，可以直接从 Stokes 参数提取，其定义如下：

$$P = \sqrt{\frac{g_1^2 + g_2^2 + g_3^2}{g_0}} \tag{6-34}$$

其中，g_1、g_2、g_3、g_0 是 Stokes 参数。Stokes 参数可以完整定义单色平面电磁波的幅度和相位，公式表示如下：

$$\begin{bmatrix} g_0 \\ g_1 \\ g_2 \\ g_3 \end{bmatrix} = \begin{bmatrix} E_x E_x^* + E_y E_y^* \\ E_x E_x^* - E_y E_y^* \\ E_x E_y^* + E_y E_x^* \\ j(E_x E_y^* + E_y E_x^*) \end{bmatrix} \tag{6-35}$$

其中，E_x、E_y 是单色平面波电场极化状态的复琼斯矢量描述；j 是复数虚部。

P 参数描述了电磁场的极化程度，是电磁场的部分极化与总体强度相联系的一个参数。Shivany 等（2011）和 Nunziata 等（2009）都使用 P 参数进行溢油检测。研究表明，在 Bragg 散射机制的区域，如海水或弱抑制的类油膜区，P 值相对较大；当油膜存在时，P 值相对较小。

6.2.6.5　溢油极化特征优选

在实际应用中，利用特征检测溢油必然存在贡献度的大小。因此，找到对溢油检测识别度较高的特征或特征组合将有利于溢油检测精度的进一步提升。为明确不同极化特征之间油膜和海水区分度的大小，引入 J-M 距离（Jeffreys-Matusita distance）指数（Dabboor et al., 2014；郭金金等，2015）。J-M 距离指数是一种在特征选择过程中应用比较广泛的可分性度量标准，计算较为简单，具有较好的通用性。基于某一特征两类样本的 J-M 距离计算公式见式（6-36）和式（6-37）（陈伟民等，2018）：

$$J = 2(1 - e^{-B}) \tag{6-36}$$

$$B = \frac{1}{8}(m_1 - m_2)^2 \frac{2}{\delta_1^2 + \delta_2^2} + \frac{1}{2}\ln\left[\frac{\delta_1^2 + \delta_2^2}{2\delta_1\delta_2}\right] \tag{6-37}$$

其中，J 是某特征上的 J-M 距离；m_i，δ_i^2 分别是某类特征的均值和方差，$i = 1$，2。J 取值范围在 0 ~ 2 之间。当 $0 < J < 1.0$，所选特征下的两类别不具可分性；当 $1.0 < J < 1.9$，所选特征下的两类别具有一定的可分性；当 $J < 1.9$，所选特征的两类别可区分性较强。

6.3 各方法的数据集

6.3.1 方法一和方法二的数据集

2004 年 12 月 7 日 21:35（UTC 时间），两艘外籍万吨级集装箱船在珠江口担杆岛东北约 8 海里处发生强烈碰撞，造成大量石油泄漏。这里选取该区域 2005 年 1 月 19 日的 Envisat-ASAR 影像，利用前面所述的两种方法对影像进行处理，提取海洋溢油信息，并从提取精度与算法耗时两个方面对比分析。图 6-7 是经过几何校正与增强型 Lee 滤波处理过的原始图像。图 6-8 是使用人工神经网络算法后得到的溢油区域图像，图中黑色部分是溢油区域，白色部分为非溢油区域。可以看出，溢油区域基本被提取出来；对于白色部分的非溢油区，中间区域存在误分类，这是由于该部分是原图的陆地区域而导致的。图 6-9 是使用马尔柯夫链法得到的结果，图中白色部分为溢油区域，黑色部分为非溢油区域，中间的灰色部分为陆地。可以明显看出溢油与非溢油区域的分界线，即白色与黑色、灰色的边界，体现了马尔柯夫链边界提取的优势。同时，灰色部分较为准确反映的陆地区域边界，分类效果良好，为溢油提取的精确性提供了保证（姚骐等，2016）。

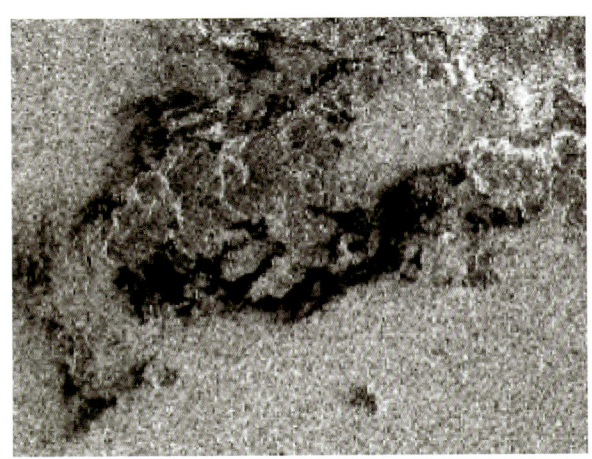

图 6-7 经过几何校正及滤波的原始图像

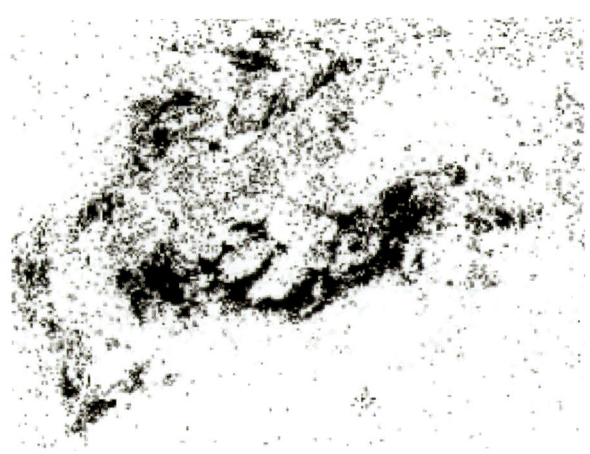

图 6-8 人工神经网络方法结果

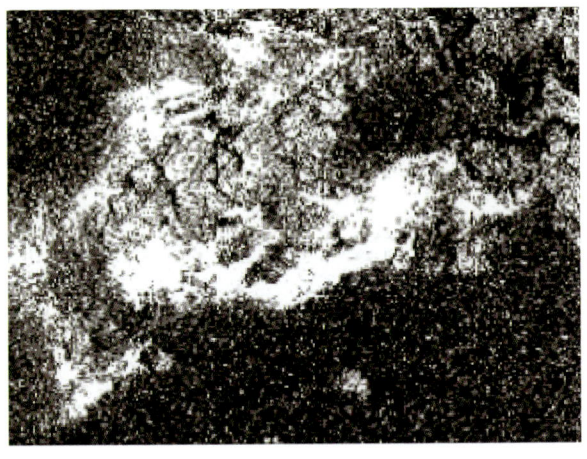

图 6-9 马尔柯夫链法结果

6.3.2 方法三的数据集

本节研究所用的 SAR 数据集为：中国海区域的 6 幅 Envisat-1 ASAR 数据和 32 幅 ERS-2 SAR 数据，并从其中选取 200 个暗斑特征目标。其中溢油样本个数为 120，疑似溢油现象（低风区、生物油膜和船的尾迹等）样本 80 个。SAR 图像采用的空间分辨率为 12.5 m×12.5 m。图 6-10 为其中 4 个样本（刘朋，2012）。

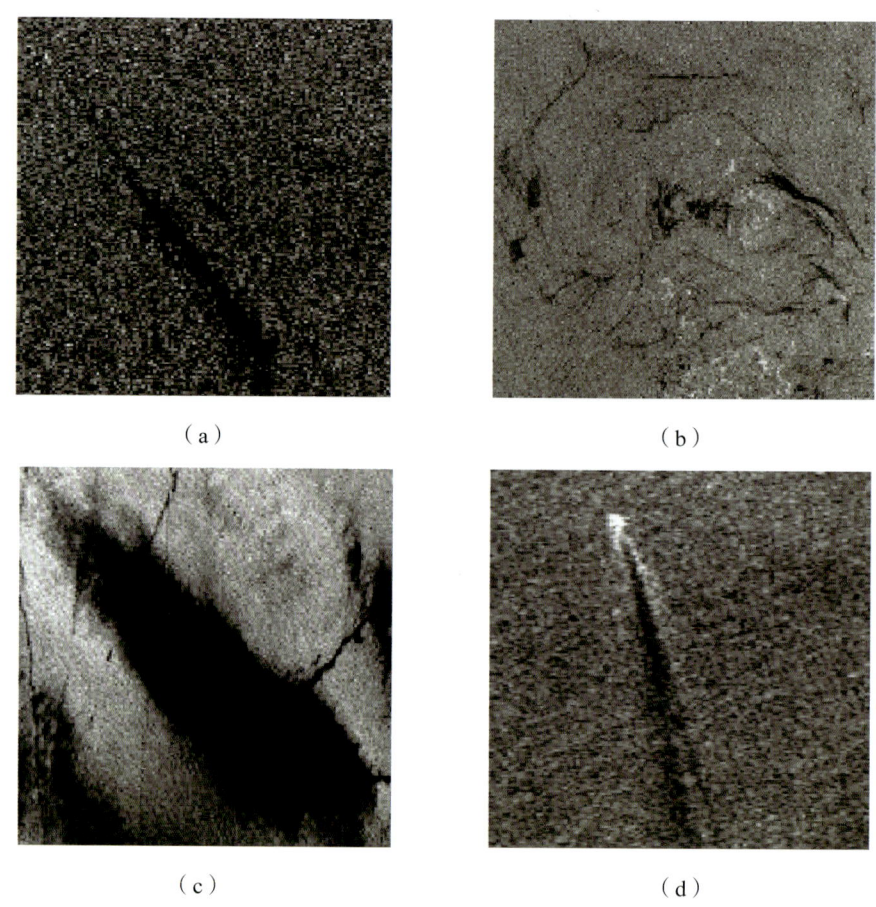

图 6-10　SAR的4个样本示例

（a）船舶非法排污的溢油；（b）生物油膜；（c）低风速区；（d）船舶尾迹

6.3.3 方法四的数据集

选取两幅 Envisat-ASAR 的局部图像（如图 6-11 和图 6-12 所示），大小分别为 877×840 和 912×1 098 作为实验数据。再对其分别基于 Gamma 模型、Log-Normal 模型和 Gamma 与 Log-Normal 组合模型进行 MRF 分割实验（王栋，2014）。

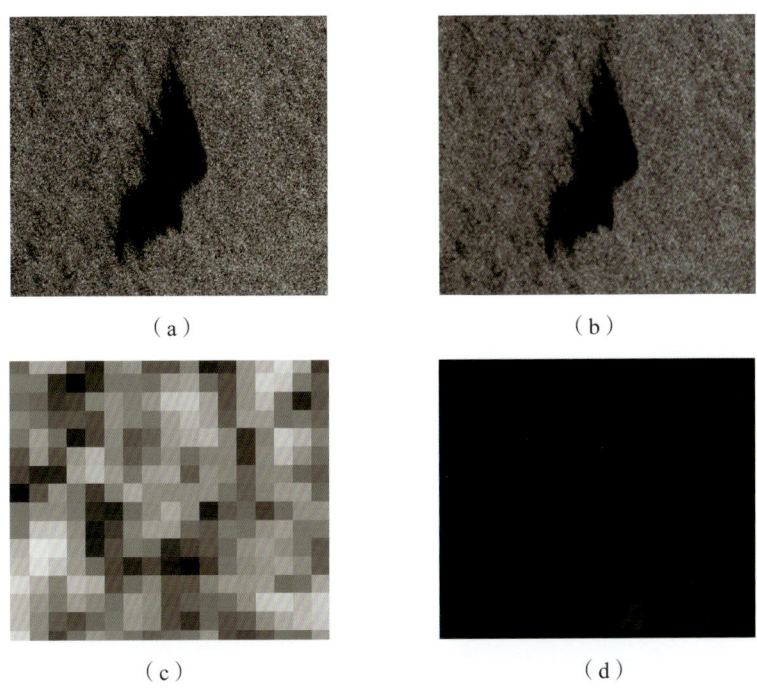

图 6-11　877×840 大小的 Envisat-ASAR 局部图像处理对比

(a) 原始 SAR 溢油图像；(b) 经过预处理的 SAR 溢油图像；(c) 海水样本；(d) 油膜样本

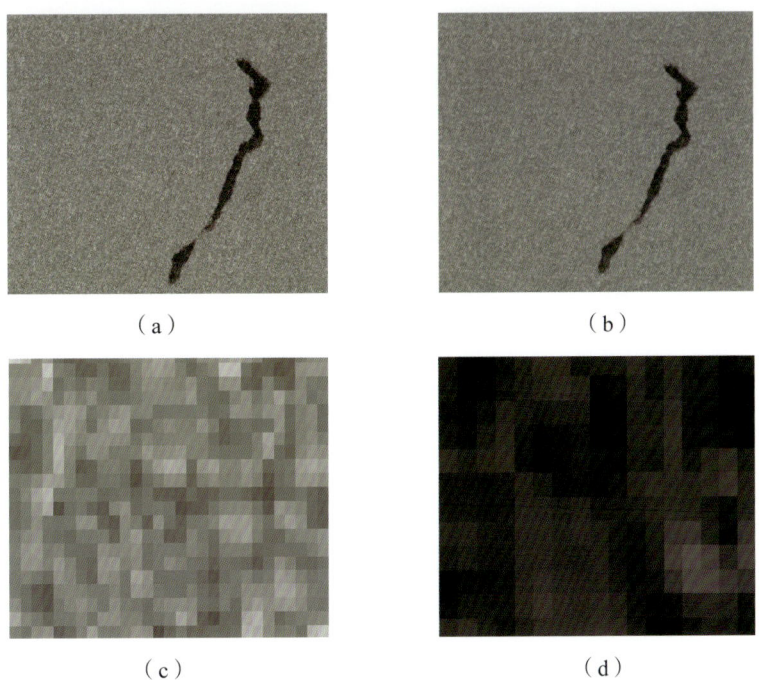

图 6-12　912×1098 大小的 Envisat-ASAR 局部图像处理对比

(a) 原始 SAR 溢油图像；(b) 经过预处理的 SAR 溢油图像；(c) 海水样本；(d) 油膜样本

6.3.4 方法五的数据集

实验所用图像为 Radarsat-2 全极化精细模式的单视复（SLC）数据。获取时间为 2010 年 5 月 15 日 11:56:36（UTC 时间），在墨西哥湾"深水地平线"钻井平台溢油事故期间。图像中心点的经纬度坐标为 28.55°N，88.30°W。图 6-13 为 VV 极化强度图像。其中，图 6-13（a）中矩形内是溢油区域，局部放大之后如图 6-13（b）所示；图 6-13（b）中右侧的暗斑区域是油膜。实验主要分析 SERD 参数从海水背景中提取溢油的能力（郑洪磊等，2015）。

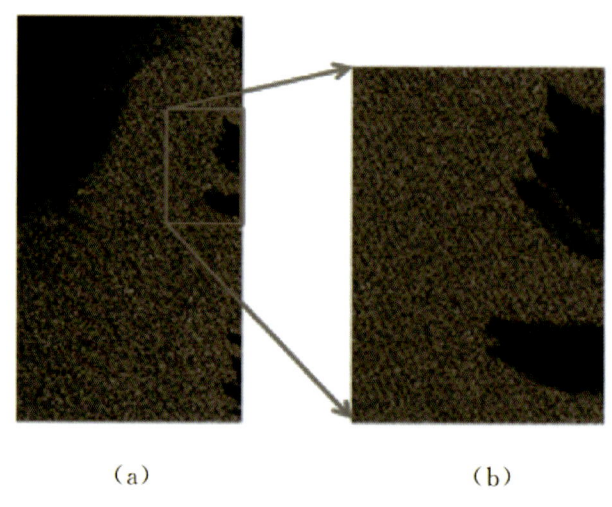

图 6-13　VV 极化 SAR 图像

（a）Radarsat-2 图像；（b）溢油区域

6.3.5 方法六的数据集

Radarsat-2 的精细四极化成像模式对每个极化通道（HH，VV，HV，VH）提供单视复数据，且成像效果好，背景噪声非常低（小于 35dB）。

本次实验选取 2 景 Radarsat-2 数据，如图 6-14 所示。其中，图 6-14（a）为数据 1，它是精细四极化模式下的溢油影像，溢油区位于墨西哥湾，影像获取时间是 2015 年 5 月 8 日 23:53:36（UTC 时间），覆盖范围 32.95km×23.2 km，单像元方位向分辨率 4.72 m，距离向分辨率 4.78 m。入射角范围为 26.093°～29.395°。图 6-14（b）是墨西哥湾溢油的数据 2，获取时间为 2011 年 6 月 17 日 11:48:20（UTC 时间），覆盖范围 37.17 km×19.34 km，单像元方位向分辨率 4.73 m，距离向分辨率 5.05 m，入射角范围为 43.630 7°～44.954 1°。从图 6-14（a）、（b）中可以看出，油膜在 SAR 影像上呈现暗斑特征。这是由于油膜抑制了海水表面的 Bragg 散射，造成油膜覆盖区域的雷达后向散射较弱而引起的（陈伟民等，2018）。

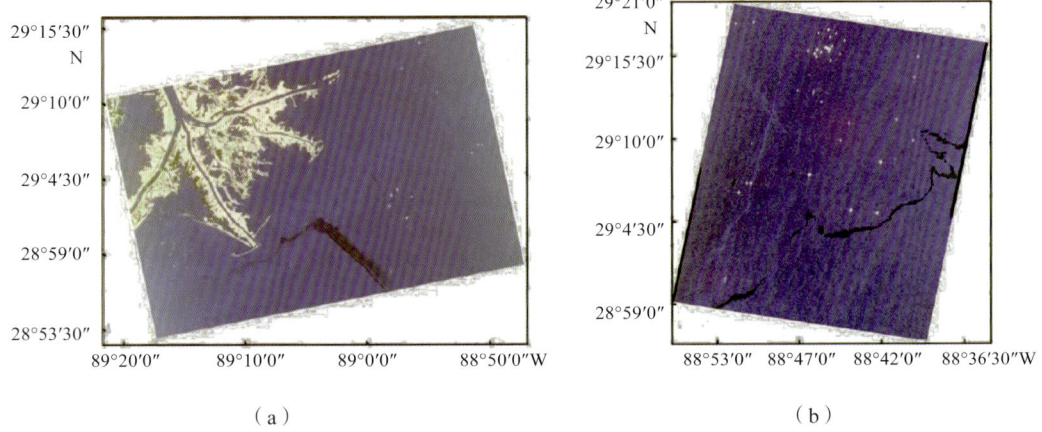

图 6-14　2 幅 Radarsat-2 溢油影像

6.4　实验方法结果分析

6.4.1　人工神经网络算法和马尔柯夫链法的结果分析比较

本节介绍了目前用于海洋溢油的两种主要监测方法，并对其适应性进行系统分析。在此基础上，利用 ASAR 影像对珠江口担杆岛附近海面进行海洋溢油的提取，各个分类方法对应的提取精度及算法耗时的对比情况见表 6-2。

表 6-2　不同方法性能对比

监测方法	提取精度（%）	算法消耗时间（s）
人工神经网络法	74	22.8
马尔柯夫链法	80	135.2

对比可知，人工神经网络法较快，这主要是由于建立神经网络消耗时间较短，其精确度也相对较低。马尔柯夫链法耗时虽不短，但精确度较高，这主要是由于马尔柯夫链建立的转移矩阵确保了边界选择的精确性。可以认为，人工神经网络法以其提取时间较短的优势，在前期大面积溢油区域判定中，可为决策者提供帮助，但需要考虑其提取精度不高的缺陷；马尔柯夫链法以其在边界提取方面的精确性，在后期搜救和实时监测、处理溢油污染等方面发挥重要的作用，但同时还要考虑该算法计算时间较长的劣势（姚骐等，2018）。

因此选择适当的方法提取溢油区域十分重要。在实际应用中，应综合考虑研究区的环境条件以及算法耗时、提取精度等，以确定最佳的提取方法。

6.4.2 阈值分割方法结果分析

本节选择了 2002 年 11 月 13 日发生在西班牙海域的"威望"号溢油事故作为研究案例,如图 6-15 所示。其中,图 6-15(a)为 2002 年 11 月 17 日的 Envisat-ASAR 宽刈幅数据的局部图像(1 024×1 024),经过 Lee 滤波预处理作为分割实验数据,图像中的暗黑色区域是溢油。在 Girard-Ardhuin 等(2005)的研究中,利用飞机跟踪溢油轨迹图像作为验证,对 SAR 检测溢油软件进行对比分析,得到此案例中的溢油面积为 600 km^2。

采用本书提出的方法对含有溢油的 SAR 图像进行分割实验。图 6-15(b)为最大类间方差法的分割结果,选取的阈值为 94;图 6-15(c)为最大熵法的分割结果,选取的阈值为 112;图 6-15(d)为基于最大熵原理选取阈值的新方法,选取的最佳阈值大小为 103,此时 $F(t_1) = 0.53$,$F(t_2) = 0.47$。分割后的二值化图像同时具有最大类间方差和最大熵的优点,即油膜和海水背景的两类之间的间距最大。另外油膜与海水背景可分割的交界处信息量(即熵)最大(刘朋,2012)。

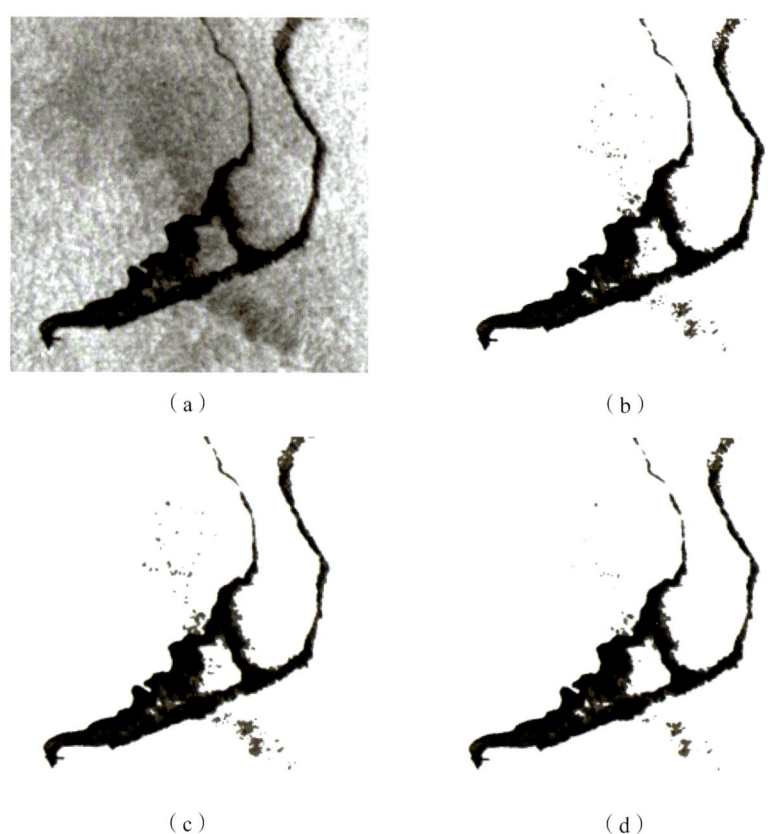

图 6-15 1 幅 Lee 滤波处理后的 SAR 数据及对应三种方法所得到的分割图像
(a)Lee 滤波处理后的 SAR 数据;(b)最大类间方差法;(c)最大熵法;(d)基于最大熵原理阈值新方法

通过对 2002 年西班牙海域的"威望"号溢油事故的 SAR 图像溢油分割验证,结果表明 6.2.3 节提出的方法具有较快的运算速度和较高的分割精度,对目标大小影响小等优点,是一种非常实用有效的 SAR 图像溢油分割方法。

6.4.3 基于伽玛与对数正态组合的 MRF 分割算法的实验结果分析

表 6-3 和表 6-4 分别是利用改进算法对面状和条状油膜的 MRF 分割数据对比。根据 SAR 数据库的训练样本,基于 Gamma 模型、Log-Normal 模型以及本书提出的 Gamma 与 Log-Normal 组合模型的 MRF 分割实验结果数据表明,基于 Gamma 模型、Log-Normal 模型进行的 MRF 分割的油膜、海水以及整幅图的误分率要明显高于基于 Gamma 与 Log-Normal 组合模型,说明本书提出的组合分布模型优于单一模型。从图 6-16 和图 6-17 中可以明显看出组合模型 MRF 分割的良好效果(王栋,2014)。

表 6-3 面状油膜基于不同分布模型的 MRF 分割数据对比

SAR 溢油图像（面状油膜）	油膜区域 (147 336 个像元)		海水区域 (589 344 个像元)		整个图 (736 680 个像元)	
	误分割像元数	误分率 MCR (%)	误分割像元数	误分率 MCR (%)	误分割像元数	误分率 MCR (%)
基于伽玛模型的 MRF 分割	90 523	61.44	149 634	25.39	19 964	2.71
基于对数正态模型的 MRF 分割	37 011	25.12	183 817	31.19	15 397	2.09
伽玛与对数正态组合的 MRF 分割	15 853	10.76	69 131	11.73	5 820	0.79

表 6-4 条状油膜基于不同分布模型的 MRF 分割数据对比

SAR 溢油图像（条带状油膜）	油膜区域 (54 655 个像元)		海水区域 (401 993 个像元)		整个图 (456 648 个像元)	
	误分割像元数	误分率 MCR (%)	误分割像元数	误分率 MCR (%)	误分割像元数	误分率 MCR (%)
基于伽玛模型的 MRF 分割	13 500	24.70	77 946	19.39	20 686	4.53
基于对数正态模型的 MRF 分割	9 144	16.73	89 202	22.19	14 110	3.09
伽玛与对数正态组合的 MRF 分割	5 165	9.45	41 687	10.37	3 973	0.87

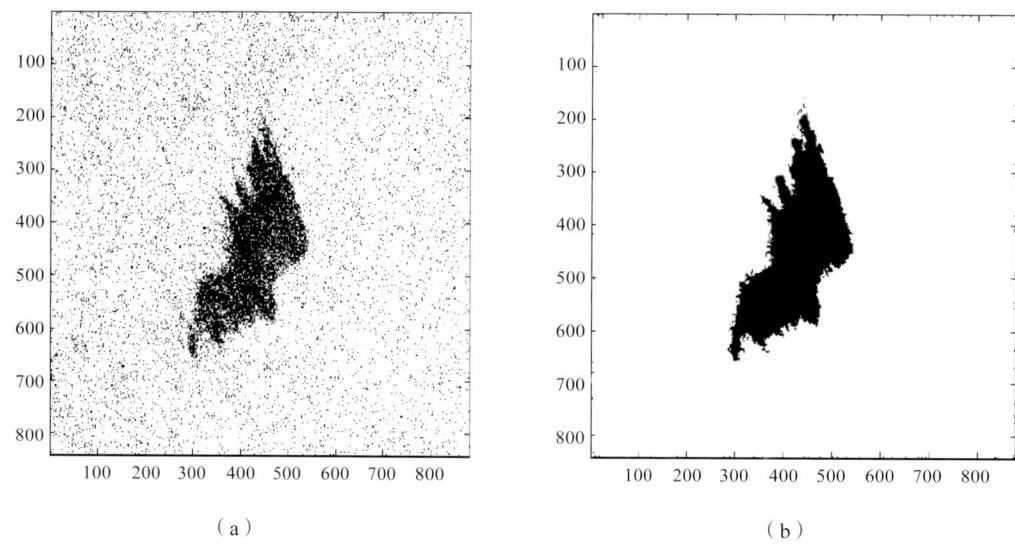

图 6-16 面状油膜基于伽玛与对数正态分布组合的 MRF 分割结果

(a) 初始分割; (b) 最终分割结果

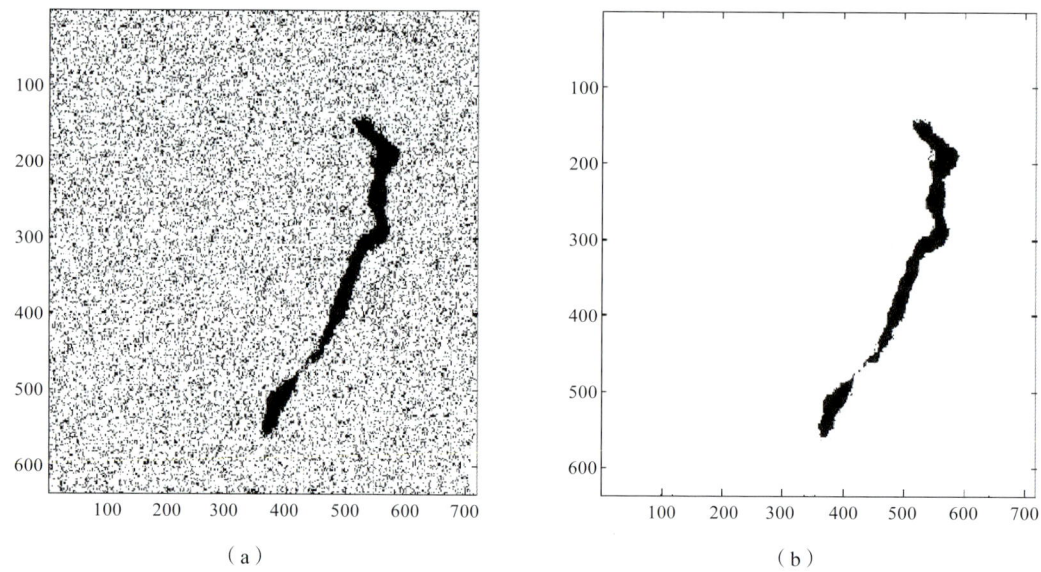

图 6-17 条状油膜基于伽玛与对数正态分布组合的 MRF 分割结果

(a) 初始分割; (b) 最终分割结果

6.4.4　基于极化特征 SERD 的 SAR 溢油检测结果分析

图 6-18 (a) 是基于 Cloude 极化目标分解理论提取的极化特征参数 SERD。从图 6-18 (a) 中可以看出，油膜处 SERD 值较小，海水处 SERD 值较大。这主要是因

为油膜覆盖海面毛细波，短重力波被抑制，粗糙度降低，减少 Bragg 散射机制所占的比重，镜面散射所占比重相对增大。镜面散射场的同极化散射场，即 S_{HH} 和 S_{VV} 之间的相位相反，这与二次散射相似，因此镜面散射所占比重被归为二次散射。而 SERD 统计的只是 Bragg 散射机制中所包含的单次散射，从而导致油膜处 SERD 值相对较小。图 6-18（b）是利用 K 均值（K-means）聚类算法对 SERD 分成两类的聚类结果，白色的表示海水区域，黑色表示溢油区域。从聚类结果看，只有极少量海水区域被错误分类，总体上能较好地将油膜从海水中提取出来。因此，基于 SERD 的极化 SAR 图像分类，可以有效地提取海面溢油（郑洪磊等，2015）。

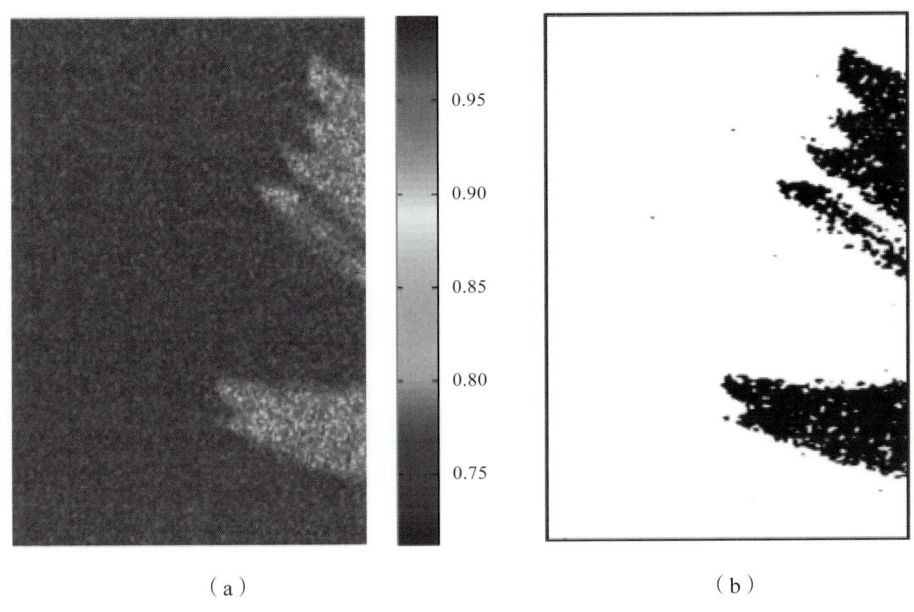

（a）　　　　　　　　　　　　（b）

图 6-18　极化特征 SERD 和聚类结果

（a）SERD；（b）K-means 聚类结果

6.4.5　基于 GA-WNN 的极化 SAR 海洋溢油检测方法研究

6.4.5.1　6 种溢油极化特征比较与分析

图 6-19 和图 6-20 分别给出海洋溢油 SAR 的 6 种极化特征影像［对应图 6-14 中数据（a）和数据（b）］。由图 6-19 可知，span、H、μ 和 P 特征影像中油膜的识别度较好，而在特征影像 A 与 $\bar{a}$ 中油膜与海水的对比度较低，油膜海水边界处图像特征较为模糊。图 6-20 中的 6 幅特征图，除 A 特征影像几乎识别不出油膜外，其余 5 种极化特征影像（span、H、$\bar{a}$、μ 和 P）都具有较高的油膜识别度，且能检测出油膜周围的海上平台或船只（陈伟民等，2018）。

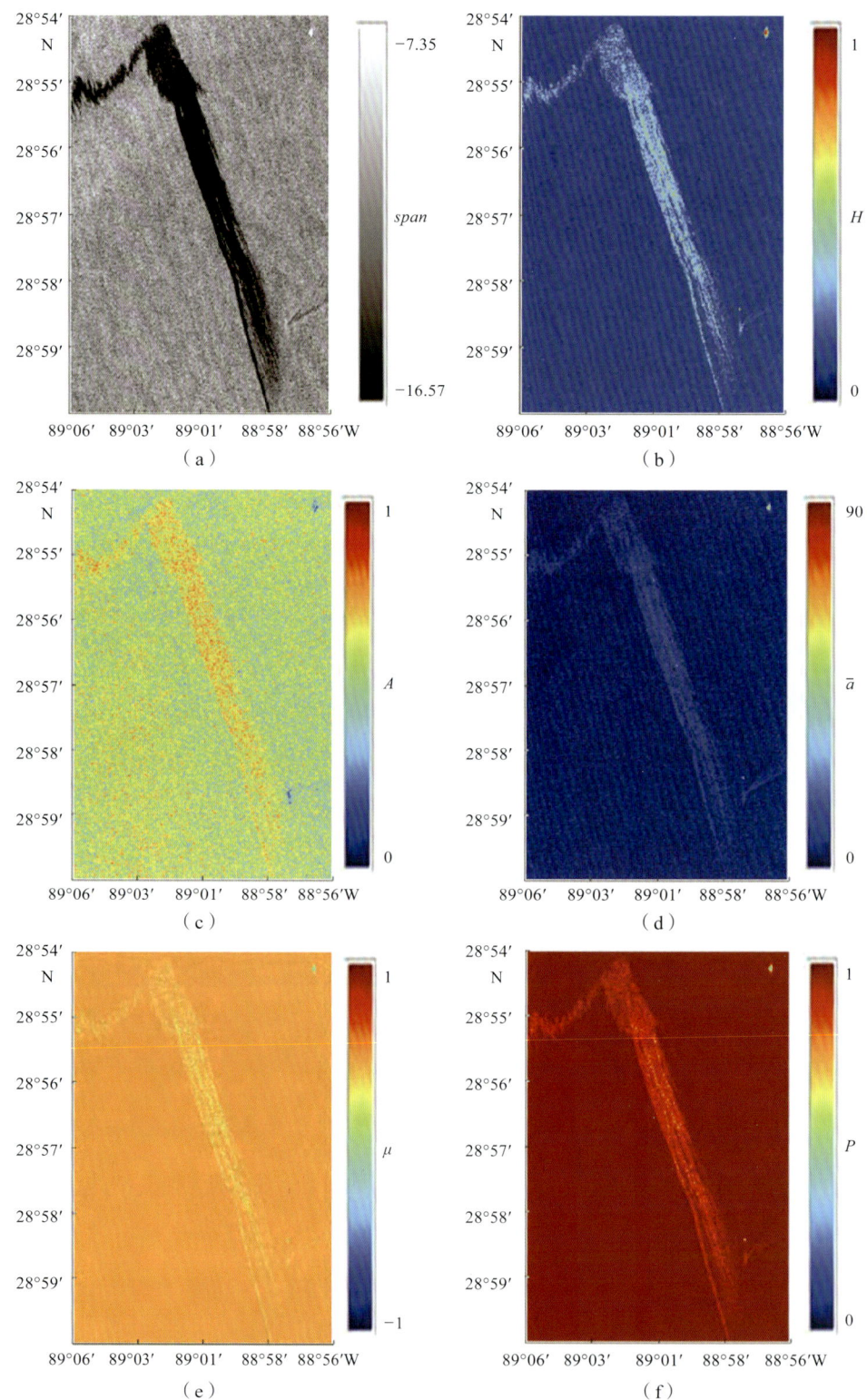

图 6-19　图 6-14 数据（a）对应的海洋溢油极化特征影像

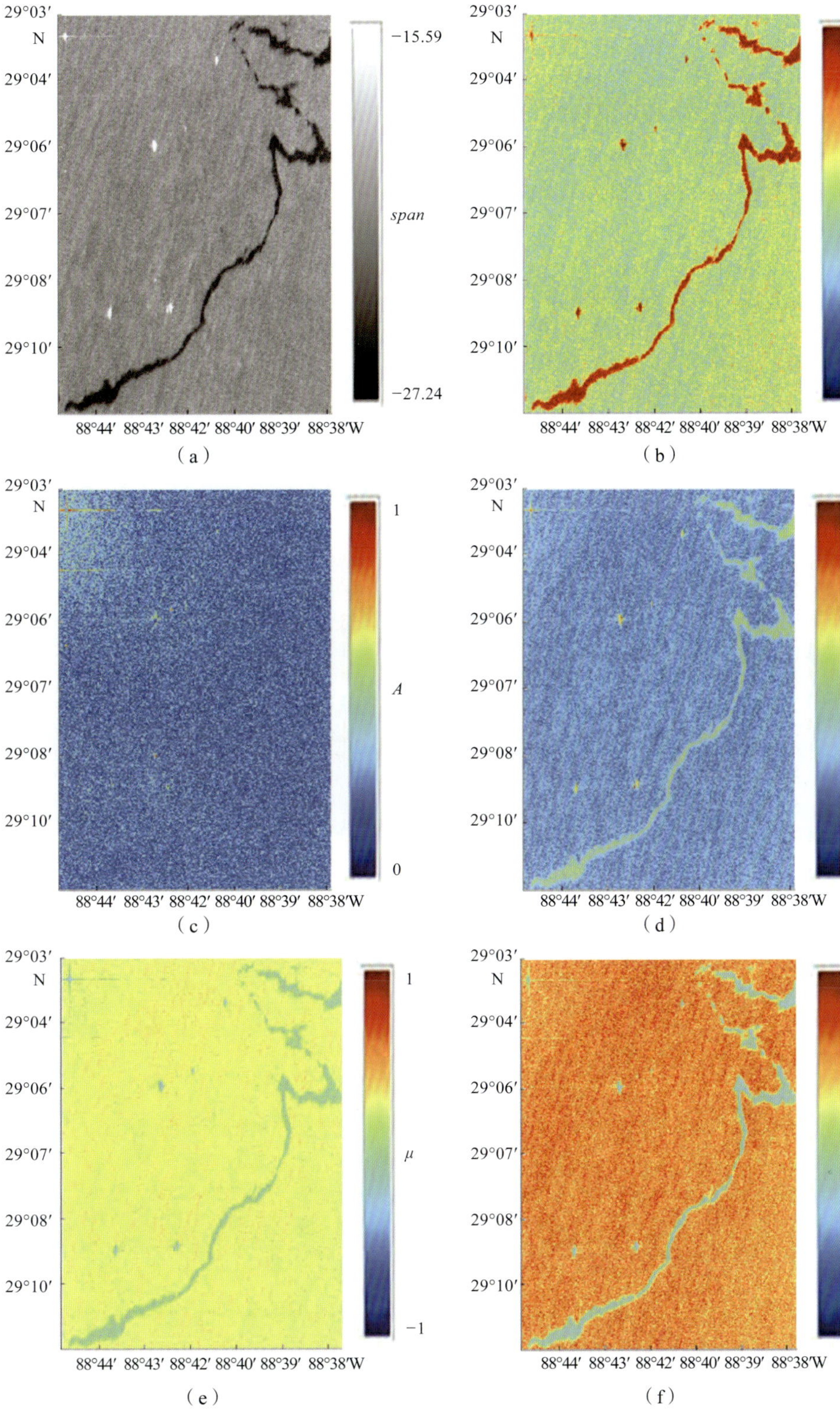

第 6 章 海面溢油监测技术

图 6-20　图 6-14 数据（b）对应的海洋溢油极化特征影像

6.4.5.2 6种溢油极化特征可分离度比较与分析

利用J-M方法对6种极化特征影像进行分析，其结果如图6-21所示。实线和虚线分别代表图6-14中数据（a）和数据（b）的油膜与海水差异度，横坐标表示各个不同的极化特征，纵坐标表示J-M距离指数值的大小。可以看出，不同的海洋环境条件下，不同的极化特征在对油膜的识别过程中，其识别程度存在差异。根据J-M指数法计算的结果，在数据1实验中，可综合利用 $span$、H、μ 和 P 进行溢油检测；在数据2实验中，H、$\bar{a}$、μ 和 P 对溢油检测具有优势（陈伟民等，2018）。

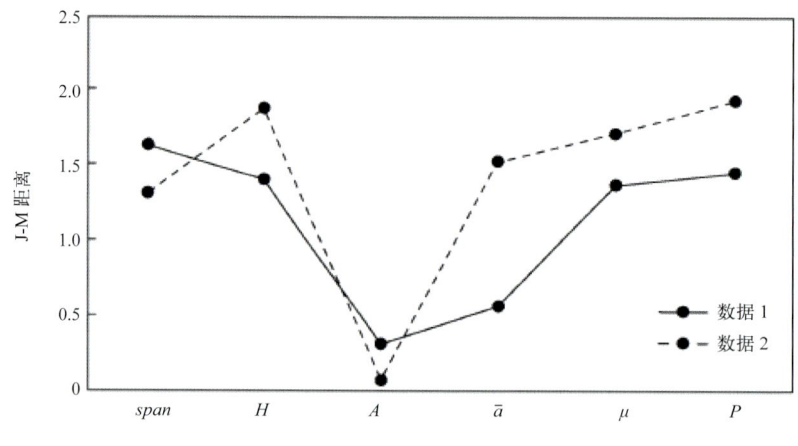

图6-21 极化特征J-M距离指数

6.4.5.3 溢油检测结果与分析

本节研究在利用遗传算法对分类器进行优化的基础上，借助多特征组合与优化的神经网络方法来提高油膜识别度。图6-14数据（a）实验中，将 $span$、H、μ 和 P 为GA-WNN的输入，输出为海水和油膜；图6-14数据（b）实验中采用 H、$\bar{a}$、μ 和 P 作为输入。

为验证GA-WNN的有效性，实验采用最大似然法（maximum likelihood，ML）分类、K-means聚类、支持向量机（support vector machine，SVM）分类以及未优化的小波神经网络做对比分析。图6-14数据（a）和数据（b）的检测结果分别如图6-22和图6-23所示。图6-14数据（a）和数据（b）的分类精度见表6-5。

由图6-22可知，图6-14数据（a）实验中，所采用的5种不同的方法都可以高效地检测出溢油边界区域。在检测溢油区域尾部方面，ML和GA-WNN方法检测效果更好，而其他3种方法检测出的边缘较为模糊。在非溢油区，ML检测结果斑点多且分布范围广，表明该方法抗噪声能力弱，虚警率较高。GA-WNN相较于其他方法，检测溢油边界的结果较准确，抗噪声能力较强，虚警率较低。此外，由表6-5可知，GA-WNN检测精度达到90.31%，WNN检测精度最低，为77.37%，其他3种方法检测精度皆为80%左右。GA-WNN检测比常规SVM方法高出近10个百分点，比未优化的WNN高出12个百分点。再次验证了本文提出方法的有效性。但是同时我们也不能忽略这一点，对于图6-14数据（a）实验，5种方法均将海洋中的石油钻井平台（影像中右上角突出的暗斑）检测为溢油，在一定程度上降低了分类器的检测精度。

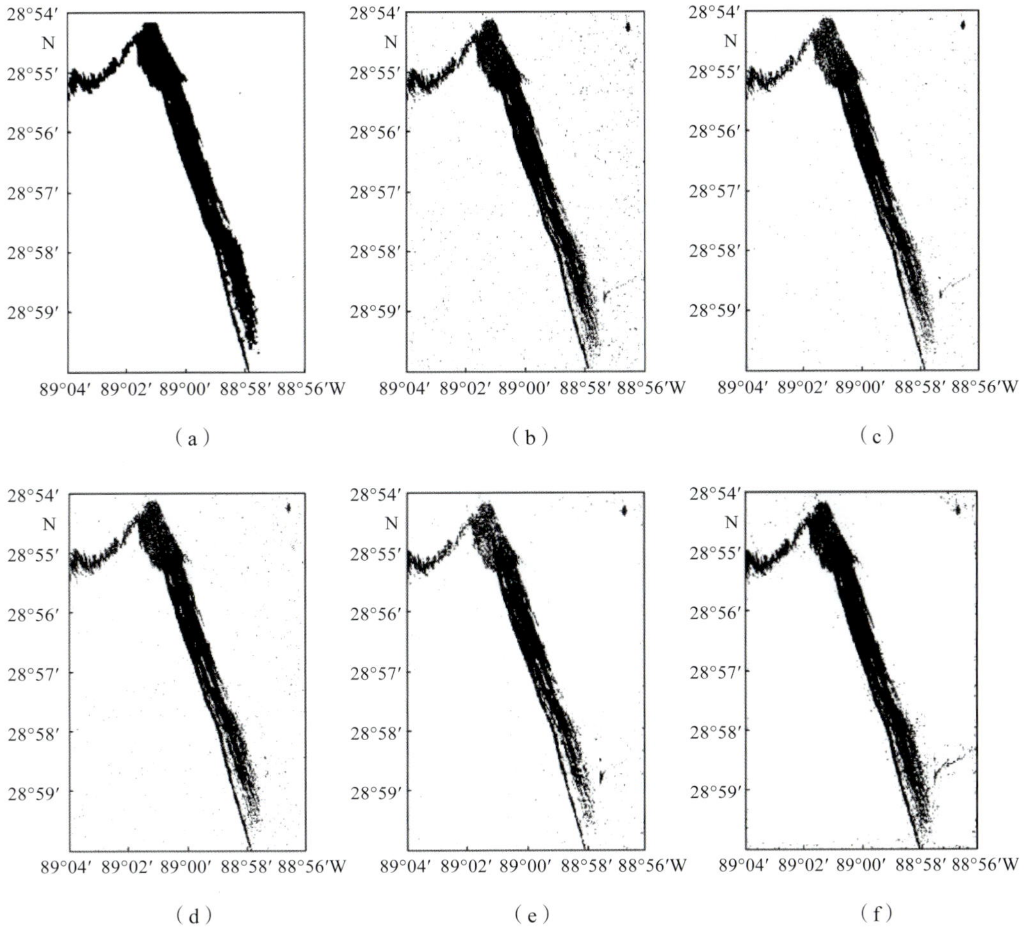

图6-22　图6-14数据（a）海洋溢油检测分类结果图
（a）解译图；（b）最大似然法；（c）k-means；（d）SVM；（e）WNN；（f）GA-WNN

　　图6-23为图6-14数据（b）的溢油检测结果，从图中可以看出，GA-WNN方法检测结果明显优于其他方法。从表6-5的检测精度可知，GA-WNN的检测精度最高为95.42%，其他4种检测方法精度大致一致，都近似为93%，GA-WNN的检测方法高出其他4种方法2个百分点。

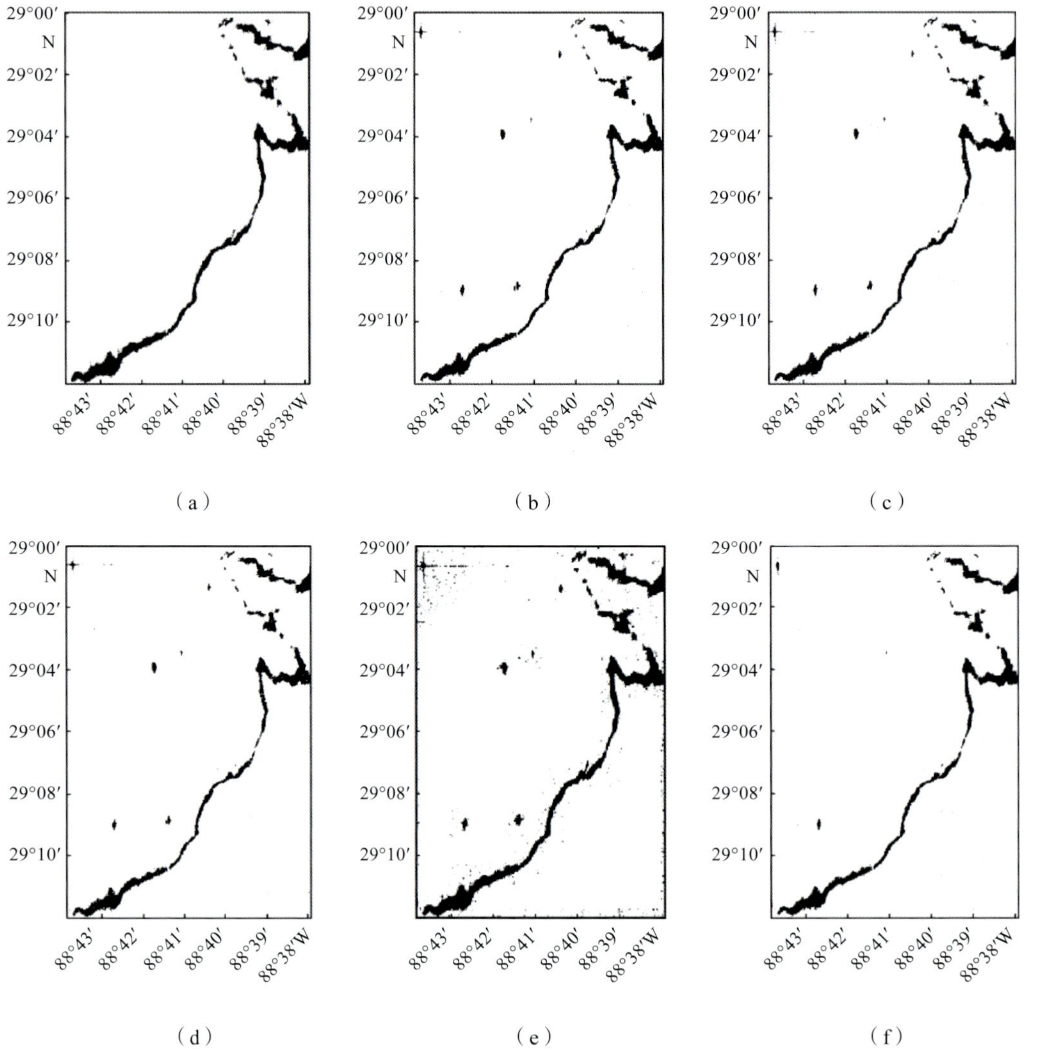

图 6-23 数据 2 海洋溢油检测分类结果

(a) 解译图；(b) 最大似然法；(c) k-means；(d) SVM；(e) WNN；(f) GA-WNN

表 6-5 图 6-14 数据（a）和数据（b）溢油检测分类精度

	最大似然法 分类精度 (%)	K-means 分类精度 (%)	SVM 分类精度 (%)	WNN 分类精度 (%)	GA-WNN 分类精度 (%)
数据 1	78.68	81.40	80.19	77.37	90.31
数据 2	93.38	93.12	93.23	93.19	95.42

综上所述，GA-WNN 方法在检测溢油目标方面的精度更高，优势明显。图 6-24 清晰展示了神经网络训练的整个过程中两种网络迭代收敛的情况，利用图 6-14 数据（a）进行 GA-WNN 和 WNN 训练的三次实验结果。图中实线和虚线分别代表 GA-

WNN 和 WNN 网络的误差下降过程。在这三次实验中，经遗传算法优化的小波神经网络均收敛，且收敛速度快，而未优化的 WNN 网络，会出现误差不收敛的现象。迭代误差曲线再次验证了 GA-WNN 相比于 WNN 收敛性更好，网络收敛速度更快，溢油检测精度得到了提高。限于篇幅，图 6-14 数据（b）的迭代误差曲线不再展示，但结果和数据 1 实验比较一致（陈伟民等，2018）。

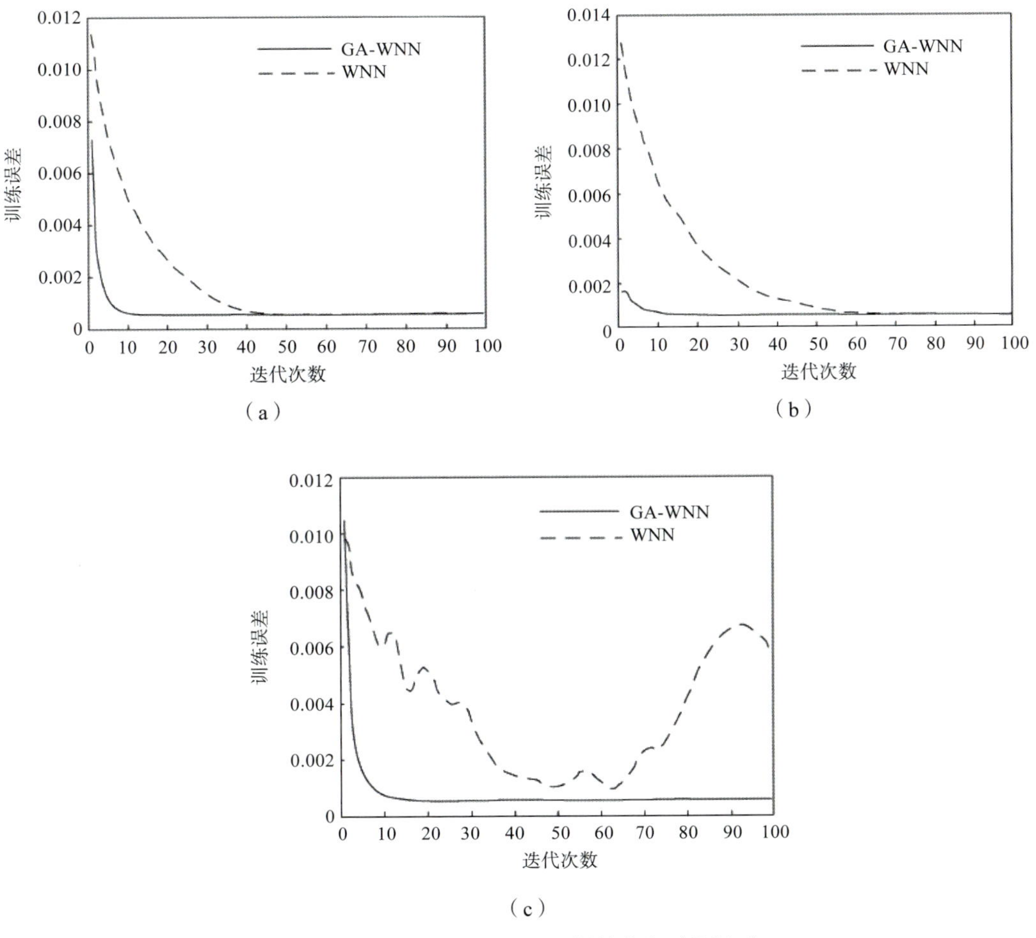

图 6-24 GA-WNN 和 WNN 误差曲线（数据 1）

6.5 总结

SAR 因其全天候和全天时监测、穿透能力强等优势，被认为是国内外用于海洋溢油检测的最理想的手段之一，被广泛应用于溢油检测。由于极化 SAR 能够保持目标的散射特性，能够很好地区分疑似溢油与溢油，一些极化特征被用于区分疑似溢油与溢油，并且效果良好（谢广奇，2018）。如今海洋溢油监测方面的理论和模型虽已经取得不错的成果，但仍存在许多不足，今后应着重在以下几个方面有所发展：①将多源多时相遥感数据融合，将监测的精度提高，优势互补，实时监测溢油污染监测的不同指标；②改善溢油监测的算法，将现有的较好算法结合起来，使得提取溢油的过程和结果更加精准；③完善海上溢油监测系统，实现系统集成和遥感数据的实时融合（姚骐等，2016）。

目前，在SAR影像上进行溢油检测和信息提取的技术正不断精进。单极化数据正逐渐向全极化数据方面发展，极化SAR数据在溢油的检测识别方面优势明显，其不仅能够提供丰富的地物信息，还能确保溢油检测的精度。利用极化SAR数据提取极化参数在今后溢油识别和信息提取的研究方面起着重要的作用，但全极化数据的观测范围比较狭窄，不适用于大范围的业务化工作。为了更好发挥SAR溢油检测的优势，可以将图像处理、极化参数提取和溢油散射特征分析等技术结合起来。随着新型高分辨率SAR卫星和极化SAR卫星的成功发射和应用，雷达遥感进入了全面发展阶段，而溢油遥感监测研究也迎来了全新的机遇和挑战。

总而言之，SAR在检测溢油方面的研究仍面临着诸多挑战，需对此开展更多的研究工作。基于星载SAR的溢油监测研究在极化数据处理、溢油信息提取、油膜的微波散射模型理论研究、微波散射特性分析等方面的研究有待深入和加强，随着微波遥感溢油检测技术的不断成熟，星载SAR溢油检测技术将在海洋溢油检测、溢油灾害应急和事故后期清理等方面得到更为广泛的发展和应用（李颖等，2017）。

参考文献

陈伟民，丁亚雄，宋冬梅，等，2018. 基于 GA-WNN 的极化 SAR 海洋溢油检测方法研究 [J]. 海洋科学，42(1): 70-81.

郭金金，肖鹏峰，冯学智，等，2015. 基于极化 SAR 图像的玛纳斯河流域典型区积雪识别 [J]. 南京大学学报（自然科学），5: 966-975.

康利军，李晓峰，宋甜甜，2018. SAR 图像海面溢油检测技术分析 [J]. 江苏科技信息，569(20): 46-48.

梁小祎，2007. 基于纹理分析的溢油 SAR 图像分类研究 [D]. 大连：大连海事大学.

李禹，计科峰，粟毅，2008. 基于统计模型组的 Markov SAR 图像分割 [J]. 信号处理，24(2): 272-276.

刘朋，2012. SAR 海面溢油检测与识别方法研究 [D]. 青岛：中国海洋大学.

李仲森，2013. 极化雷达成像基础与应用 [M]. 北京：电子工业出版社.

李颖，李冠男，崔璨，2017. 基于星载 SAR 的海上溢油检测研究进展 [J]. 海洋通报，36: 241-249.

宋莎莎，赵朝方，安伟，等，2018. 雷达波段对多极化 SAR 海面溢油检测极化特征参数的影响 [J]. 海洋学报（中文版），9: 125-136.

王栋，2014. SAR 图像海面溢油检测技术研究 [D]. 长沙：国防科学技术大学.

谢广奇，2018. 基于简缩极化 SAR 的海洋溢油检测 [D]. 北京：中国地质大学.

姚骐，常占强，付茂新，等，2016. 基于 SAR 影像的海洋溢油监测方法适用性分析 [J]. 首都师范大学学报（自然科学版），37(4): 65-69.

郑洪磊，张彦敏，王运华，2015. 基于极化特征 SERD 的 SAR 溢油检测 [J]. 海洋湖沼通报，(4):173-180.

ALPERS W, HEINRICH HÜHNERFUSS, 1989. The damping of ocean waves by surface fil^{ms}: A new look at an old problem[J]. Journal of Geophysical Research: Oceans, 94.

ALLAIN S, FERROFAMIL L, POTTIER E, 2004. Two novel surface model based inversion algorithms using multi-frequency polSAR data[C]// IEEE International Geoscience & Remote Sensing Symposium. IEEE.

ALLAIN S, LOPEZ-MARTINEZ C, FERRO-FAMIL L, et al., 2005. A New Eigenvalue-based Parameter for Natural Media Characterization.[J].

DABBOOR M, HOWELL S, SHOKR M, et al., 2014. The Jeffries-Matusita distance for the case of complex Wishart distribution as a separability criterion for fully polarimetric SAR data[J]. International Journal of Remote Sensing, 35(19): 6859-6873.

DONGMEI S, YAXIONG D, XIAOFENG L, et al., 2017. Ocean Oil Spill Classification with RADARSAT-2 SAR Based on an Optimized Wavelet Neural Network[J]. Remote Sensing, 9(8): 799.

DUAN B, CHONG J, 2011 . Based on the Covariance and Coherency Matrix for SAR Sea Oil Spill

Observation[C]// IEEE Cie International Conference on Radar. Chian: IEEE.

GIRARD F, MERCIER G, COLLARD F, et al., 2005. Operational Oil-Slick Characterization by SAR imagery and Synergistic data[J]. IEEE Journal of Oceanic Engineering, 30(3): 487−495.

HOLLAND J H, 1992. Adaptation in Natural and Artificial System[M]// Adaptation in natural and artificial systems. MIT Press.

JUNJUN Y, WOOIL M, JIAN Y, 2015. Model-Based Pseudo-Quad-Pol Reconstruction from Compact Polarimetry and Its Application to Oil-Spill Observation[J]. Journal of Sensors, 2015: 1−8.

KONIK M, BRADTKE K, 2016 . Object-oriented approach to oil spill detection using Envisat ASAR images[J]. Isprs Journal of Photogrammetry & Remote Sensing, 118: 37−52.

LI HAIYAN, PERRIE WILLIAM, ZHOU Y Z, et al., 2016. Oil spill detection on the ocean surface using hybrid polarimetric SAR imagery[J]. Science China Earth Sciences, 59(2): 249−257.

MIGLIACCIO M, GAMBARDELLA A, NUNZIATA F, et al., 2009b. The PALSAR Polarimetric Mode for Sea Oil Slick Observation[J]. IEEE Transactions on Geoscience and Remote Sensing, 47(12): 4032−4041.

MIGLIACCIO M, NUNZIATA F, GAMBARDELLA A, 2009a. On the co-polarized phase difference for oil spill observation[M]. Taylor & Francis, Inc.

MINCHEW B, JONES C E, HOLT B, 2012. Polarimetric Analysis of Backscatter from the Deepwater Horizon Oil Spill Using L-Band Synthetic Aperture Radar[J]. IEEE Transactions on Geoscience & Remote Sensing, 50(10): 3812−3830.

MERA D, V. BOLÓNCANEDO, COTOS J M, et al., 2017. On the use of feature selection to improve the detection of sea oil spills in SAR images[J]. Computers & Geosciences, 100: 166−178.

OTSU N, 1979 . A Threshold Selection Method from Gray-Level Histograms[J]. IEEE Transactions on Systems, Man, and Cybernetics, 9(1): 62−66.

PINEL N, DECHAMPS N, BOURLIER C, 2008 . Modeling of the Bistatic Electromagnetic Scattering From Sea Surfaces Covered in Oil for Microwave Applications[J]. IEEE Transactions on Geoscience and Remote Sensing, 46(2): 385−392.

WU F Y, 1982. The Potts model[J]. Reviews of Modern Physics, 54(1): 235−268.

ZADEH L A, 1965. FUZZY SETS[J]. Information & Control, 8(3): 338−353.

第7章
海面舰船监测技术

舰船检测是世界各海岸带国家的传统需求,在军事和民用部门都有着广泛的应用。我国领海广阔,海洋资源丰富,开展图像舰船及其尾迹检测的研究具有现实意义及广阔的应用前景。在民用方面,能对特定海域、海湾和港口的水运交通、遇难船只救助、非法捕鱼、走私和油污倾倒等进行有效的监管。随着我国海上交通和内河航运的迅猛发展,港口航道越来越拥挤,在恶劣天气和海况下,尤其在浅滩和交通繁忙的水域,常有相互碰撞或沉船事故,对我国海运监测管理的调度能力提出了更高的要求。在军事方面,我国面临的重大任务之一便是捍卫领土完整和维护国家统一,特别是在边远海域。SAR 能全天候、全天时地观测大面积的海面信息,可获取重访周期短、数据时效强、空间分辨率高等遥感 SAR 数据,并能进行舰船的检测、监视和识别,得到舰船的位置、面积、航向及航速等重要信息。为近实时获取登陆与抗登陆军事情报,确保海上战场主动权并取得军事行动的成功发挥重要的作用。本章介绍两种船只检查技术,并以实例说明其方法流程,可为发挥我国 SAR 卫星在监视海运交通、维护海洋权益、提高海防预警能力等方面提供一定参考。

7.1 基于 K-Gamma 分布的船只检测技术

对于多视 SAR 图像,其海面杂波符合如下的概率密度函数(Lombardo et al., 1995):

$$p(x) = \frac{2}{x\Gamma(v)\Gamma(L)} \left(\frac{Lvx}{\mu}\right)^{\frac{L+v}{2}} K_{L-v}\left(2\sqrt{\frac{Lvx}{\mu}}\right) \tag{7-1}$$

其中,μ 是灰度均值;v 是形状参数;L 是统计独立视数;K 是第二类修正贝塞尔函数。式(7-1)为包含 K 分布模型的表达式,但是 K 分布模型并不总适合多视图像,经验表明当 v 的绝对值很大时,K 分布已经不再适用,需引入 Gamma 分布作为 K 分布的补充。Gamma 分布的表达式为

$$p(x) = \frac{\beta^L}{\Gamma(L)} x^{L-1} \exp(-\beta x) \tag{7-2}$$

其中，β 是尺度参数。

7.1.1 参数估计方法

7.1.1.1 K 分布模型的参数估计

K 分布模型的参数估计指通过一定数量的独立样本来估计它的均值 μ 和形状参数 v。最简单实用的方法是使用样本均值和方差来进行参数估计（Oliver，1993）。表达式如下：

$$\langle x \rangle = \mu \tag{7-3}$$

$$\mathrm{var}[x] = \left[\left(1+\frac{1}{v}\right)\left(1+\frac{1}{v}\right)-1\right]\mu^2 \tag{7-4}$$

由此可以导出两者估计值的表达式：

$$\tilde{\mu} = \langle x \rangle \tag{7-5}$$

$$\left(1+\frac{1}{\tilde{v}}\right)\left(1+\frac{1}{v}\right) = \frac{\hat{x}^2}{(\hat{x^2})} \tag{7-6}$$

其中，$\hat{x}^2$ 是 x 的均值的平方；$(\hat{x^2})$ 是 x^2 的均值。

7.1.1.2 Gamma 分布的参数估计

式（7-2）的均值和方差的经典表达式为

$$E[X] = L/\beta \tag{7-7}$$

$$\mathrm{var}[X] = L/\beta^2 \tag{7-8}$$

其中，E 是数学期望符号；L 和 β 估计值表达式为

$$\hat{L} = \frac{\hat{m}_1^2}{\hat{m}_2 - \hat{m}_1^2} \tag{7-9}$$

$$\hat{\beta} = \frac{\hat{m}_1}{\hat{m}_2 - \hat{m}_1^2} \tag{7-10}$$

其中，$\hat{m}_r = \sum_{i=0}^{M-1} x_i^r$，$r = 1, 2$；$M$ 为样本数。

7.1.2 检测流程

使用 K 分布模式进行 SAR 图像海面船只检测的流程如图 7-1 所示。其检测流程主要包括样本采样、参数估计、CFAR 方程解算和船只检测。

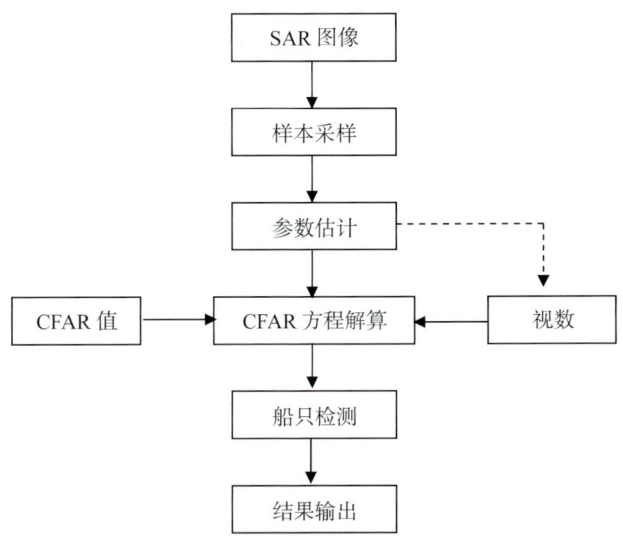

图 7-1　K 分布模式检测流程

7.1.2.1　样本采样

根据杂波的分布特点，样本应该是独立的、有代表性的。样本数 M 一般来说是越大越好。考虑到算法的速度和样本的代表性，可以取 900 个样本数量。为了实现独立采样，取一块 90×90 的区域，均匀分成 900 个 3×3 的区域，在每个区域里随机地抽取一个值组成样本。

7.1.2.2　参数估计

K 分布的参数估计方法如下。

1) 视数估计

视数一般由外部给定，但是某些情况下需要通过样本来估计（Jao，1984；Jahangir et al., 1996），比如在外部给定的视数不准确或者没有视数信息的时候。视数估计公式如下（Roberts，2000）：

$$\hat{L} = \frac{\left(\dfrac{1}{M}\sum_{i=0}^{M-1} x_i\right)}{\dfrac{1}{M-1}\sum_{i=0}^{M-1}\left(x_i - \dfrac{1}{M}\sum_{i=0}^{M-1} x_i\right)} \tag{7-11}$$

2）均值估计

总体均值等于样本均值，公式如下：

$$\hat{\mu} = \frac{1}{M}\sum_{i=0}^{M-1} x_i \qquad (7-12)$$

3）形状参数估计

形状参数的估计，采用样本均值和方差方法，见式（7-3）和式（7-4）。Gamma 分布的参数估计方法采用式（7-9）和式（7-10）。

7.1.2.3 CFAR 方程的解算

针对 K 分布和 Gamma 分布的解算过程不同。K 分布 CFAR 方程的解算中，K 分布 CFAR 方程如下：

$$\text{CFAR} = 1 - \int_0^x \frac{2}{y\Gamma(v)\Gamma(L)} \left(\frac{Lvy}{\mu}\right)^{\frac{L+v}{2}} K_{L-v}\left(2\sqrt{\frac{Lvy}{\mu}}\right) dy \qquad (7-13)$$

将式（7-13）的积分部分展开（Lombardo et al., 1994），得到式（7-14）

$$\int_0^x \frac{2}{y\Gamma(v)\Gamma(L)} \left(\frac{Lvy}{\mu}\right)^{\frac{L+v}{2}} K_{L-v}\left(2\sqrt{\frac{Lvy}{\mu}}\right) dy$$

$$= C \times \left[\frac{2}{2\times(L-1)} t^{v+L} K_{v-L}(t) F_2\left(1; L+1; v, \frac{t^2}{4}\right) + \frac{1}{4Lv} + K_{v-L-1}(t) F_2\left(1; L+1; v+1, \frac{t^2}{4}\right)\right]$$

$$(7-14)$$

其中，$C = \dfrac{1}{2^{L+v-2}\Gamma(v)\Gamma(L)}$；$t = 2\sqrt{\dfrac{Lvy}{\mu}}$；$F_2(a; b, c; d) = \sum_{k=0}^{\infty} \dfrac{\Gamma(b)\,\Gamma(c)\,\Gamma(a+k)\,d^k}{\Gamma(a)\,\Gamma(b+k)\,\Gamma(c+k)k!}$（超几何方程）。

再将式（7-14）代入式（7-13），即可求解方程。Gamma 分布 CFAR 方程的解算中，Gamma 分布的 CFAR 方程为

$$\text{CFAR} = 1 - \int_0^x \frac{\beta^L}{\Gamma(L)} y^{L-1} \exp(-\beta y)\, dy \qquad (7-15)$$

上式右边第二项可表示为：

$$\int_0^x \frac{\beta^L}{\Gamma(L)} y^{L-1} \exp(-\beta y)\, dy = \frac{1}{\Gamma(L)} \int_0^{\beta x} s^{L-1} \exp(-s)\, ds = P(L, \beta x) \qquad (7-16)$$

其中，$P(a, x)$ 为不完全伽马函数。将式（7-16）代入式（7-15）即可求解 CFAR 方程。式（7-13）和式（7-15）的求解都比较复杂，可以采用二分法来求解。

7.2 SAR 图像船舶尾迹快速检测技术

7.2.1 基于改进的 Hough 变换尾迹检测算法

Hough 变换是 Paul Hough 于 1962 年在其专利中引入用来检测直线的算法，在图像处理和计算机视觉中有很多应用。如直线检测、圆或椭圆检测、边界提取等。二维欧几里得空间中 Hough 变换的定义为

$$f(\theta,\rho) = H\{F\} = \iint_D F(x, y)\, \delta\,(\rho - x\cos\theta - y\sin\theta)\, \mathrm{d}x\mathrm{d}y \tag{7-17}$$

其中，D 是整个 x–y 平面，x–y 是以图像中心为坐标的二维欧式平面；$F(x, y)$ 是图像上点 (x, y) 的灰度值；δ 是 Dirac 函数；ρ 是由原点至直线的法线距离；θ 是直线的法线与 x 轴的夹角，取值范围为 0°～180°。

Hough 变换中的 $F(x, y)$ 为图像上点 (x, y) 的灰度值，变换后 θ–ρ 平面值 $f(\theta, \rho)$ 变成了点 (θ, ρ) 对应的 x–y 平面的几何直线上所有像素点的灰度累计值。但是图像上位于不同位置直线的像素点数目各不相同，使得在图像中的直线对于 Hough 变换空间的贡献不均匀（即累加数目不同），同时海面背景相干斑噪声的严重影响，经常使得检测结果不准确。

我们知道，传统的尾迹检测算法都是针对线性特征的检测，并没有进一步对检测出的尾迹类型进行筛选，针对 Hough 变换算法的不足，提出了一种基于改进的 Hough 变换 SAR 图像船只尾迹识别算法。该算法不仅实现了尾迹的自动检测，而且对检测出的尾迹也进行了自动识别，具体过程为：①对于窗口图像的切割，要以尾迹为中心，以略小于尾迹长度为高度，来确定含有船只目标及其尾迹的图像窗口；②在图像窗口中，找到船只位置，并将其用窗口图像灰度均值代替；③对该图像窗口应用改进算法，在变换域中通过设定阈值来寻找峰值；④根据峰值 (ρ, θ)，反演出尾迹所在直线，然后通过阈值条件确定尾迹的起点和终点。

改进后的 Hough 变换，算法描述如下。

（1）在参数空间中设定两个灰度累加器 $H_1(\rho k, \theta m)$ 和 $H_2(\rho k, \theta m)$ 以及两个直线长度统计累加器 $L_1(\rho k, \theta m)$ 和 $L_2(\rho k, \theta m)$，分别用于对亮尾迹和暗尾迹进行积分；

（2）在参数空间中，首先对亮尾迹进行检测，累加每一个像素的灰度值到 $H_1(\rho k, \theta m)$ 并且使 $L_1(\rho k, \theta m)$ 加 1，然后在 Hough 变换域中搜索 $H_1(\rho k, \theta m) / L_1(\rho k, \theta m)$

的最大值,并将搜索结果保存下来,然后根据阈值判断是否继续搜索;

(3)接着对暗尾迹进行检测,累加每一个像素的灰度值到 $H_2(\rho k, \theta m)$ 并且使 $L_2(\rho k, \theta m)$ 加 1,然后在 Hough 变换域中搜索当 $H_2(\rho k, \theta m) / L_2(\rho k, \theta m)$ 小于均值时的最大值,并将搜索结果保存下来,然后根据阈值判断是否继续搜索,若 $H_2(\rho k, \theta m) / L_2(\rho k, \theta m)$ 为 0,则直接退出搜索;

(4)在参数空间中搜索峰值或谷值的前提条件是 $L_1(\rho k, \theta m)$ 或 $L_2(\rho k, \theta m)$ 大于 M,其中 M 为含有尾迹的 SAR 图像局部窗口中高度的一半,这一限定条件的目的是剔除局部高灰度值对检测结果的影响;

(5)通过检测出的尾迹及其夹角筛选尾迹;

(6)根据检测出的亮尾迹或暗尾迹,利用均值判别法以及阈值法反演出尾迹端点坐标。

图 7-2 为尾迹识别结果。结果表明,改进后的检测能够检测出端点和尾迹类型。分析表明,此方法虽然有所改进,但是仍然存在速度问题和抗干扰能力。为此,尝试基于 SAR 成像特性建立快速检测模型。

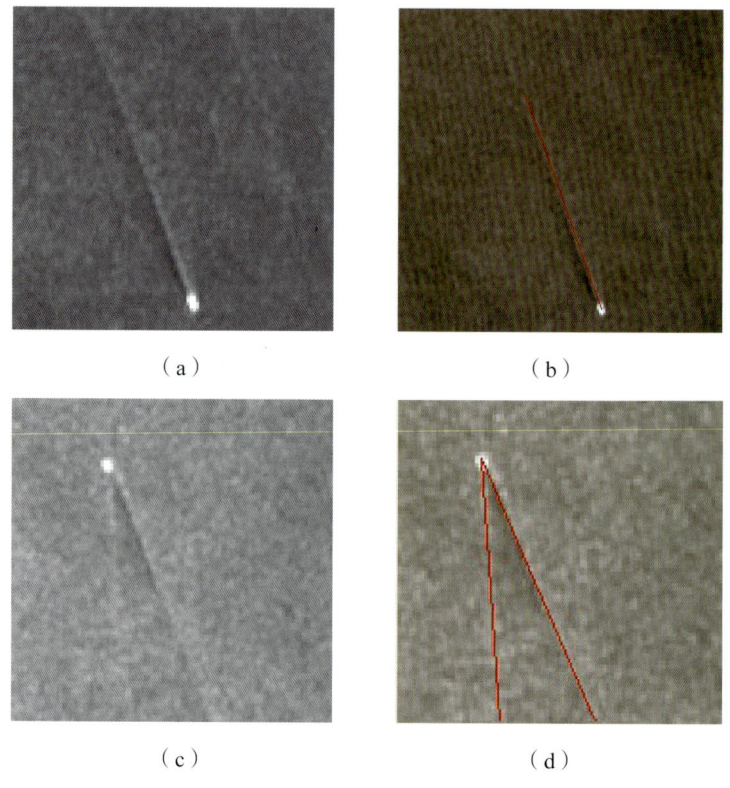

图 7-2 基于改进的 Hough 变换的检测结果

(a)含有尾迹的 SAR 图像一;(b)改进的 Hough 变换检测结果一;
(c)含有尾迹的 SAR 图像二;(d)改进的 Hough 变换检测结果二

7.2.2 SAR 图像尾迹快速检测技术

尾迹检测最终目的是进行业务化应用。常用检测算法（周红建等，2000；Rey et al.，1990）和改进后的算法实验效果表明，尾迹快速检测技术主要需要解决以下四个问题：①是判断问题，所检测到的船只是否存在尾迹，这个是后续检测的基础；②是检测问题，船只周边范围内有几条尾迹线；③是关联问题，哪些线是船只的尾迹线；④是如何具体实现快速检测。在实际应用中，①和②通常合并考虑。

7.2.2.1 尾迹存在性检测

Randon 变换被广泛应用于各行各业，它是将二维平面函数变换成一个定义在二维空间上的一个线性函数，其实质就是计算图像矩阵在某个方向上的投影。这样，根据角度变化时出现的"局部峰值"，可以确定直线的方向，同时，峰值的大小能够确定直线上点的个数。因此，Randon 变换可用于尾迹检测。

图 7-3 是一幅尾迹图像及其 Radon 变换空间（Lupidi et al.，2017）。在 Radon 空间中找出一个最低点是比较容易的，任何一个图像 Radon 空间都有最低值，但如何确定这个低值是否对应一条尾迹则成为一个难点。从图 7-4 中可以看出，Radon 变换空间存在多个极低值。图 7-5 是没有线性特征的海面 SAR 图像及其 Radon 空间图像。为了比较 Radon 空间图像的特征，对三幅 Radon 空间图像进行了直方图分析，如图 7-6 所示。仅从直方图上分析，无明显差别，因此对三幅 Radon 空间图像进行二值化，图 7-7 是三幅 Radon 空间图像二值化的结果，二值化的阈值分别为 60、62 和 89。二值化的结果显示，存在明显线性特征或者尾迹的图像上均有一块或多块聚集的低值点，而没有明显线性特征的图像仅存在离散的低值点。因此，可以根据这个依据，判断图像上是否存在明显的尾迹。阈值的选取可按照直方图低端概率的 1% ～ 5% 来计算阈值。然后依据低值点的密集度和数量进行判读。

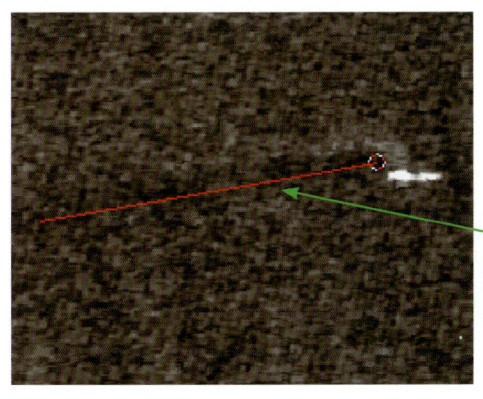
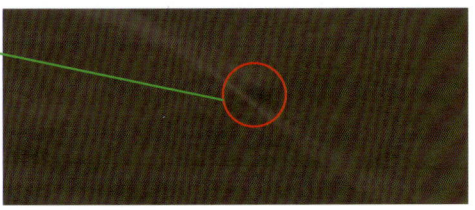

图 7-3　尾迹图像及其 Radon 变换空间

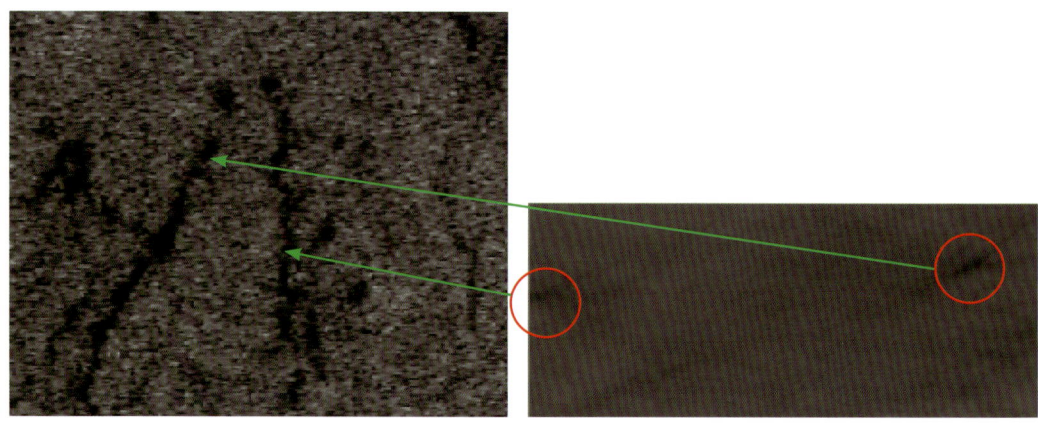

图 7-4　SAR 图像及其 Radon 变换空间

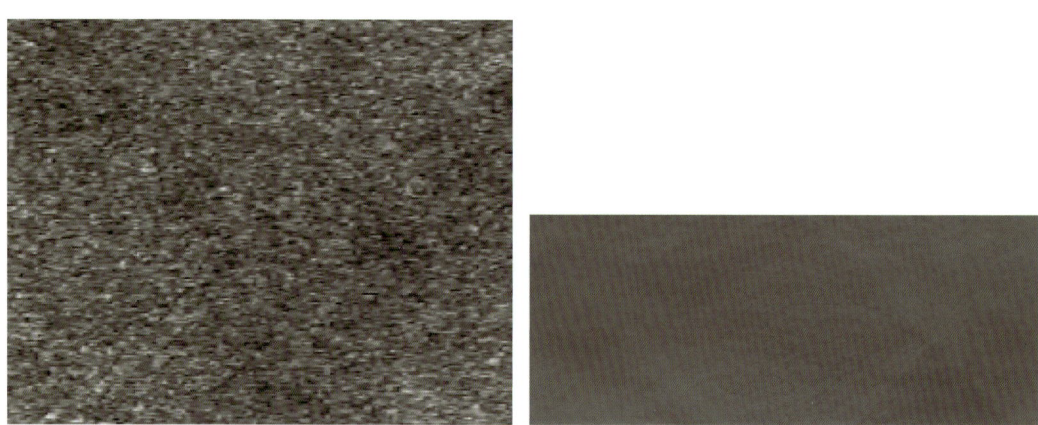

图 7-5　SAR 图像及其 Radon 变换空间（无线性特征）

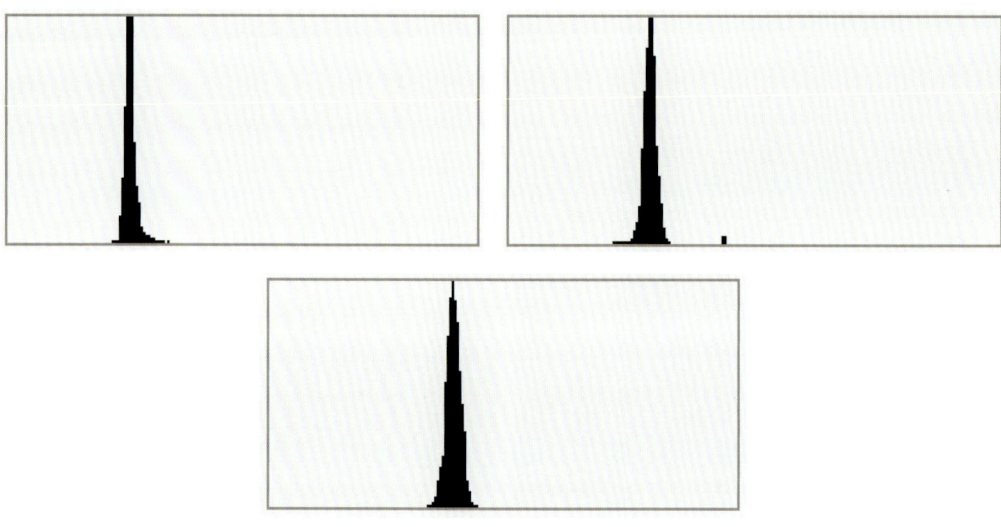

图 7-6　Radon 空间图像直方图

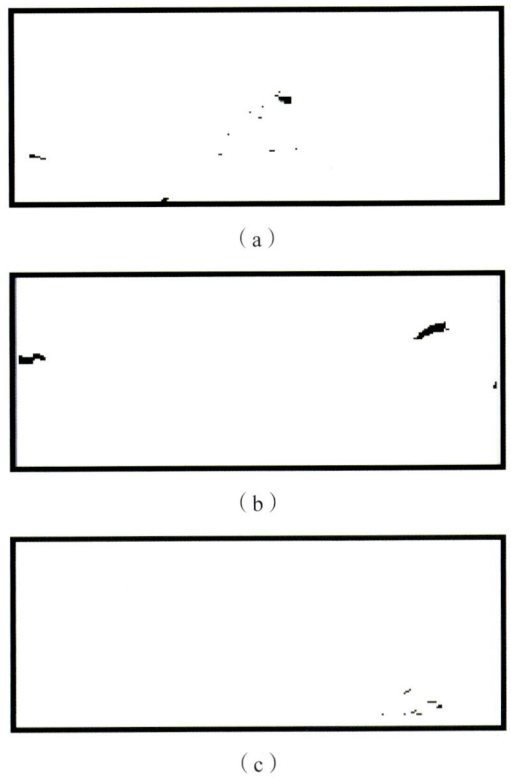

图 7-7　Radon 空间图像二值化结果

7.2.2.2　尾迹关联

第三个问题是尾迹的关联问题。在船只密集区，一艘船的周边可能有多条线性特征，如图 7-8 所示，这样会产生误检测。因此，有必要在解决问题③的时候，结合考虑问题④，就是如何快速检测。对于船只的湍流尾迹，如果仅考虑图像特征，难以有效地提高检测速度，如传统的 Hough 变换和 Radon 变换。因此，需要结合 SAR 成像机理进行深入分析研究。

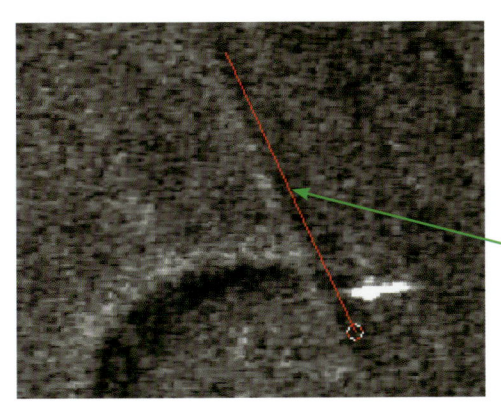

图 7-8　存在干扰条纹的尾迹误检测

当船只航行方向与距离向夹角小于 90° 时，位移为负值，大于 90° 时，位移为正值。如图 7-9 所示，S1 产生正的位移，S2 产生负的位移。所有的偏移都是发生在方位向，也就是说，如果以方位向为 Radon 变换中心，就可以获得较快的检测速度。位移为正值，只检测一、四象限，位移为负值时，只检测二、三象限，减少 50% 计算量，如图 7-10 所示。同时可以屏蔽一些干扰条纹，图 7-11 中右上角干扰条纹被有效屏蔽。除了检测域上的屏蔽之外，为了提高检测准确率，应考虑船只的船体朝向与尾迹的关系，一般情况下，尾迹的方向与船体朝向是平行的，少数呈一定的夹角，且夹角一般不超过 40°。因此，若发现尾迹条纹与舰体接近垂直，则该条纹应被排除。一艘船只最多同时存在 3 条暗条纹，即同时存在开尔文尾迹和湍流尾迹，如图 7-9 所示，且存在一定的夹角。图 7-12 是改进后的检测效果，右上角干涉条纹被有效屏蔽，提高了检测准确率。

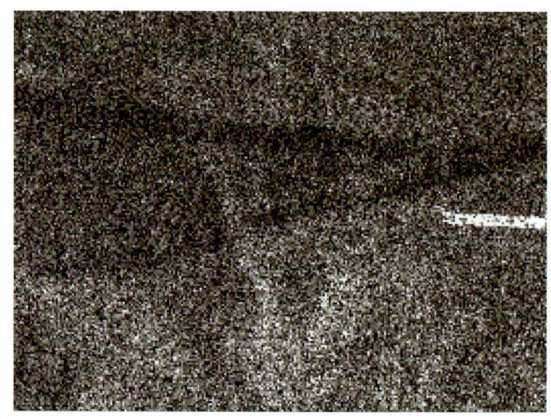

图 7-9　具有 3 条暗尾迹船只 SAR 图像

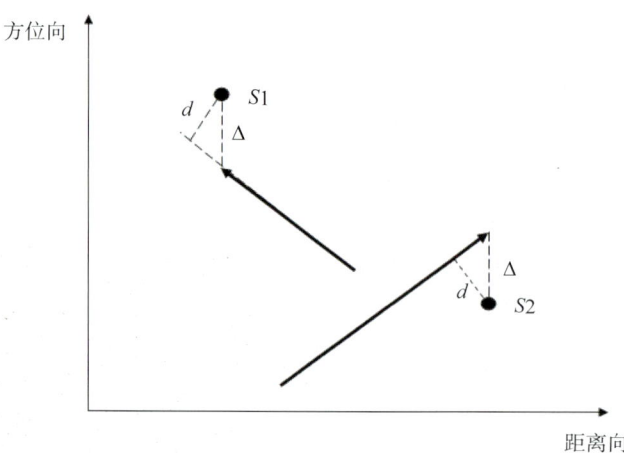

图 7-10　湍流尾迹位移示意图

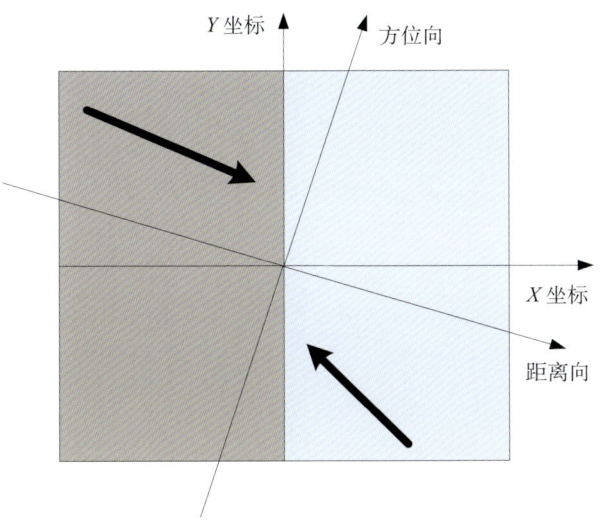

图 7-11 改进检测范围示意图

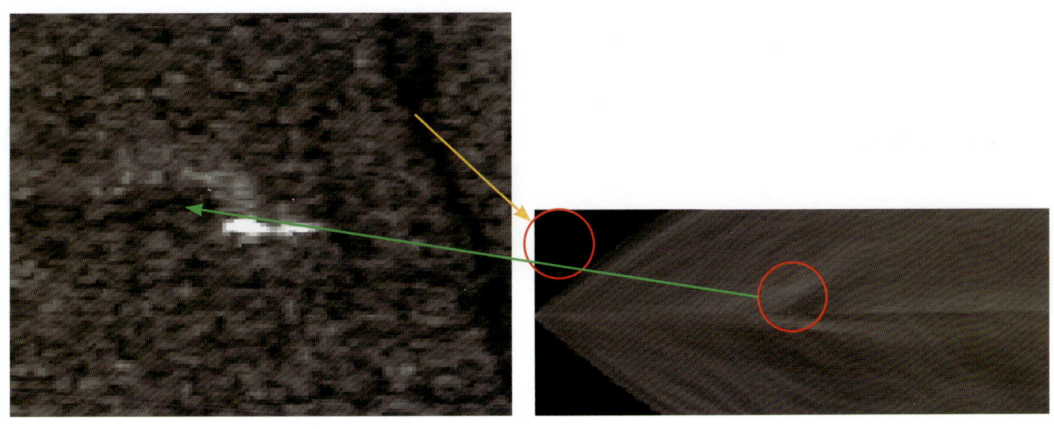

图 7-12 快速检测改进效果

7.2.2.3 尾迹检测速度分析

在不考虑硬件条件的情况下，SAR 图像舰船尾迹检测的速度主要取决于：①检测图像的大小；②检测算法。上一节已经对算法进行了改进，提出了基于 Hough 变换的快速尾迹检测方法。这里主要讨论如何设定检测图像的大小。从 SAR 图像尾迹和舰船成像的机理出发，尾迹与运动的舰船会发生多普勒位移，位移的大小取决于船的速度以及航行方向与距离向的夹角。

SAR 对运动目标成像时目标与实际位置在方位向会产生偏移，这是由 SAR 的成像机理所决定的。如图 7-13 所示，设卫星的位置矢量和速度矢量分别为 $\vec{S}_{sar}(x_{sar}, y_{sar}, H)$ 和 $\vec{V}_{sar}(0, v_{sar}, 0)$，船的位置矢量和速度矢量分别为 $\vec{S}_{ship}(x_{ship}, y_{ship}, 0)$

和 $\vec{V}_{ship}$（$u\cos\phi$, $u\sin\phi$, 0），则船对卫星的相对速度为 $\vec{V}'_{ship}$（$u\cos\phi$, $u\sin\phi - V_{sar}$, 0）。因为当船对卫星的相对速度与船和卫星的连线垂直时，多普勒位移为零，则式（7-18）成立：

$$\vec{V}'_{ship} \cdot (\vec{S}_{ship} - \vec{S}_{sar}) = 0 \tag{7-18}$$

即

$$(x_{sar} - x_{ship}) u \cos\phi + (y_{sar} - y_{ship})(u\sin\phi - V_{sar}) = 0 \tag{7-19}$$

$$y_{sar} - y_{ship} = \frac{(x_{sar} - x_{ship}) u \cos\phi}{V_{sar} - u \sin\phi} \tag{7-20}$$

因为 $x_{ship} = x_{sar} + H\tan\theta$，且 $V_{sar} \gg u\sin\phi$，式（7-20）可写为

$$y_{sar} - y_{ship} = \frac{(-H\tan\theta) u \cos\phi}{V_{sar}} \tag{7-21}$$

最终得到多普勒位移的表达式。由上式可知，当船只速度一定时，多普勒位移的大小与 φ 有关，即多普勒位移的大小由船速的距离向分量决定。当船的航行方向与方位向一致时，多普勒位移为零。

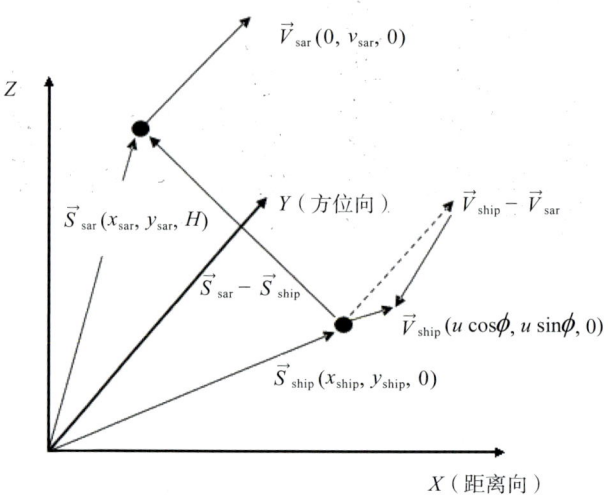

图 7-13　湍流尾迹速度计算示意图

我们知道，$\Delta V_{SAR} = (y_{sar} - y_{ship}) V_{sar}$，将其带入式（7-21）即可推出船只速度的表达式：

$$u = \frac{-\Delta V_{sar}}{H\tan\theta \cos\phi} \tag{7-22}$$

故此，在已知多普勒位移和船只的航向及相关的卫星参数情况下，就能计算出船只的速度，这也是湍流尾迹利用多普勒位移计算船只速度的理论依据。由此，获得了舰船速度与多普勒位移的关系。

多普勒位移最大的偏移量出现在船只以极限速度沿着距离向行驶的情况下。以 Envisat 卫星为例，轨道高度 800 km，飞机速度 7.45 km/s，入射角 23°，舰船速度 40 kn。计算获得多普勒位移为 937 m。Radarsat-2 卫星轨道高度 798 km，飞行速度约 7.5 km/s，平均入射角 35°，计算获得最大多普勒位移约为 1 500 m。若图像像元大小为 12.5m，以舰船为中心，图像应大于 240×240 个像元。若分辨率为 5 m，则图像应大于 600×600 个像元。图像像元大小为 3m，则子图像应大于 1 000×1 000（像元）。因此，分别采用 500×500（像元）、750×750（像元）、1 000×1 000（像元）、1 250×1 250（像元）和 1 500×1 500（像元）大小的子图像进行尾迹检测，记录运算时间，用以评估其演算效率。

表 7-1 是 5 块子图像检测时间结果比较，对于快速检测模型，最大的子图像 1 500×1 500（像元）检测时间约 7 s，最小子图像 500×500（像元）检测时间为 1.8 s。若一幅 SAR 图像有 200 个舰船目标进行尾迹检测，最长耗时约 23 min，最短检测时间约 6 min，平均 15 min。若能进行并行计算，速度仍能提高。依 15 min 的检测时间，基本可以满足近实时处理的要求。传统 Radon 变换的时间则较长，同样一幅有 200 个舰船目标的 SAR 图像，进行尾迹检测，最长耗时多达 2 h，最短检测时间也要 16 min，平均 75 min。由此可见，改进后的快速检测模型效果显著。

表 7-1 图像检测时间记录

时间（s）	图像大小（像元）				
	500×500	750×750	1 000×1 000	1 250×1 250	1 500×1 500
快速检测模型	1.8	2.5	3.2	4.5	7.0
Radon 变换	5.0	8.2	21.5	32.6	40.4

7.3 船舶及尾迹联合检测实例

本小节利用 K-Gamma 分布检测算法和尾迹快速检测技术，对 SAR 图像进行了船只和尾迹联合检测试验，图 7-14 是部分检测结果。试验结果表明，尾迹快速检测模型具有较好的检测性能,对于部分暗条纹［图 7-14（a）、(b)］和多数亮条纹［图 7-14（c）、(d)］具备抗干扰能力。

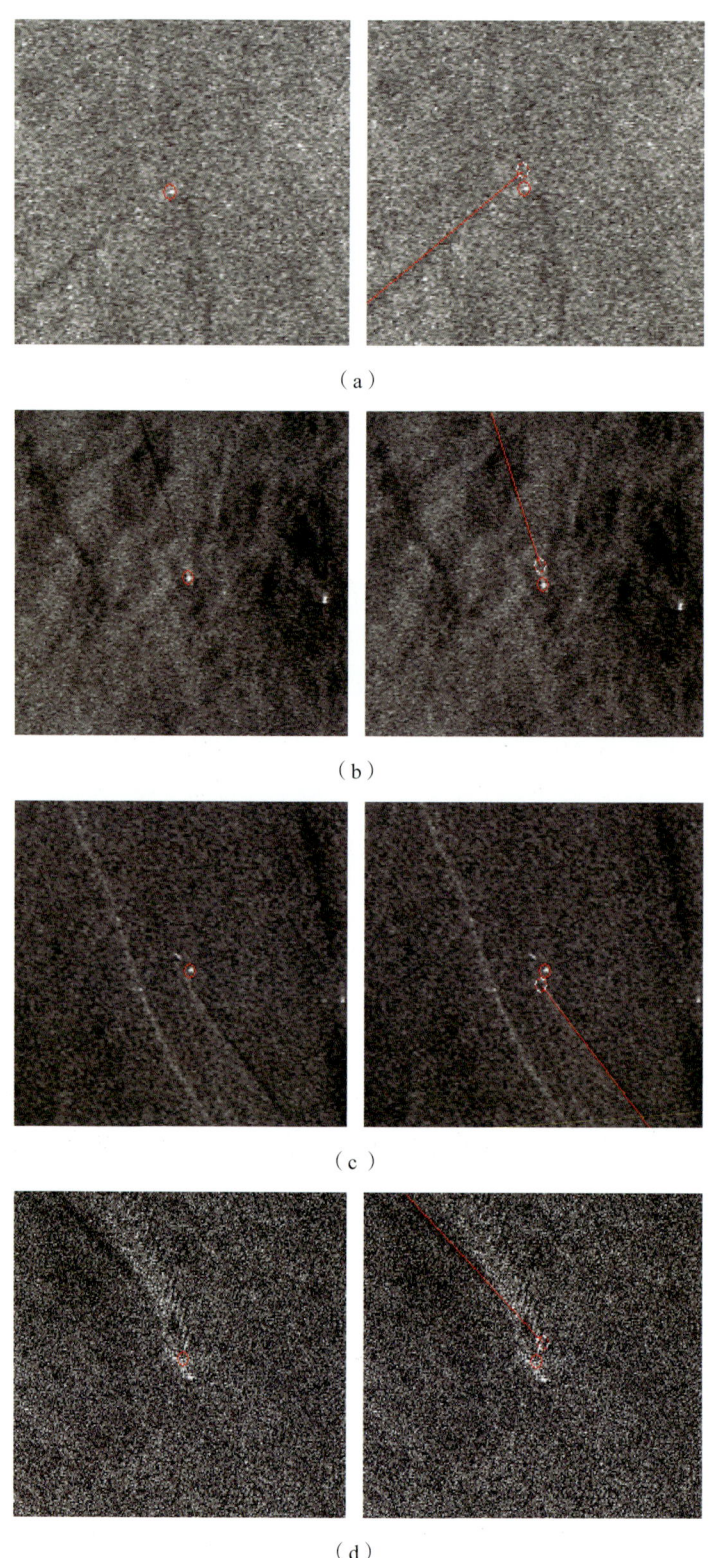

图 7-14 不同背景图像下船舶及尾迹快速检测联合检测试验结果

7.4 总结

本章给出了传统的参数化算法 K-Gamma 分布 CFAR 船舶检测技术和基于 Hough 变换的快速尾迹检测技术相结合的船舶及尾迹联合检测算法。对于 K-Gamma 分布的参数估计算法以及概率密度方程，给出了解算公式。对业务化 SAR 图像尾迹检测的主要问题进行了分析，并给出了解决方案。实验结果表明，船舶及尾迹的联合检测效果良好，为技术的业务化应用提供了参考。

参考文献

周红建, 周宗潭, 李相迎, 等. 2000. 一种从 ERS_1 SAR 海洋图像中检测船舶航迹的算法 [J]. 遥感学报, 4(1): 55−60.

JAHANGIR M, BLACKNELL D, WHITE R G, 1996. Accurate approximation to the optimum parameter estimate for K-distributed clutter [C]. IEE Proceedings - Radar, Sonar and Navigation, 143(6): 383−390.

JAO J, 1984. Amplitude distribution of composite terrain radar clutter and the K-distribution [J]. IEEE Transactions on Antennas and Propagation, AP-32(10): 1049−1062.

LOMBARDO P, OLIVER C J, 1994. Estimation of texture parameters in K-distributed clutter [C]. IEE Proceedings - Radar, Sonar and Navigation, 141(4): 196−204.

LOMBARDO P, OLIVER C J, TOUGH R J A, 1995. Effect of noise on order parameter estimation for K-distributed clutter [C]. IEE Proceedings - Radar, Sonar and Navigation, 142(1): 33−40.

LUPIDI A, et al., 2017. Fast detection of oil spills and ships using SAR images [J]. Remote Sensing, 9(3): 230.

OLIVER C J, 1993. Optimum texture estimators for SAR clutter [J]. Journal of Physics D: Applied Physics, 5: 1824−1835.

REY M T, TUNALEY J K, FOLINSBEE J T, 1990. Application of radon transform techniques to wake detection in SeaSAT-A SAR images [J]. IEEE Transactions on Geoscience and Remote Sensing, 28(4): 553−560.

ROBERTS W J J, FURUI S, 2000. Maximum likelihood estimation of K-distribution parameters via the expectation-maximization algorithm [J]. IEEE Transactions on Signal Processing, 48(12): 3303−3306.

第8章
台风与台风浪反演技术

海气之间的热量、水汽和物质交换是海洋学研究中的重要动力学现象,而台风对其有重要影响。虽然利用一些已有的仪器例如浮标可以获取海洋资料,但是在极端天气条件下,其测量效果很差。海风和海浪都对 SAR 后向散射信号的强弱有所影响,在极端天气条件下,仍然会在 SAR 图像中留下明显的气旋形状(Friedman et al., 2000;Fernandez et al., 2006;Li et al., 2013;Li,2015;Lee et al., 2016;Zheng et al., 2016;Jin et al., 2017)。目前,SAR 数据可从 C 波段(5.3 GHz)Radarsat-2(R-2)和 Sentinel-1(S-1),X 波段(9.8 GHz)TerraSAR-X/TanDEM-X(TS-X/TD-X)和 Cosmo-SkyMed 以及 L 波段(1.2GHz)Alos-2 卫星中获得。因此,SAR 是目前获取海洋资料的重要、直接并有效的技术途径之一。此外,最近研究表明可以从 SAR 图像中反演台风风(Li et al., 2013;Li et al., 2015)和台风浪(Romeiser et al., 2015)。

目前已经开发了多种算法用于从不同波段和极化方式的 SAR 图像中进行风场和波浪的反演。但在极端天气下对风的主动微波遥感仍是一项极具挑战的任务,在这种条件下,同极化后向散射信号会达到饱和。本章就台风风和台风浪反演提出了四种可靠的方法。

(1)利用强风条件下风浪增长不饱和与热带风暴中风浪三要素(海面风速,有效波高和峰值周期)之间的内在关系,推导出风速。利用在不同卫星的 SAR 图像中反演的风速和美国国家海洋与大气管理局(NOAA)步进频率微波辐射计(SFMR)测量结果进行比较,并采用对称飓风风场估计模式(SHEW)进行了模拟结果验证。将对比结果分成左、右、后三个方向,分析表明在风浪和涌浪混合情况下,基于波浪信息的风场反演方法在热带风暴的左右两侧效果良好,但背面反演结果不准确。

(2)从 C 波段交叉极化(VH)中国高分 3 号(GF-3)台风时期采集到的 SAR 图像中反演海面风速。该方法在区域同化和预测系统-台风模型(GRAPES-TYM)模拟台风的基础上,研究风速和雷达入射角对 VH 极化 GF-3 SAR 的归一化雷达散射截面(NRCS)的关系,并对 VH 极化 GF-3 SAR 的风速经验反演算法进行调整,然后将从 SAR 中反演的风与 WindSAT 风场数据进行比较，通过结果分析表明此算法可用于从交叉极化 GF-3 SAR 图像中进行高风速反演，且不会遇到信号饱和问题。

（3）通过 SAR 图像参数与在 GF-3 SAR 上建立亚分辨率尺度（约 20×20 平方千米）的台风浪进行参数关系分析，参数包括归一化雷达散射截面和归一化 SAR 图像的方差（此处称协方差 cvar）等经验波浪反演算法中的基本变量，再利用算法反演出有效波高（H_s），将反演结果与 WAVEWATCH-Ⅲ（WW3）的模拟结果进行对比分析。

（4）基于众所周知的 CWAVE 经验函数，针对高风速条件下的双极化哨兵一号（Sentinel-1）SAR 数据，调整反演参数方法，得到反演结果。再将反演出的结果与 WW3 的模拟结果比较，同时比较了反演结果与 ECMWF 再分析有效波高数据，证明其反演结果的可靠性。

8.1 概述

8.1.1 台风风场反演的研究背景

对于风场的反演，目前有很多的研究。例如，C 波段 SAR VV 极化下反演风场的地球物理模型函数（GMF）：CMOD4（Stoffelen et al., 1997），CMOD-IFR2（Quilfen et al., 1998），CMOD5（Hersbach et al., 2007）和 CMOD5.N（Hersbach, 2010），C-SARMOD（Mouche et al., 2015）等，且受到广泛应用。HH 极化 SAR 风场反演是通过极化比模型对 VV 算法的进一步改进（Zhang et al., 2012b；Liu et al., 2013）。

以上的同极化算法（VV 极化或 HH 极化）适用于高达 25 m/s 的风速反演，均方根误差（RMSE）小于 2 m/s（Yang et al., 2010，2011）。但在强风条件下（风速大于 25 m/s）后向散射信号达到饱和，SAR 风速对同极化 SAR 的 NRCS 的灵敏度降低（Fois et al., 2015；Hwang et al., 2015b），造成 VV 极化风速的均方根误差为 6.2 ~ 6.5 m/s（Zhang et al., 2012），同极化风场反演算法无法取得理想效果（Zhou et al., 2013）。强风条件下的同极化信号饱和存在于微波波段（Ku 波段，X 波段，C 波段和 L 波段）后向散射信号中（Fernandez et al., 2006；Meissner et al., 2014；Hwang et al., 2015b）。在极端天气条件下，由于 NRCS 值饱和，使用现有的同极化 GMF［例如 CMOD5（Yang et al., 2011）］，0.5 ~ 1.0 dB 的差异将产生 3 ~ 8 m/s 的误差。这是传统 C 波段同极化 GMF 方案在 SAR 台风风场反演中的主要缺点之一。

最近研究表明，以 dB 为单位的交叉极化 SAR 的 NRCS 与风速具有很强的线性关系，且交叉极化 NRCS 对风向的敏感性较低（Vachon et al., 2011），交叉极化（发射和接收的 HV 极化或 VH 极化）信号在风速为 55 m/s 仍不会饱和（van Zadelhoff et al., 2014；Hwang et al., 2015b；Zhang et al., 2017a，2017b）。故此，C 波段交叉极化 R-2 SAR（Zhang et al., 2012a；Zadelhoff et al., 2014；Shen et al., 2014；Hwang et al., 2015；Zhang et al., 2017）和 S-1 SAR（Huang et al., 2017）图像的风速反演已经成为研究重点。另外，还发现来自海面的交叉极化 SAR 雷达后向散射增强了对信号饱和的敏感性（Hwang et al., 2010a, 2010b；Voronovich et al., 2014；Zhang et al., 2014），特别是在强风条件下（风速大于 20 m/s）更为灵敏。另外，有望将具有优势的 VH 极化通道集成到下一代散射仪设计中（Lin et al., 2012；Belmonte et al., 2013）。

Hwang（2006）建立了风浪三要素（海面风速 U_{10}，有效波高 H_s，峰值波周期 T_p）之间的经验风浪增长关系。这种关系由观测得到（Hwang et al., 2004），受热带风暴持续时间或风浪性质的限制，因此，还可使用波浪信息（H_s 或 T_{mw}）进行风速反演。SAR 反演波浪参数算法也存在一些缺点，主要原因是需要计算出风场的频谱，从而降低风场反演的空间分辨率。此外，当海洋表面波浪沿 SAR 飞行方向或靠近 SAR 飞行方向传播时，会出现速度聚束现象，并引起两个主要问题：一个是高波数截断，另一个是频谱峰值旋转。两者都会影响波浪参数反演精度，通常被称为 SAR 成像的"火车离轨"效应，或表面波群中的"速度聚束机制"（Alpers et al., 1981）。如果速度聚束机制作用强烈，波数大于方位角临界截断值的波浪将不会在 SAR 中成像（Alpers et al., 1981；Hasselmann et al., 1985；Li et al., 2002）。因此，风的反演精度取决于波浪的反演精度，而后者又取决于以下 4 点：①波浪传播方向和 SAR 飞行方向之间的相对方向；②海况；③倾斜范围与卫星速度比（R/V）；④ SAR 传感器空间分辨率。

基于上述分析，我们利用 SAR 反演的波浪信息来反演台风情况下的风场。在热带气旋系统中，波浪随风单调增长（Hwang et al., 2017）。该方法避免了同极化信号饱和问题和低仪器噪声需求。

8.1.2　台风浪反演的研究背景

迄今为止，基于理论的海浪谱反演算法包括 MPI 反演方法（MPI）（Hasselmann et al., 1991；Hasselmann et al., 1996；Collard et al., 2005），半参数化方法（SPRA）（Mastenbroek et al., 2000），参数化方法（PARSA）（Schulz-Stellenfleth et al., 2005）和参数化初猜谱方法（PFSM）（Sun et al., 2006；Shao et al., 2015；Lin et al., 2017）。这些算法基于 SAR 的后向散射截面调制机制——倾斜调制、水动力调制（Alpers et al., 1986）以及速度聚束调制（Hasselmann et al., 1991），由于速度聚束是导致飞行方向上

信号减弱的非线性调制，故初猜谱作为先验信息。MPI 和 PARSA 算法依赖于海浪数值模型的模拟，而 SPRA 和 PFSM 通过参数函数（如 Jonswap 谱）（Hasselmann et al., 1973）计算。由于采用了 SAR 反演的风速得到初猜谱，PFSM 算法更为实用。此外，非线性风浪谱和线性映射涌浪谱首先要从 PFSM 算法中分离，表明使用不同的方法可以使得风浪和涌浪的相应部分反转。还包括一些经验算法，如 CWAVE_ERS，CWAVE_ENVI，CSAR_WAVE 和 QPCWAVE_GF3 等，旨在从 C 波段 SAR 图像中反演海浪。这些算法是在低中风速下开发和验证，其优点是可以直接从 SAR 图像反演出波浪参数，而无需计算每个映射调制的传递函数（MTF）（Pugliese et al., 2007）。

在强风条件下，SAR 海浪反演是一个难点。此外，强风条件下台风速度聚束的非线性调制作用导致大部分海浪在成像过程中被截断，因此传统的海浪反演算法不适用于台风浪反演。在台风中开发波浪反演算法时，必须事先分析台风波浪对 SAR 数据的特征影响。

2016 年 8 月，中国空间技术研究院（CAST）发射了载有 C 波段 SAR 传感器的高分 3 号卫星。2017 年任务期间，在中国海拍摄并记录了多个台风下的 SAR 图像数据，如 Noru，Doksuri，Talim 和 Hato。这些图像是在双极化（VV 极化和 VH 极化）通道下获得的，并由国家卫星海洋应用中心（NSOAS）正式发布。结果发现在强风条件下（风速大于 25 m/s），同极化 SAR 后向散射信号会出现饱和问题（Hwang et al., 2015b），而 VH 极化信道的风速再高达 55 m/s 时才会出现后向散射信号饱和问题（Zhang et al., 2012b；Zhang et al., 2014a），表明在 VH 极化中可以有效地反演强风。最近，已经建立了几种利用 C 波段 R-2 和 S-1 图像，结合相应的风场数据进行 VH 极化 SAR 的风速反演算法（Vachon et al., 2011a；Zhang et al., 2012b；Zadelhoff et al., 2014；Shen et al., 2014；Hwang et al., 2015a；Zhang et al., 2017；Huang et al., 2017）。在我们之前的研究（Shao et al., 2018b）中，还提出了一种从 VH 极化 GF-3 SAR 图像中反演台风风速的方案。所反演的风速在 0.25° 精度上与 WindSAT 的风场数据及全球、区域同化预报系统 - 台风模式在 0.12° 精度的模拟值比较时，风速的均方根误差为 5 m/s。

为了从 SAR 图像中反演海浪，提出了基于经验公式的从 SAR 图像中反演海浪的经验算法（Romeiser et al., 2015）。该算法是基于飓风波浪对 Envisat-ASAR 和 Radarsat-1 SAR 在 HH 极化的数据的特殊影响而设计的。同时它揭示了海况和同极化 NRCS 在亚分辨率尺度上的线性关系。事实上，cvar 也与 H_s 线性相关（Ji et al., 2017）。该算法的优点是不需要计算每个映射调制的综合 MTF，直接利用 SAR 反演的风，就可以从 SAR 图像中反演出波浪参数（主要为 H_s）。在 SAR 观测海表面信息时，由于重力波的轨道运动，造成多普勒相位的失真。这种产生较长波的现象可以用 SAR 方位截断波长来描述。后者，连同其他基于 SAR 的参数，如 SAR 图像谱的波长和方向，已经被用来通过经验算法在中低风速下反演 H_s（Wang et al., 2012；Ren et al., 2015；Grieco et al., 2016；Shao et al., 2017）。

8.2 数据集

8.2.1 C 波段 SAR 台风风速反演算法的数据集

近年来，S-1、Envisat 和 Radarsat-1/2（R-1/2）均携带 C 波段（5.63GHz）的 SAR 传感器。其中，S-1 的轨道（693 km）比 Envisat（772 km）和加拿大航天局 R-1/2（798 km）都要低。因此，S-1 SAR 的速度聚束效应不明显。我们共收集了 2016 年的 3 幅 S-1 图像和 2014 年的 9 幅 R-2 图像，所有这些 SAR 图像都是在强风条件下（风速大于 25 m/s）拍摄的。表 8-1 中列出了这些图像的详细信息。

图 8-1 是在台风赫敏（Hermine），卡尔（Karl）和马修（Matthew）期间拍摄的 3 幅 S-1 SAR 飓风图像，干涉宽带（IW）模式下成像，方位向和距离向的空间分辨率为 5m×20m（单视），覆盖 250 km 的扫描带。为了得到波浪信息，我们将 S-1 SAR 图像划分为具有 256×256（像素）（约 3 km×3 km）的子图像，然后进行频谱分析。图 8-1 中还覆盖了 NOAA 飞机上的 SFMR 所测量的 1.5 km 分辨率的风场数据（如图中红线所示）。S-1 SAR 采集数据和 SFMR 风场时间间隔为 2 h，在此期间飓风强度没有大的变化。图 8-1（a）的白色箭头表示气旋前进的方向（Black et al., 2007）。根据气旋前进方向，将气旋系统划分为三个分区（区域Ⅰ：左侧，区域Ⅱ：后部，区域Ⅲ：右侧）。

图 8-2 显示了在扫描（SW）模式下采集的另外 9 幅 R-2 SAR 图像（仅显示 VV 极化通道图像），其宽度为 500 km，在两个方向上间距为 50×50（像元）。将图像划分为 256×256（像素）（约 12 km×12 km）的子图像，用于主波波长和周期的提取。对于 R-2 SAR 图像，未发现与 SFMR 测量数据的一致性。然而，这些 R-2 SAR 图像是在双极化模式（VV 极化和 VH 极化）下获取的。因此，基于交叉极化归一化雷达散射截面和对称飓风风估计模型（Zhang et al., 2017a），可以应用新开发的独立算法反演风场（见图 8-3）。排除了大降水引起的图像方差与图像均值之比大于 1.05（Li et al., 2011）的不均匀区域。

表 8-1 收集的 C 波段 SAR 图像信息

图例	卫星 飓风名	收集时间 (UTC)	气旋中心 纬度，经度	最大风速 (m/s)	等级	入射角 (°)
图 8-1(a)	S-1 Hermine	2016-09-01 23:45	28.99°N，84.85°W	36.0	1	30.67 ~ 35.81
图 8-1(b)	S-1 Karl	2016-09-23 22:21	30.13°N，65.30°W	28.3	TS	19.70 ~ 35.11
图 8-1(c)	S-1 Matthew	2016-10-01 22:51	13.67°N，73.51°W	66.8	4	30.82 ~ 36.02
图 8-2(a)	R-2 Rammasun	2014-07-17 10:27	17.36°N，114.50°W	35.0	1	19.61 ~ 49.28
图 8-2(b)	R-2 Iselle	2014-08-03 14:35	15.54°N，132.57°W	33.2	1	19.59 ~ 49.27
图 8-2(c)	R-2 Iselle	2014-08-07 15:57	18.63°N，150.99°W	27.4	TS	19.65 ~ 49.28
图 8-2(d)	R-2 Karlina	2014-08-14 01:47	17.03°N，113.67°W	27.7	TS	19.58 ~ 49.28
图 8-2(e)	R-2 Norbert	2014-09-07 01:50	25.48°N，115.45°W	30.9	TS	19.78 ~ 49.36
图 8-2(f)	R-2 Simon	2014-10-03 13:15	18.38°N，109.49°W	32.2	TS	19.65 ~ 49.28
图 8-2(g)	R-2 Ana	2014-10-19 04:45	19.98°N，159.26°W	28.6	TS	19.62 ~ 49.29
图 8-2(h)	R-2 Nuri	2014-11-01 20:53	15.09°N，133.00°W	33.1	1	19.56 ~ 49.27
图 8-2(i)	R-2 Vance	2014-11-03 13:12	15.00°N，110.65°W	40.1	1	19.56 ~ 49.25

注：TS 热带风暴；Rammasun 威马逊；Iselle 伊塞莱；Karlina 卡瑞娜；Norbert 诺伯特；Simon 西蒙；Ana 安娜；Nuri 鹦鹉；Vance 万斯。

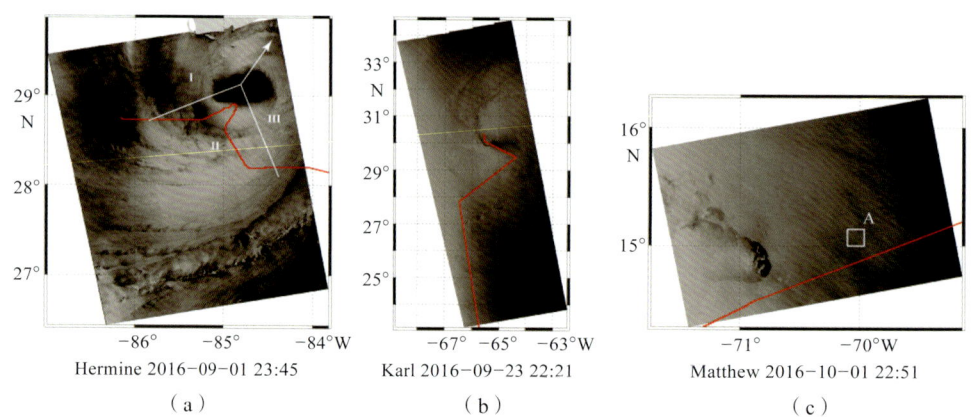

图 8-1 在台风 Hermine，Karl 和 Matthew 期间拍摄的 S-1 SAR 图像

红线代表 NOAA 飞机的轨道，沿途飓风由机载 SFMR 仪器测量，白色箭头表示风暴前进方向

(a) Hermine；(b) Karl；(c) Matthew

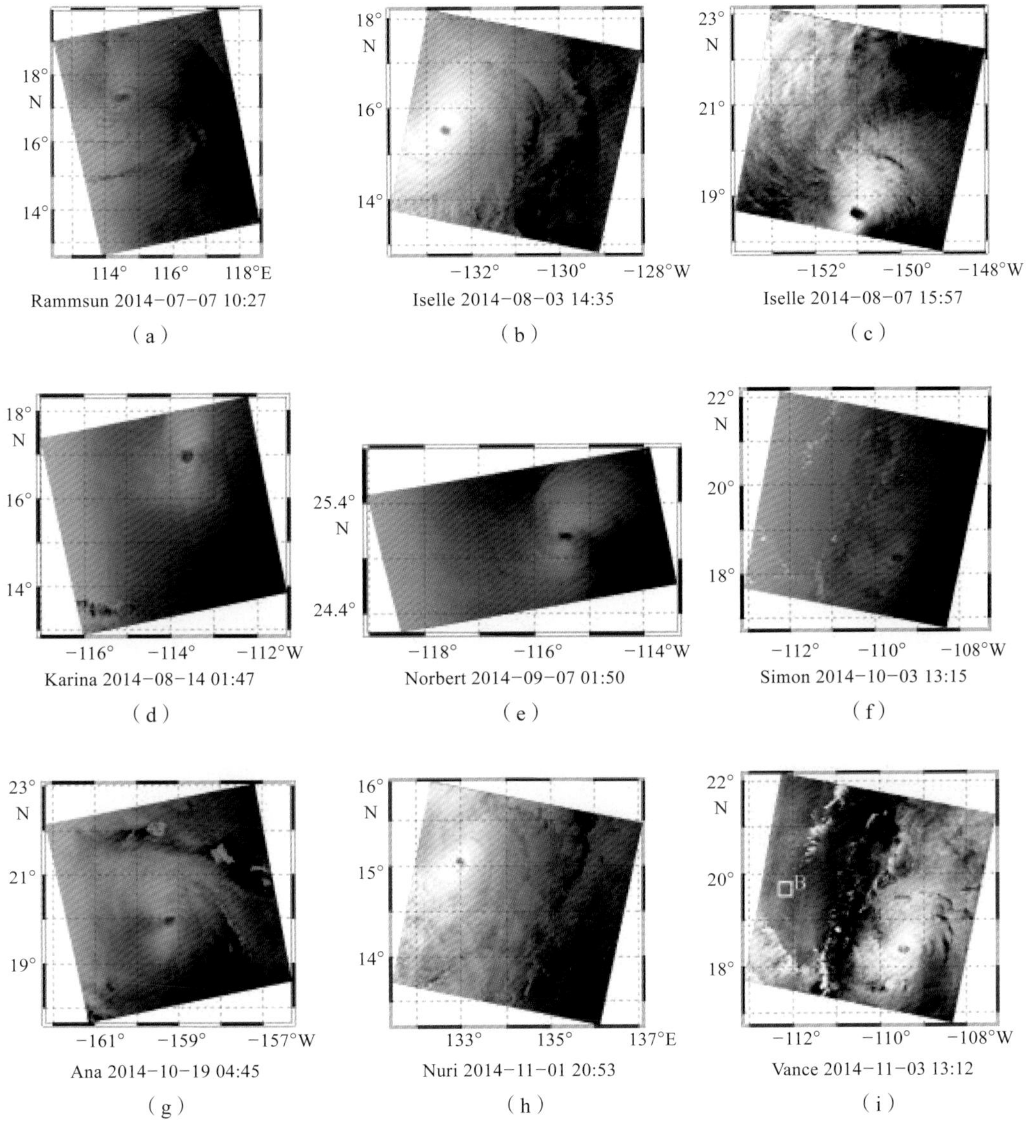

第 8 章 台风与台风浪反演技术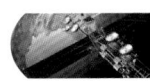

图 8-2 R-2 双极化模式（VV 极化和 VH 极化）SAR 图像（仅显示 VV 极化偏振通道图像）

（a）Rammsun；（b）Iselle；（c）Iselle；（d）Karina；（e）Norbert；（f）Simon；
（g）Ana；（h）Nuri；（i）Vance

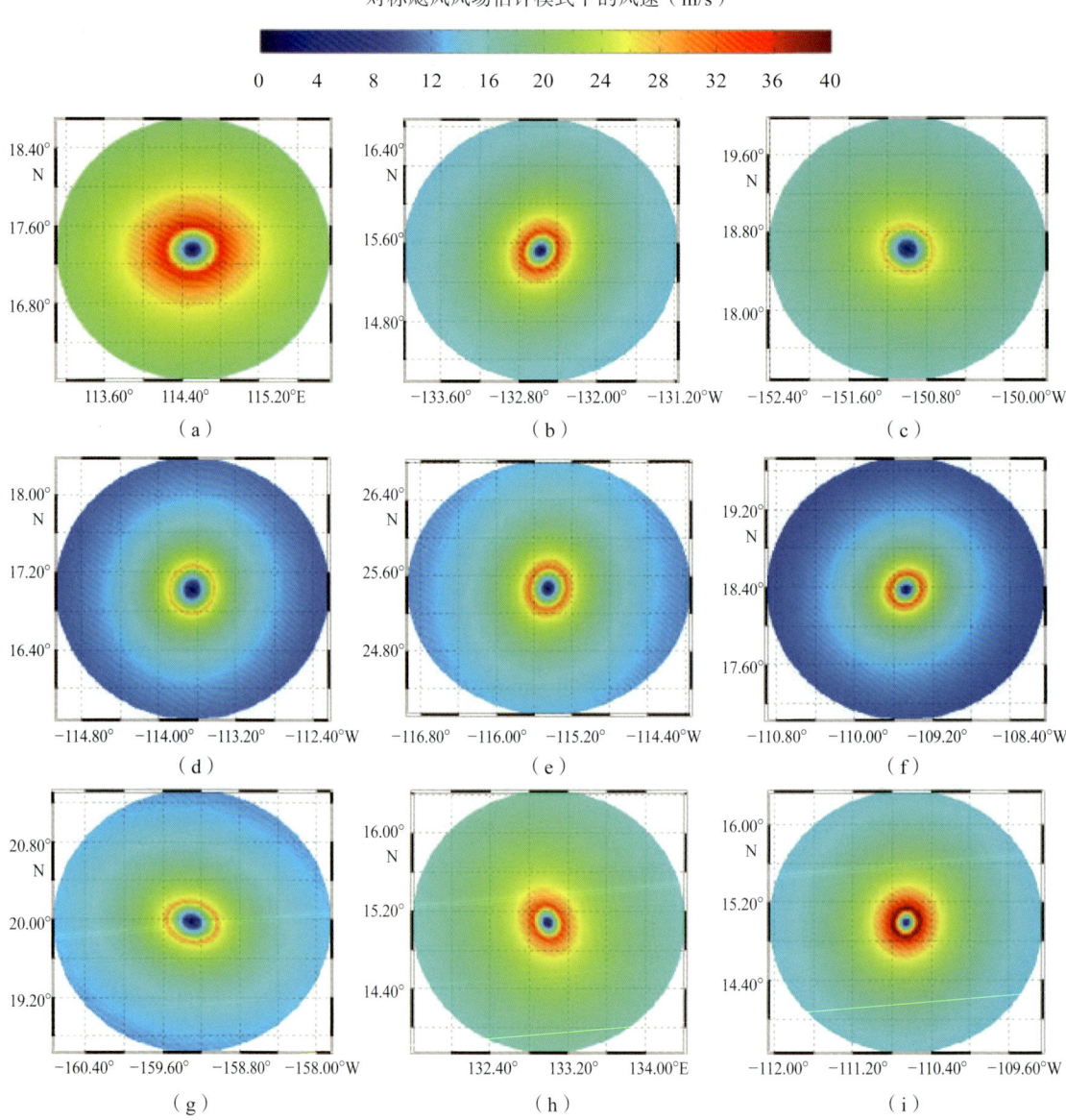

图8-3 对应于图8-2中SAR图像的风图反演方案基于为交叉极化R-2 VH图像开发的SHEW模型

8.2.2 VH极化GF-3 SAR的台风风速经验反演算法的数据集

2017年夏季，在中国海域收集了7幅全球观测（GLO）和宽扫描（WSC）模式下台风期间拍摄的VH极化GF-3 SAR图像，并被处理为Level-1B（L-1B）产品。它们距离向和方位向的空间分辨率约为100～500 m。GLO模式和WSC模式下的GF-3 SAR图像由若干个单波束组成。表8-2列出了所收集的6幅GF-3 SAR图像和相应台风的信息，其中台风信息已通过插值方法插值到 SAR 成像时间。使用式（8-1）计算在 L-1B 模式下获得的交叉极化 GF-3 SAR 的 NRCS：

$$\sigma^0 = DN^2 \left(\frac{M}{65535} \right)^2 - N \qquad (8-1)$$

其中，σ^0 是以 dB 为单位的 NRCS；DN 是 SAR 测量亮度；M 是外部校准因子；N 是存储在注释文件中的偏移常数。

收集了 3 幅在台风奥鹿（Noru），天鸽（Hato）和杜苏芮（Doksuri）期间拍摄的 VH 极化 GF-3 SAR 图像，图 8-4 为其快视图。由于双极化的信噪比较低，GF-3 SAR 在不同极化通道之间会产生干扰，仪器噪声的影响导致 GF-3 SAR 的不同特征光束边缘附近明显变亮，呈垂直对齐（见图 8-4）。为了减少风场反演的仪器噪声，可使用上述特征信息来避免噪声，称为"消噪"步骤（Shen et al., 2014）。不足的是，GF-3 SAR 的仪器噪声信息尚未存储在注释文件中，难以有效处理 VH 极化通道中的仪器噪声。

WindSAT 全极化辐射计由美国海军研究实验室（NRL）开发，能够全天候测量超过 350 km 星下轨迹空间的风场。对海面以上 10 m 高度的 WindSAT 风场数据与 SFMR 观测结果进行对比，结果表明，在风速 20 ~ 40 m/s 的强风中，WindSAT 风没有饱和问题（Meissner et al., 2012）。理想的是采用 0.25° 空间分辨率的 WindSAT 数据作分析，但图 8-4 中的 3 幅图像仅覆盖了少部分 WindSAT 网格。因此，选择 0.12° 空间分辨率的 GRAPES-TYM 风场，并与这 3 幅 GF-3 SAR 图像进行对比。图 8-5 展示了 GRAPES-TYM 台风风速图像，其中矩形表示图 8-4 中 3 幅 VH 极化 GF-3 SAR 图像的空间覆盖范围，它们之间的时间差在 30 min 内。在 2013 年西北太平洋和南海所有的台风数据分析下，GRAPES-TYM 风场均具有良好的观测效果（Zhang et al., 2017）。此外，GRAPES-TYM 风场信息，即台风眼的位置和最大风速，与表 8-2 中列出的数据是一致的。该数据集包含大量风速高达 40m/s 的样本，适合于开发高风速的反演算法。

除了上述 3 幅图像，还对台风 Noru，Hato 和 Tailim 期间的其他 4 幅 VH 极化 GF-3 SAR 图像进行了算法实现，并给出了反演结果。图 8-6 和图 8-7 分别显示了这 4 幅 GF-3 SAR 的快视图和相对应的 WindSAT 风场图。可以清楚地看到，对于这 4 幅图像，观测到的风速可高达 40 m/s，并且 WindSAT 风场数据与这 4 次 SAR 成像时间间隔在 15 min 以内。因此可以直接利用 WindSAT 风速进行风速反演验证。

表 8-2　7 幅 VH 极化 GF-3 SAR 图像和相应台风的信息

台风名称	收集时间 UTC	台风眼 纬度，经度	最大风速 (m/s)	最大风速半径 (km)	中心气压 (hPa)
Noru	2017−08−02 21:09	26.1°N，135.6°E	45	50	950
Noru	2017−08−04 09:12	28.4°N，131.4°E	40	100	960
Noru	2017−08−04 21:26	29.0°N，130.7°E	40	80	960
Hato	2017−08−22 22:23	20.8°N，117.1°E	34	80	970
Doksuri	2017−09−13 22:14	15.8°N，114.3°E	23	180	990
Talim	2017−09−14 21:29	27.4°N，124.3°E	50	80	940
Talim	2017−09−16 09:30	29.4°N，126.1°E	38	40	965

注：Noru 奥鹿；Doksuri 杜苏芮；Talim 泰利；Hato 天鸽。

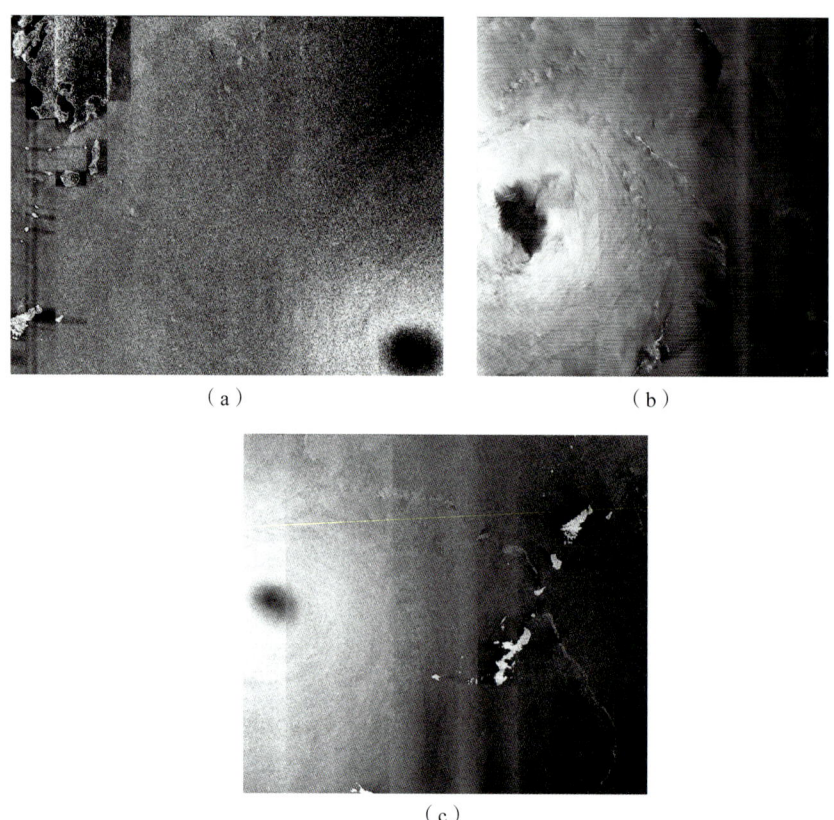

（a）　　　　　　　　　　　（b）

（c）

图 8-4　在台风 Noru、Hato 和 Doksuri 期间拍摄的 VH 极化 GF-3 SAR 图像

（a）GLO 模式台风 Noru，2017−08−02 21:09（UTC）；（b）WSC 模式台风 Doksuri，2017−09−13 22:14（UTC）；（c）GLO 模式台风 Talim，2017−09−14 21:29（UTC）

第 8 章 台风与台风浪反演技术

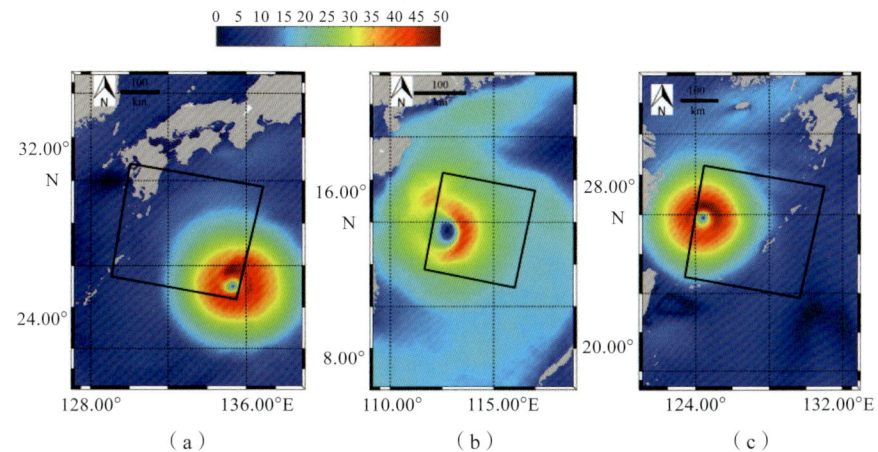

图 8-5 全球区域同化和预测系统 – 台风模型风图，其中矩形表示图 8-4 中相应的 3 幅 VH 极化 GF-3 SAR 图像的覆盖范围

（a）台风 Noru，2017-08-02 21:00（UTC）；（b）台风 Doksuri，2017-09-13 22:00（UTC）；

（c）台风 Talim，2017-09-14 21:00（UTC）

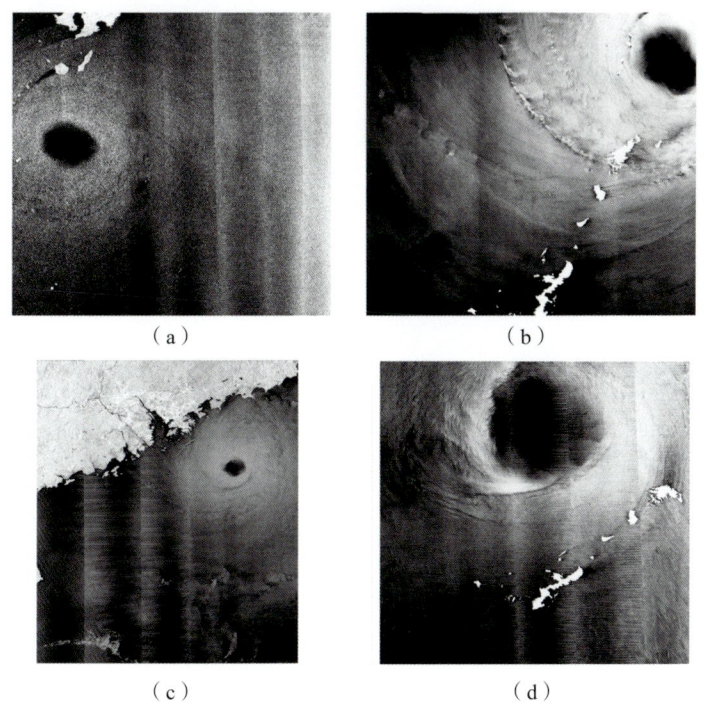

图 8-6 三次台风期间拍摄的另外 4 幅 VH 极化 GF-3 SAR 图像

（a）GLO 模式台风 Noru，2017-08-04 09:12（UTC）；（b）WSC 模式台风 Noru，2017-08-04 21:26（UTC）；

（c）WSC 模式台风 Hato，2017-08-22 22:23（UTC）；（d）WSC 模式台风 Talim，2017-09-16 09:34（UTC）

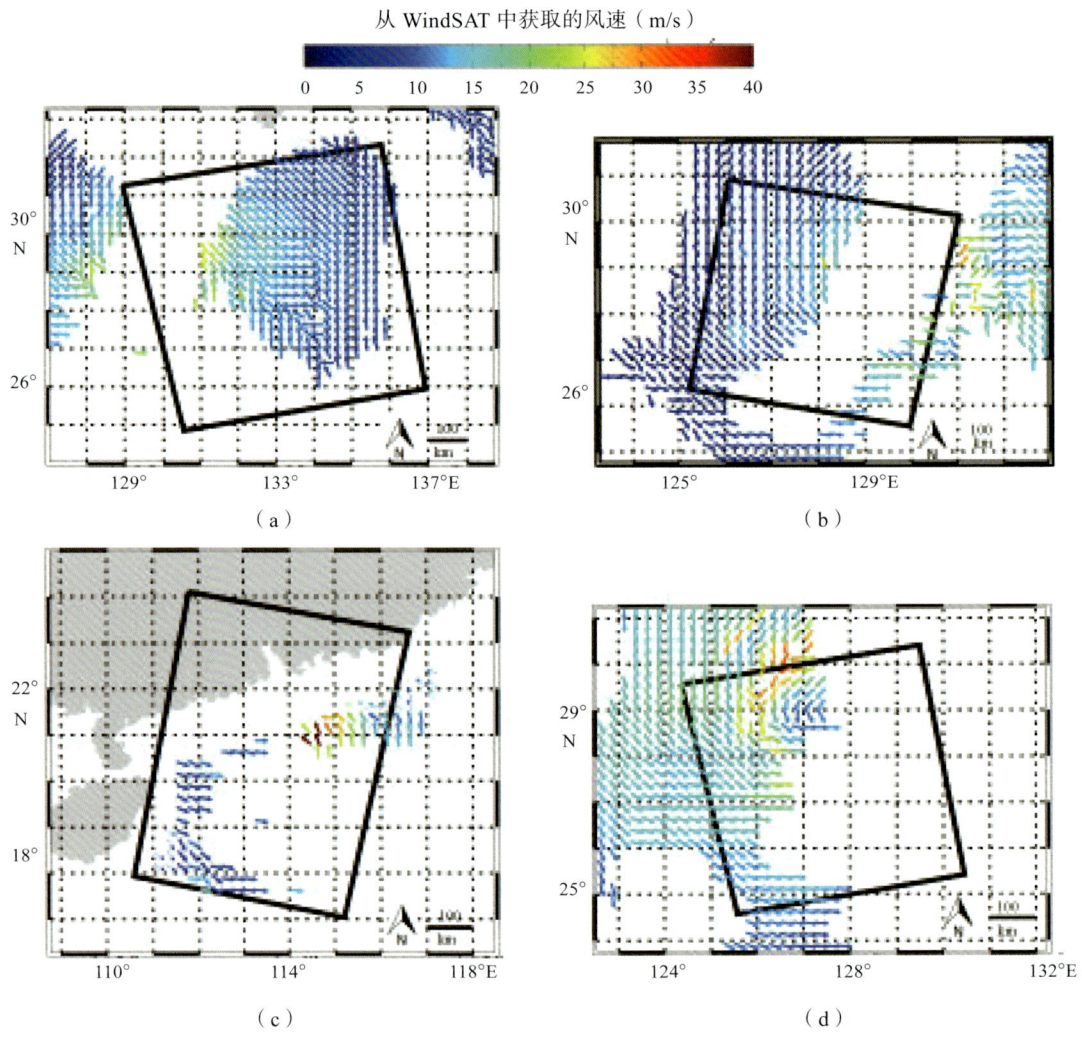

图 8-7 与图 8-6 中的 4 幅 VH 极化 GF-3 SAR 图像相对应的 WindSAT 风场图

其中矩形表示图像的覆盖范围。(a) 台风 Noru 风向风图，2017-08-04 09:18（UTC）；(b) 台风 Noru 风向风图，2017-08-04 21:18（UTC）；(c) 台风 Hato 风向风图，2017-08-04 22:30（UTC）；(d) 台风 Talim，2017-09-16 09:36（UTC）

8.2.3　VV 极化 GF-3 SAR 的台风浪经验反演算法的数据集

本方法中，使用了在 GLO 和 WSC 模式下采集到的 5 幅 GF-3SAR 图像，是采用双极化方式（VV 极化和 VH 极化）于 2017 年台风 Noru，Doksuri，Talim 和 Hato 期间拍摄的，最大风速达到 40 m/s，并被处理为 L-1B 产品。图 8-8 所示为在 VV 极化收集到的校准后的快视图,覆盖了日本气象厅(JMA)提供的每个台风的轨迹。表8-2列出了5幅图像和台风相关的信息。式(8-2)用于计算L-1B状态下获得的GF-3 SAR中VV极化的NRCS:

$$\sigma_{VV}^0 = DN^2\left(\frac{M}{65535}\right)^2 - N \text{ [dB]} \tag{8-2}$$

其中,σ_{VV}^0是以dB为单位的NRCS;DN是SAR测量亮度;M是外部校准系数;N是存储在注释文件中的偏移量常量。

应该注意的是,在GLO和WSC模式下采集的图像中包括多个条形光束,在仪器噪声的影响下,这些条形光束在图像边缘附近略微更浅。尽管SAR成像时间和轨道数据之间存在的差异,但GF-3 SAR仍具有捕获台风的能力。我们还对5幅VH极化的GF-3 SAR图像相对应的每个图像使用经验算法,反演台风风速,与GRAPES-TYM的强风模拟结果相比,大约有5.1 m/s的均方根误差(Shao et al., 2018b)。

对台风浪在GF-3 SAR图像上成像的研究初期,我们从欧洲中期天气预报中心(ECMWF)再分析数据集中收集了波浪数据。具体而言,在全球大气-海洋再分析领域,ECMWF持续为研究人员提供了每天间隔6 h的具有良好空间分辨率(高达$0.125°×0.125°$)的数据。这些数据被验证是可靠的,并被广泛应用于开发和验证SAR的海浪信息反演算法,例如风场(Hersbach et al., 2007;Hersbach, 2010)和波浪(Lin, et al., 2017;Shao et al., 2017b)等方面。但是我们发现ECMWF的时间和GF-3 SAR的成像时间有2~3 h的差。因此,此处不直接使用ECMWF再分析数据。

第三代海浪数值模式,简称WW3模型,由美国国家海洋与大气管理局/国家环境预测中心(NOAA/NCEP)根据先前的WAM模型开发而成。研究显示,WW3模式在模拟台风浪的特性方面具有良好的性能(Zieger et al., 2015;Liu et al., 2017)。因此,采用GRAPES-TYM中0.12°空间分辨率风场作为强迫场,驱动WW3模型(最新版本5.16),模拟了与5幅GF-3 VV极化图像所对应的台风波浪场(Zhang et al., 2017)。详细的模型运行配置将在后面的小节中介绍。0.125°空间分辨率的ECMWF再分析数据作为背景资料,以定性地验证从WW3模型模拟波浪结果的适用性。图8-9显示ECMWF再分析数据的有效波高图,它最接近图8-8中的GR-3 SAR图像的成像时间。此外,卫星高度计Jason-2的波浪资料验证了WW3模式模拟的波浪数据。

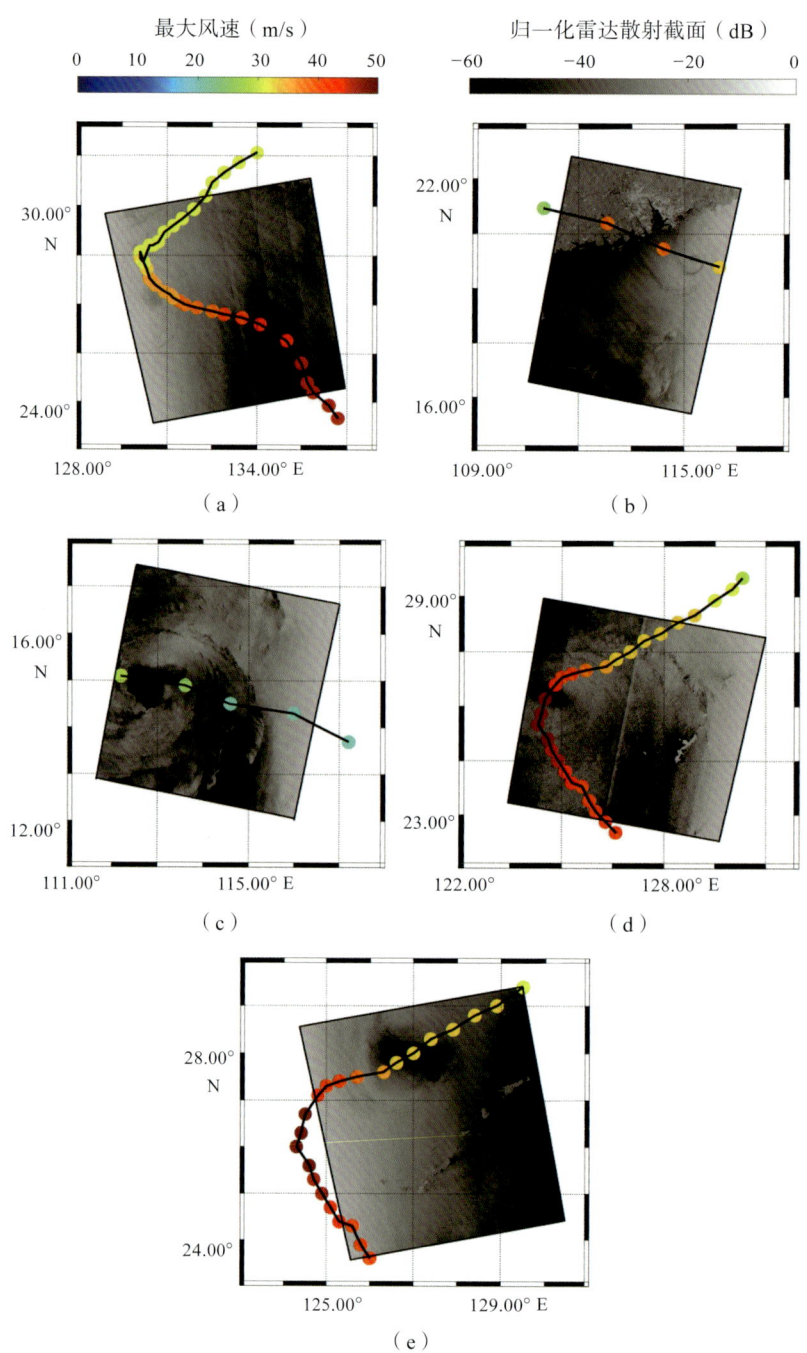

图 8-8 覆盖台风轨迹的 VV 极化 C 波段 GF-3 SAR 校准快视图

（a）GLO 模式 Noru，2017-08-04 09:12（UTC）；（b）WSC 模式 Hato，2017-08-22 22:23（UTC）；
（c）WSC 模式 Doksuri，2017-09-13 22:14（UTC）；（d）GLO 模式 Talim，2017-09-14 21:29（UTC）；
（e）WSC 模式 Talim，2017-09-16 09:34（UTC）

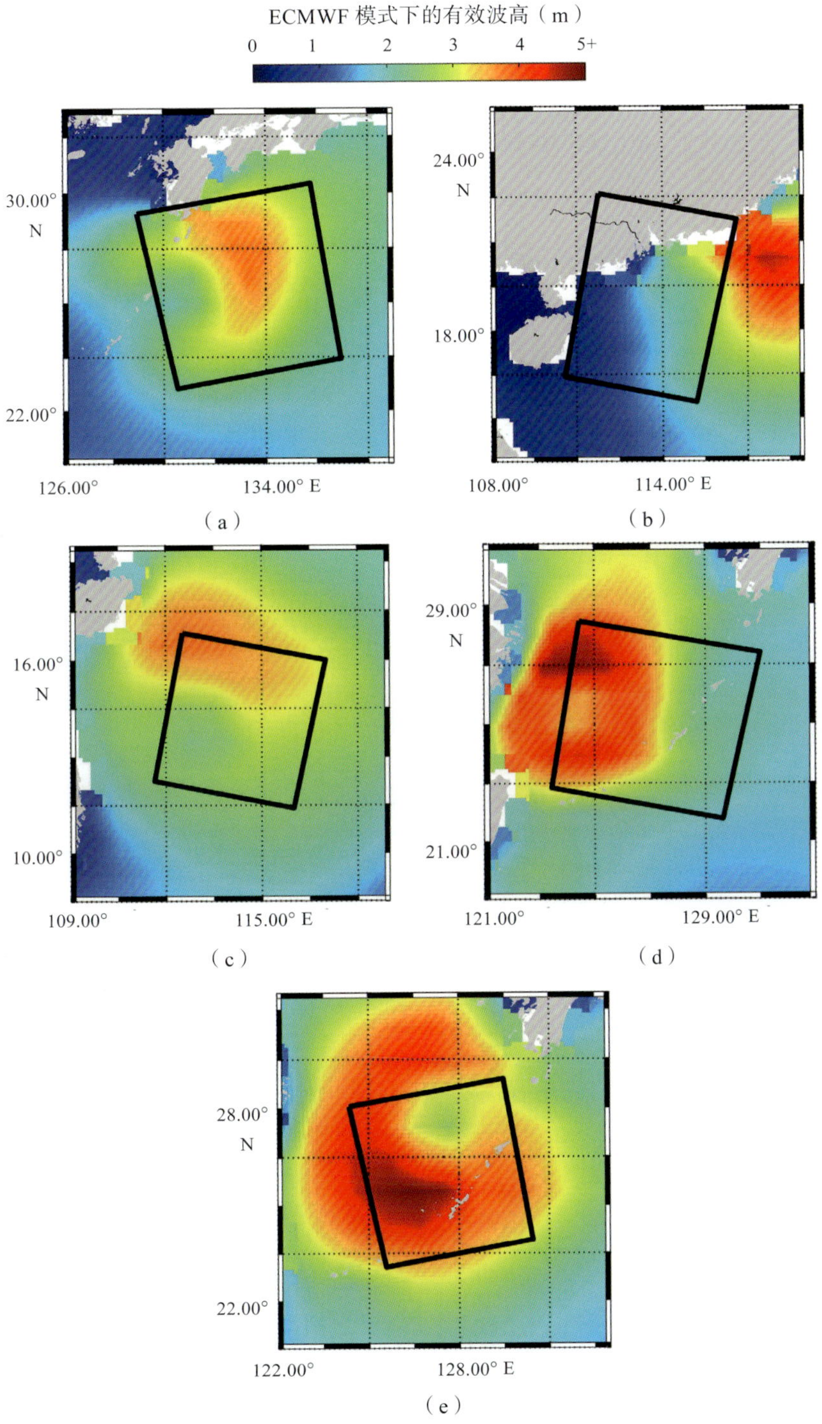

第 8 章 台风与台风浪反演技术

图 8-9 ECMWF 再分析数据集的有效波高，覆盖 GF-3 SAR 图像空间域

（a）GLO 模式 Noru，2017-08-04 6:00（UTC）；（b）WSC 模式 Hato，2017-08-22 06:00（UTC）；
（c）WSC 模式 Doksuri，2017-09-13 18:00（UTC）；（d）GLO 模式 Talim，2017-09-14 18:00（UTC）；
（e）WSC 模式 Talim，2017-09-16 6:00（UTC）

8.2.4　改进的 CWAVE 台风浪经验反演算法的数据集

本方法使用了 2016 年 8 月 27 至 9 月 23 日期间，在超幅宽（EW）和干涉宽带（IW）成像模式下，包含可见台风眼的 8 幅双极化 S-1 SAR 图像。台风 Lionrock（狮子山）、飓风 Lester（莱斯特）、Hermine、Gaston（加斯顿）和 Karl 都被 SAR 卫星拍摄成像。表 8-3 列出了 S-1 SAR 图像和相应观测台风的详细信息。

表 8-3　S-1 SAR 数据集和台风信息

飓风	成像模式	收集时间 UTC	入射角范围（°）	距离×方位分辨率（m）	旋风眼纬度，经度	最大风速（m/s）
Lionrock	EW	2016-08-27 20:53	35.35 ~ 47.26	10×10	25.6°N，136.1°E	59
Lester	EW	2016-08-30 14:46	25.21 ~ 46.98	40×40	17.9°N，134.3°E	54
Lester	IW	2016-09-04 16:31	41.84 ~ 46.03	10×10	24.8°N，159.3°E	—
Gaston	EW	2016-09-01 20:30	19.60 ~ 35.10	40×40	38.0°N，38.5°E	38
Hermine	IW	2016-09-01 23:44	30.65 ~ 35.95	10×10	29.0°N，84.8°E	36
Hermine	EW	2016-09-04 22:32	19.42 ~ 35.19	40×40	36.9°N，68.2°E	31
Hermine	EW	2016-09-05 10:33	34.94 ~ 47.08	40×40	38.1°N，38.5°E	28
Karl	EW	2016-09-23 22:23	19.56 ~ 35.21	40×40	30.0°N，65.2°E	28

注：EW 为超宽视场模式；IW 为干涉宽视场模式。

由于台风条件下很难测量波浪信息，因此采用 NOAA 国家环境预测中心（NCEP）开发的 WW3 模型（最新版本 5.16）来模拟波浪。其强迫场为 ECMWF 提供的风场，它已被用于开发和验证风速反演算法（Hersbach et al.，2010；Mouche et al.，2017）。地形数据包括英国海洋数据中心（BODC）提供的世界大洋水深总图（GEBCO）。8 幅 S-1 SAR 影像中的 6 幅用于 H_s 反演算法的拟合（见图 8-10），其余 2 幅用于验证（图 8-11）。WW3 模拟的 H_s 如图 8-12 和图 8-13 所示，其中黑色矩形分别代表图 8-10 和图 8-11 中 S-1 卫星图像的空间覆盖区域。图 8-14 为 NOAA 提供的历史飓风轨迹数据集中上述 5 个台风的轨迹路径，其中黑色矩形表示 S-1 SAR 图像的空间覆盖范围。在 SAR 图像采集期间，气旋的风速超过 33 m/s，H_s 的范围达 7 m。为探讨 SAR 的 NRCS 对 H_s 的敏感性，将 128×128 像素的 S-1 SAR 图像划分为若干子图像。将覆盖 WW3 网格的子图像视为一个同位数据集，用于分析 WW3 模拟 H_s 对 SAR 图像参数的影响，以及分析 WW3 模拟 H_s 对 SAR 图像参数的相关性。

但是，在感兴趣区域（ROI）没有实时浮标测量数据。采用 Jason-2 卫星高度计在 5 个台风期间得到的波浪测量数据来验证研究 WW3 模拟结果的准确性（Liu et al.，

2016)。高度计 Jason-2 在 2016 年 8 月 27 日至 9 月 6 日在台风 Linrock 区域，区域水深情况如图 8-15 所示。利用 NOAA 的国家数据浮标中心（NDBC）提供的浮标数据对 WW3 模型的模拟 H_s 进行了验证。用红点标记出所有在美国东部沿海水域收集的 NDBC 浮标的位置（见图 8-14c）。

获取了 2016 年 9 月 2 日 00:00（UTC）的 Hermine 和 2016 年 9 月 24 日 00:00（UTC）的 Karl 期间的 ECMWF 波数据（分辨率 0.125°×0.125°）来验证所提出的 H_s 反演算法。目前为止，ECMWF 波浪数据已经在过去的几项研究中得到广泛应用和验证（Janssen et al., 1997；Stopa et al., 2014；Aarnes et al., 2015）。

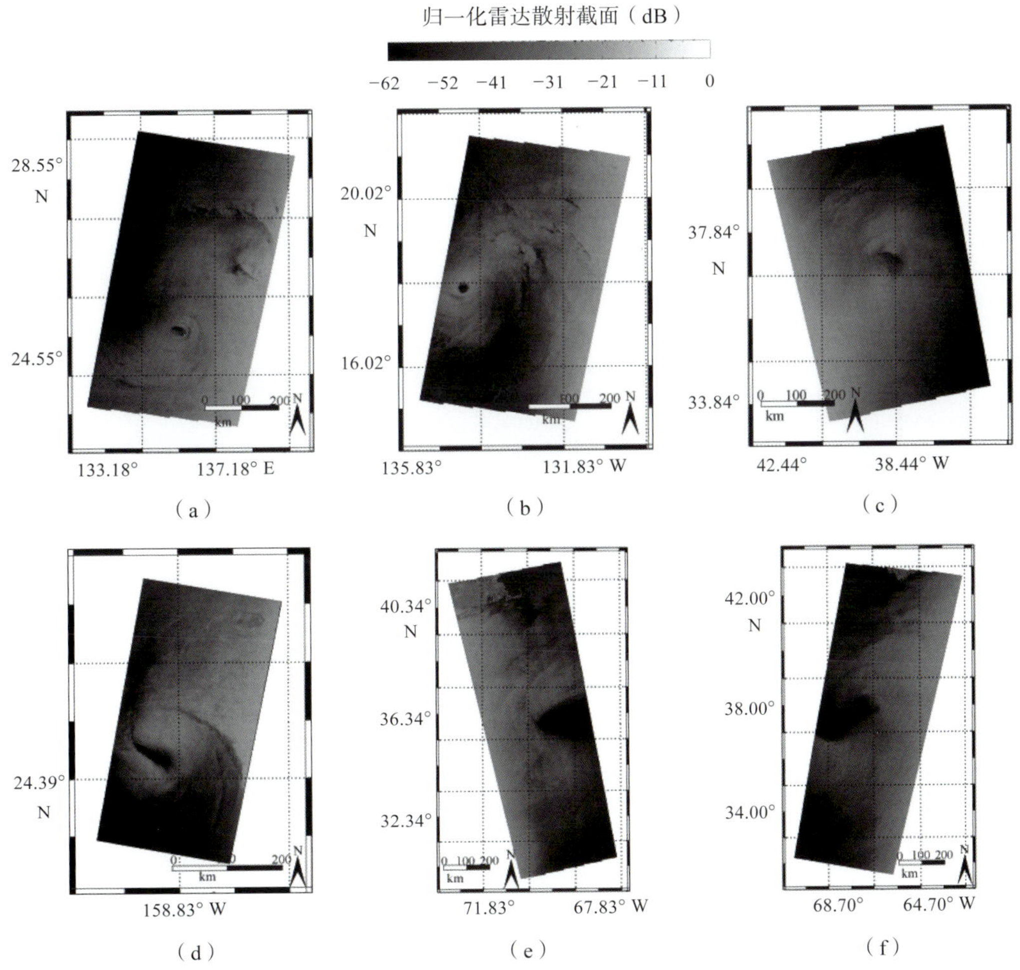

图 8-10　4 个气旋期间 VV 极化 S-1 SAR 图像，用作构造经验算法

(a) EW 模式台风 Lionrock 图像，2016-08-27 20:53（UTC）；(b) EW 模式飓风 Lester 图像，2016-08-30 14:46（UTC）；(c) EW 模式飓风 Gaston 图像，2016-09-01 20:30（UTC）；(d) IW 模式飓风 Lester 图像，2016-09-04 16:31（UTC）；(e) EW 模式飓风 Hermine 图像，2016-09-04 22:32（UTC）；(f) EW 模式飓风 Hermine 图像，2016-09-05 10:33（UTC）

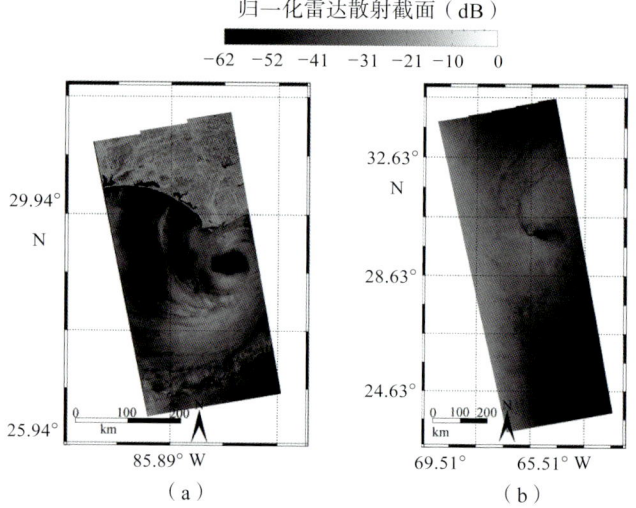

图 8-11　2 个气旋期间 VV 极化 S-1 SAR 图像，用作检验经验算法
（a）IW 模式飓风 Hermine 图像，2016-09-01 23:44（UTC）；
（b）EW 模式飓风 Karl 图像，2016-09-23 22:23（UTC）

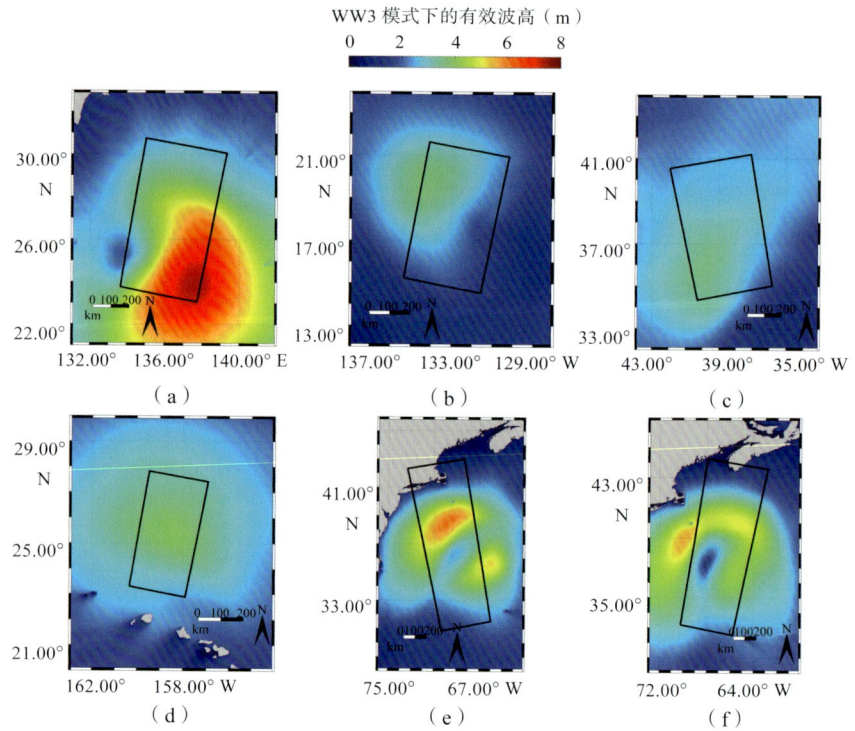

图 8-12　WW3 模式模拟 H_s 结果（一）
黑色矩形表示 S-1 SAR 对应图 8-10 的覆盖部分
（a）台风 Lionrock 图像，2016-08-27 9:00（UTC）；（b）飓风 Lester 图像，2016-08-30 14:29（UTC）；
（c）飓风 Gaston 图像，2016-09-01 20:29（UTC）；（d）飓风 Lester 图像，2016-09-04 16:31（UTC）；
（e）飓风 Hermine 图像，2016-09-04 22:30（UTC）；（f）飓风 Hermine 图像，2016-09-05 10:30（UTC）

第 8 章 台风与台风浪反演技术

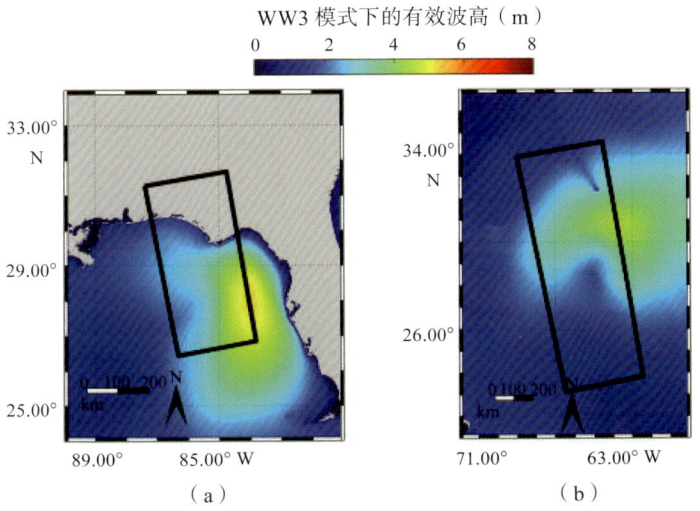

图 8-13 WW3 模式模拟 H_s 结果（二）

（a）IW 模式飓风 Hermine 图像，2016-09-01 23:29（UTC）；

（b）EW 模式飓风 Karl 图像，2016-09-23 22:30（UTC）

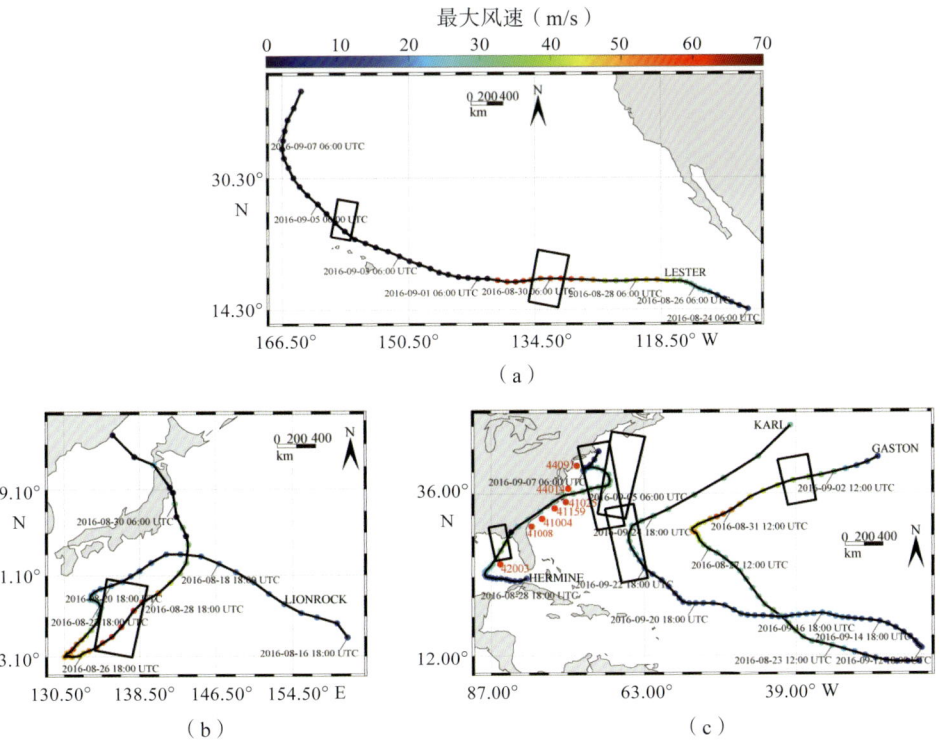

图 8-14 气旋轨迹

黑色矩形表示 S-1 SAR 对应图 8-10，图 8-11 的覆盖范围

（a）飓风 Lester 轨迹图；（b）台风 Lionrock 轨迹图；（c）飓风 Gaston，Hermine，Karl 轨迹图

221

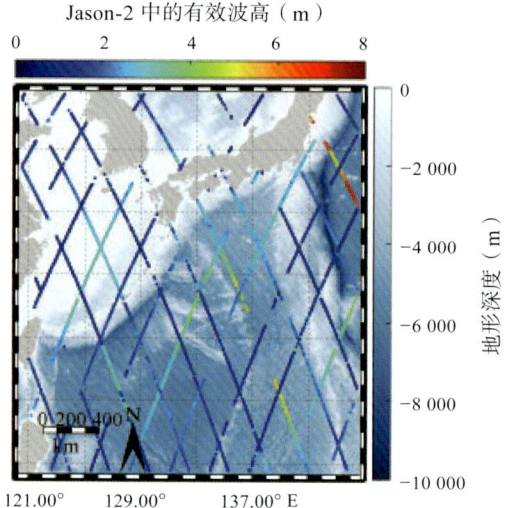

图 8-15　高度计 Jason-2 在 2016 年 8 月 27 日至 9 月 6 日的 Lionrock 匹配时间，覆盖水深

8.3　具体方法

8.3.1　C 波段 SAR 台风风速反演方法

8.3.1.1　热带气旋风浪三要素之间的关系

在稳定风驱动下，风浪的发展遵循限制或持续时间有限的增长函数（Donelan et al.，1985；Young et al.，1993；Young，1998；Hwang et al.，2004；Hwang，2006；Badulin et al.，2005，2007；Zakharov et al.，2015）。另外热带气旋风场产生的波也遵循同样的增长函数，以无因次方差表示，相当于无因次频率的函数（Young，1998，2006）。利用机载扫描雷达高度计（SRA）对 1998 年飓风邦尼（Bonnie）的风波三要素进行了测量（Wright et al.，2001），Hwang（2016）分别从有效波高和峰值波周期的增长函数中获得了经验公式 $x_{\eta x}$，$x_{\omega x}$：

$$x_{\eta x} = \begin{cases} -0.26r + 257.9, & \text{右侧} \\ 1.25r + 58.25, & \text{左侧} \\ 0.71r + 170.0, & \text{后侧} \end{cases} \tag{8-3}$$

$$x_{\omega x} = \begin{cases} 0.21r + 170.0, & \text{右侧} \\ 2.25r + 24.85, & \text{左侧} \\ 0.50r + 14.16, & \text{后侧} \end{cases} \tag{8-4}$$

其中，r 是测量位置和台风眼之间的径向距离，单位是 km。

由于风场明显分为三个区域（右、左和后，以飓风前进方向为参考）（Black et al., 2007），对于单独的扇区导出提取方程见式（8-3）和式（8-4）。

通过对机载扫描雷达高度计（SRA）采集的 1998 年飓风 Bonnie 的波谱进行研究，定量分析飓风的风场和风浪持续时间，再利用 Hwang 导出的经验公式对风浪三要素（海面风速 U_{10}，有效波高 H_s，峰值波周期 T_p）进行研究。在飓风条件下，海面风速 U_{10} 可以从 H_s 和 T_p 计算得到，相应的计算公式如下：

$$U_{10} = 397.46 \, H_s^{0.841} \, x_{\eta x}^{-0.341} \tag{8-5}$$

$$U_{10} = 91.49 \, T_p^{1.900} \, x_{\omega x}^{-0.450} \tag{8-6}$$

由于波数和频谱的峰值成分不同（Plant，2009），应用频域经验增长函数前必须进行修正（Hwang et al., 2011；Hwang，2015）：

$$T_p = (1.25)^{-0.5} \, T_{kp} \tag{8-7}$$

其中，T_{kp} 是波数谱峰值分量的波周期，T_p 是频谱峰值分量的期望波周期。而且经验函数在气旋中心 30 km 范围外使用时，观察到的 U_{10} 与扫描 SRA 测得的 T_p 值之间的相关性大于 0.6。

从 C 波段 SAR 图像中反演 H_s（Hasselmann et al., 1991；Mastenbroek et al., 2000；Sun et al., 2006；Schulz-Stellenfleth et al., 2007；Zhang et al., 2012a，2015），必须知道当地的风速。此外，由于算法调整过程中使用的极端海况下的波参数数据不详，经验模型（Li et al., 2011）不适用于飓风。这些算法不能解决式（8-5）中的两个未知变量 U_{10} 和 H_s。相比之下，最近的一项研究表明，直接从 C 波段 SAR 图像获得峰值波周期 T_p 是可行的（Romeiser et al., 2015），这为飓风风场的反演提供了基础。

8.3.1.2 热带气旋中 SAR 的峰值波周期（T_p）反演

速度聚集（Alpers et al., 1986）是表面波的非线性 SAR 成像机制，致使超出截断波长而信息丢失，具有两种效应：①图像频谱峰值沿距离轴旋转；②二维波数域中的高波数截断，导致主波周期估计误差。

Romeiser 等（2015）绕过这个问题，通过建立一个基于统计的算法，直接从 SAR 图像谱（kSAR）计算海浪峰值波长 λ_{wave}。

$$\lambda_{\text{wave}} = \lambda'_{\text{SAR}} \, (a - \theta_r / b) \tag{8-8}$$

$$\lambda'_{\text{SAR}} = \lambda_{\text{SAR}} / (\lambda_{\text{SAR}} / c)^d \tag{8-9}$$

其中，θ_r 是 SAR 图像谱中雷达距离向相关的峰值方向，即当 $\theta_r = 0°$ 时，峰值沿着波前进（视向）方向传播；当 $\theta_r = 90°$ 时，峰值沿着飞行（方位角）方向上传播。系数 a、b、c 和 d 由 5 个飓风中的 R-1 图像确定（Romeiser et al.，2015）。尽管 θ_r 具有 180° 模糊性，但可以通过使用气旋螺旋风向来消除，然后应用波频散关系从 λ_{wave} 获得 T_p：

$$T_p = \sqrt{2\pi\lambda_{wave}/g \tanh(2\pi h/\lambda_{wave})} \quad (8-10)$$

其中，h 是水深（m），可以从 30 弧度的开源水深数据（GTOPO30）中获得；g 是重力加速度（9.8 m/s²）。

8.3.2　VH 极化 GF-3 SAR 台风风场反演算法

最近的研究表明，交叉极化 SAR 的 NRCS 与风向无关（Zhang et al.，2012；Vachon et al.，2011；Zhang et al.，2012a，2012b；Zadelhoff et al.，2014）。因此，研究了海面风速、雷达入射角和 VH 极化 GF-3 SAR 的 NRCS 之间的相关性，并在此基础上提出了一种用于 VH 极化 GF-3 SAR 的台风风场反演经验算法。

8.3.2.1　VH 极化 GF-3 SAR NRCS 的相关性

在此过程中，先将每个空间覆盖 8 km × 8 km 的 SAR 图像分成若干个子图像，选择出覆盖有 0.12° 空间分辨率 GRAPES-TYM 风场的子图像。然后利用 10m 高处的 GRAPES-TYM 风场与台风 Noru、Doksuri 和 Talim 期间的 3 幅 VH 极化 GF-3 SAR 图像的 NRCS 和雷达入射角进行匹配。在所提取的子图像中，共同定位的样本数量超过 5 000 个，占总数的 10%。最后，利用匹配数据研究风场、雷达入射角和 VH 极化 GF-3 SAR 的 NRCS 三者的相关性。

为了进行合理分析，本方法排除了风速小于 10 m/s 的子图像和由于强降雨造成的非均匀子图像（图像方差和平方均值之比大于 1.05）（Li et al.，2011；Shao et al.，2018b）。图 8-16（a）显示了 VH 极化的 GF-3 SAR 的 NRCS 与 GRAPES-TYM 风速的关系，其颜色代表雷达入射角大小。图 8-16（b）显示了在不同入射角范围内，VH 极化 GF-3 SAR 对应风速（范围 10 ~ 40 m/s，以 5 m/s 为间隔）的平均 NRCS。总体而言，VH 极化 GF-3 SAR 的 NRCS 随着风速的增长而线性增强，与先前几项研究的结论一致（Hwang et al.，2015；Vachon et al.，2011；Zhang et al.，2014b）。另外，对于不同雷达入射角，VH 极化 GF-3 SAR 的 NRCS 之间的斜率在中强风到强风中几乎是不变的。在同极化 C 波段 SAR 中，参考 GRAPES-TYM 风速范围可高达 40 m/s，且应用传统的风场反演算法时，没有出现信号饱和问题。图 8-16（a）中的黑线表示 VH 极化 GF-3 NRCS 与风速之间的线性拟合结果。

第 8 章 台风与台风浪反演技术

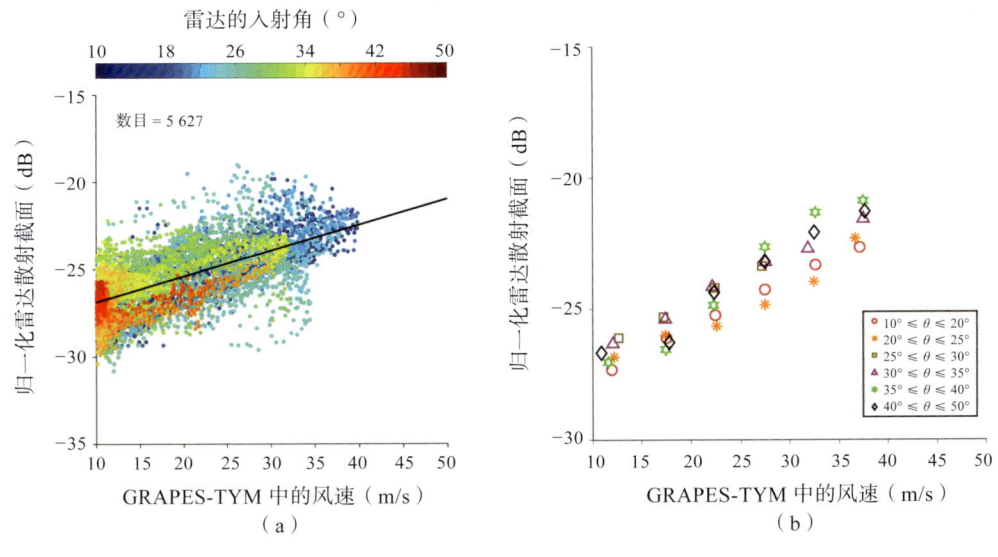

图 8-16

（a）VH 偏振 GF-3 NRCS 与风速之间的关系，其中黑线表示线性拟合结果；（b）在不同入射角范围内，VH 极化 GF-3 SAR 对照风速（范围 10～40 m/s，以 5 m/s 为间隔）的平均 NRCS

图 8-17 显示了整个 VH 极化 GF-3 SAR 图像匹配雷达入射角的 NRCS，颜色代表风速大小，黑线表示 VH 极化 GF-3 NRCS 与雷达入射角之间的拟合结果。可以观察到，VH 极化 GF-3 SAR 的 NRCS 和雷达入射角之间存在波动关系，与 Huang 等（2017）的分析结果类似。

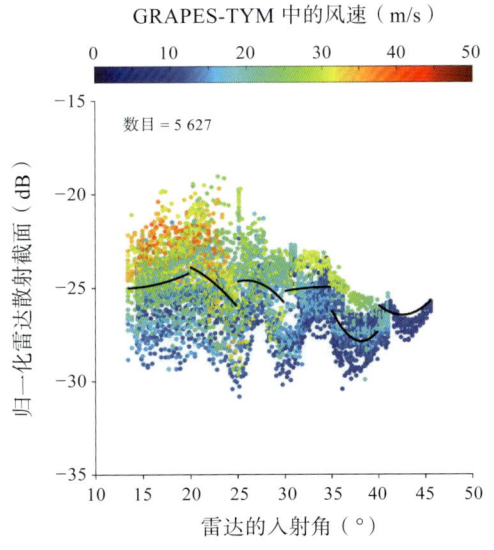

图 8-17 整个 VH 极化 GF-3 SAR 图像与同位雷达入射角的 NRCS
其中黑线表示 VH 极化 GF-3 NRCS 与雷达入射角之间的拟合结果

8.3.2.2 通过匹配数据集调整经验算法

最近，一些研究致力于从交叉极化 R-2 SAR 图像中进行风场反演（Zhang et al., 2012a，2017a；Vachon et al., 2011；Zadelhoff et al., 2014；Shen et al., 2014，2016；Hwang et al., 2015b），也建立了若干种交叉极化风场反演模型。其中，双极化 SAR 的 C 波段交叉极化海面风反演模型（C-2POD）被广泛用于只包括风速项的 R-2 SAR 图像的强风反演。C-2POD 模型采用的是通用公式：

$$\sigma^0 = aU_{10} + b \ [\text{dB}] \tag{8-11}$$

其中，σ_0 是以 dB 为单位的 VH 极化 NRCS；U_{10} 是海表 10 m 处风速，a 和 b 是由不同 R-2 模式数据决定的常数，即精细全极化（Zhang et al., 2012；Vachon et al., 2011）和双极化扫描成像模式（Zadelhoff et al., 2014；Shen, et al., 2014，2016）。

实际上，对于 C 波段 R-2 SAR 和 GF-3 SAR，海面风速对 NRCS 的相关性是成立的。但基于 8.3.2.1 的分析，发现 GF-3 SAR 的 VH 极化 NRCS 在雷达入射角上波动。为应用方便，在各种雷达入射角范围内直接从 VH 极化 GF-3 SAR 的 NRCS 中反演。参考最近的交叉极化 S-1 SAR 风速反演成果（Huang et al., 2017），提出一种包括风速和雷达入射角的经验算法：

$$\sigma^0 = f_1 (1 + \alpha \| f_2 \|) + \beta \ [\text{dB}] \tag{8-12}$$

其中，f_1 是 VH 极化 NCRS 近似化函数：

$$f_1 = AU_{10} + B \tag{8-13}$$

由于 GF-3 SAR 在每个雷达波束具有不同的仪器噪声，f_2 是在雷达入射角范围转换为 $[-1, 1]$ 的归一化函数：

$$f_2 = C_1 \theta^2 + C_2 \theta + C_3 \tag{8-14}$$

式（8-12）至式（8-14）中的系数 α、β、A、B 和矩阵 C 是拟合常数，见表 8-4。

表 8-4 式（8-12）至式（8-14）的系数，由数据拟合确定

	A	0.152		B	−28.378	
θ	10°~20°	20°~25°	25°~30°	30°~35°	35°~40°	40°~50°
α	−0.016	−0.025	−0.013	−0.004	−0.031	−0.009
β	0.023	−0.164	0.198	0.359	−0.193	0.012
C_1	0.015	−0.001	−0.080	−0.046	0.198	0.067
C_2	−0.400	−0.360	4.264	2.972	−5.139	−5.675
C_3	−22.428	−16.133	−81.322	−73.816	261.555	93.644

我们从台风的 3 幅 VH 极化 GF-3 SAR 图像中匹配到足够多的数据点，在调整过程中不考虑风速小于 10 m/s，以便使用最小二乘法给出合理的拟合结果。图 8-18 显示观测到的 NRCS 与模拟值之间的相关性（COR = 0.7），表明所提出的经验算法适用于台风风场反演。

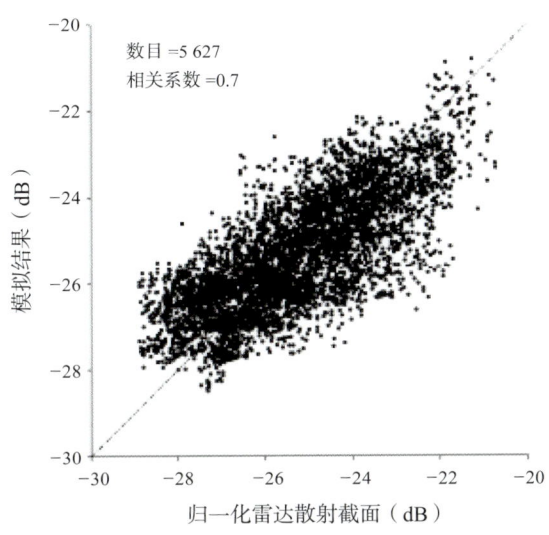

图 8-18　观测到的 VH 极化 GF-3 SAR 的 NRCS 与经验算法模拟结果的比较

8.3.3　VV 极化 GF-3 SAR 的台风浪经验反演算法

正如介绍中所提到的，强风是台风波浪的重要影响因素。本方法采用 WW3 模型模拟台风中的波浪场，其在空间和时间尺度上均具有良好的分辨率。强迫场是来自 GRAPES-TYM 的 0.12° 空间分辨率风，我们在最近的研究中用于开发强风反演算法（参见文献 Shao et al., 2018b 中的图 2 和图 10）。地形数据来自英国海洋数据中心的世界大洋水深总图，空间分辨率为 1 弧分。模拟区域经纬度范围设置为 105°～140°E，10°～35°N，覆盖 5 个 GF-3 SAR 图像。输出结果的空间分辨率设置为 0.1°，间隔 30 min，WW3 模型的输出时间与 SAR 图像之间的时间差为 15 min。图 8-19 为 WW3 模拟的 H_s，其中黑色矩阵表示 GF-3 SAR 的图像位置。

我们试图在四个台风期间（Noru、Doksuri、Talim 和 Hato），从 Jason-2 高度计中收集海浪观测数据。遗憾的是，只获取到台风 Noru 和 Hato 时的高度计 Jason-2 数据。图 8-20 中显示了 WW3 模型在 2017 年 8 月 5 日 06:00（UTC 时间）和 2017 年 8 月 23 日 17:00（UTC 时间）模拟的 H_s 图，其中彩色条带表示卫星高度计 Jason-2 的足迹。两个台风的 H_s 验证如图 8-21 所示。H_s 的标准差（STD）小于 0.5m，表明来自 WW3 模型的模拟 H_s 适合于这项研究。

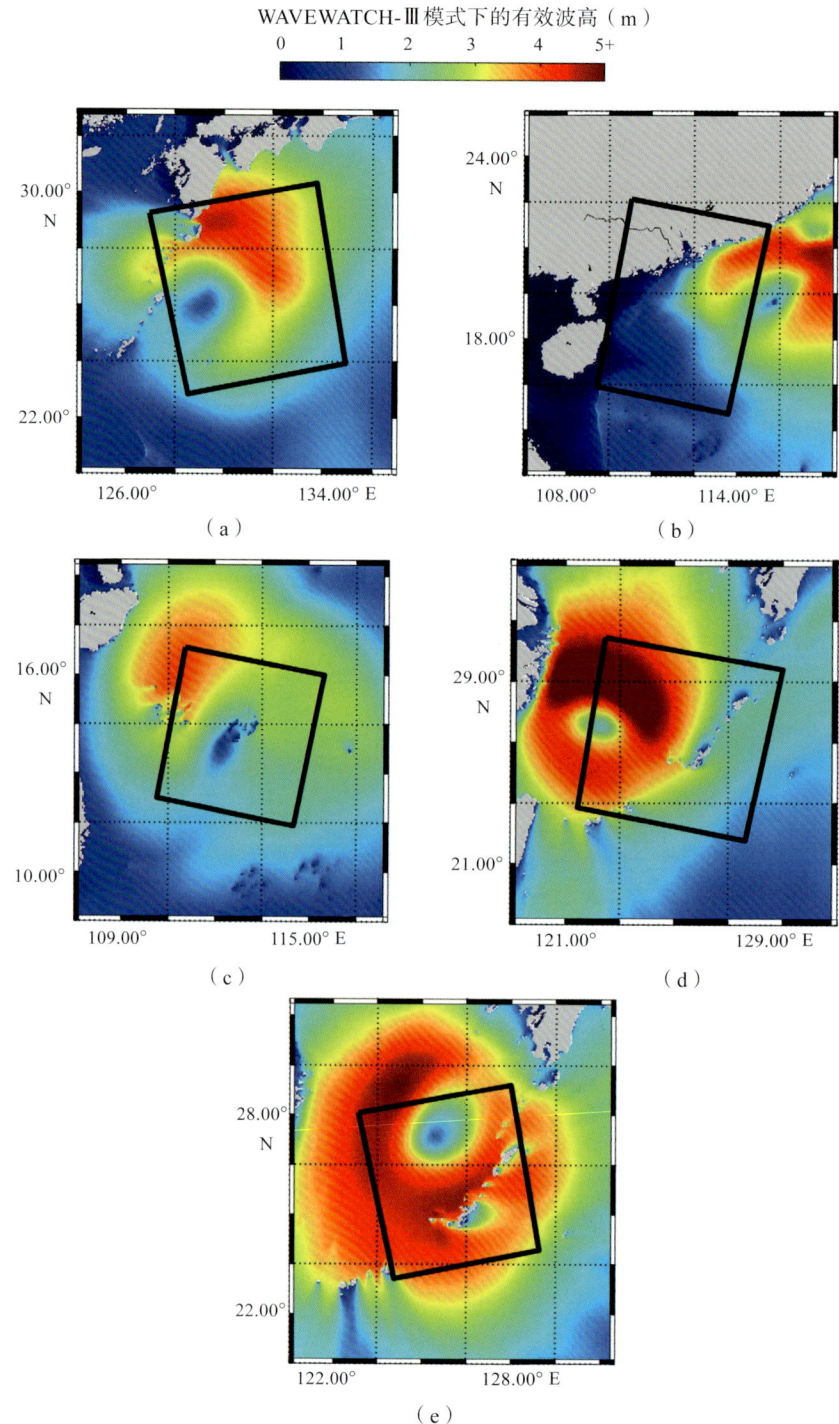

图 8-19　WW3 模拟的 H_s 图，覆盖 GF-3 SAR 图像的空间域

（a）GLO 模式 Noru，2017-08-04 9:00（UTC）；（b）WSC 模式 Hato，2017-08-22 10:30（UTC）；
（c）WSC 模式 Doksuri，2017-09-13 22:00（UTC）；（d）GLO 模式 Talim，2017-09-14 21:30（UTC）；
（e）WSC 模式 Talim，2017-09-16 9:30（UTC）

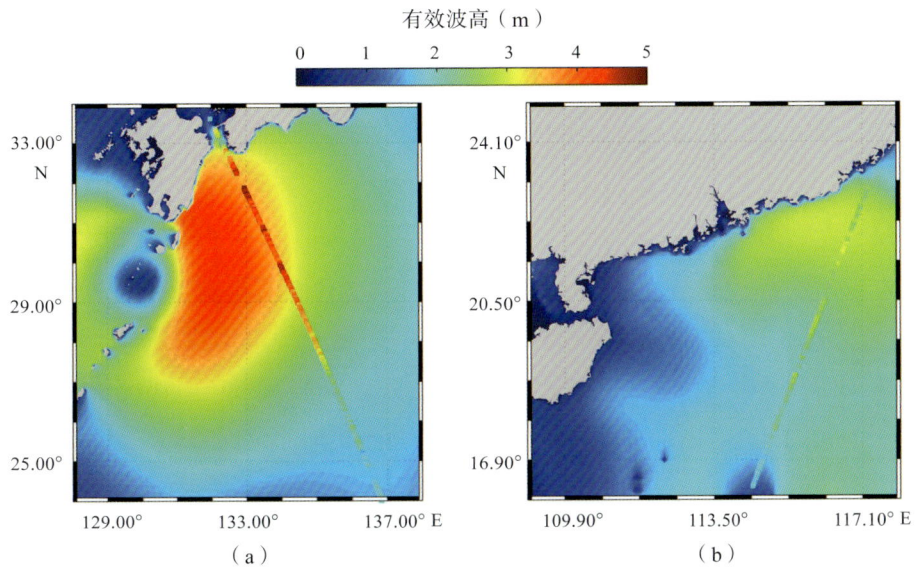

图 8-20　WW3 模拟的 H_s 图，覆盖高度计 Jason-2 的轨迹

（a）2017-08-05 06:00（UTC）；（b）2017-08-23 17:00（UTC）

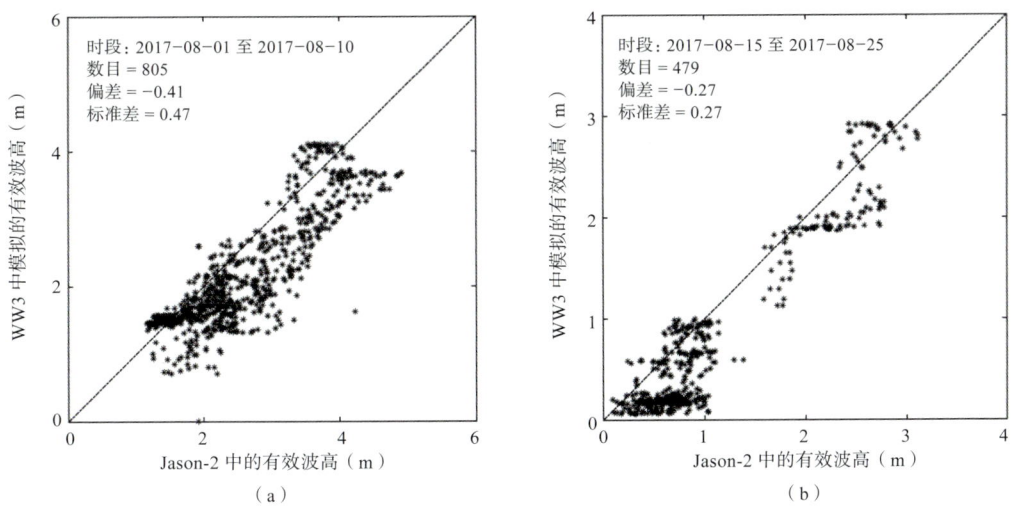

图 8-21　WW3 模拟结果与高度计 Jason-2 获得测量数据对比

（a）台风 Noru 持续期间；（b）台风 Hato 持续期间

8.3.4　改进的 CWAVE 台风浪经验反演算法

WW3 模拟结果与浮标数据的对比显示出良好的一致性（Liu et al.，2016；Bi et al.，2015；Zheng et al.，2016）。此外，WW3 模型也可用于台风中的波浪分析（Shao et al.，2018a）。

8.3.4.1 验证 WW3 模式 H_s 模拟结果

在 WW3 模拟 H_s 的过程中，WW3 模式由 0.125° 精度 ECMWF 风场和 30′ 精度 GEBCO 水深数据驱动，利用 WW3 模型对全球海域在 1° 网格上进行波浪模拟，其中 ECMWF 风场和 GEBCO 水深数据的双线性插值为 1°。在间隔时，模拟的二维谱默认分解为 24 个规则的方位角方向，频率项的对数范围为 0.041 18 ~ 0.718 6。空间传播的时间步长在经纬度方向上都设置为 300″。包括台风覆盖在内的流场在网格空间分辨率为 0.2°，时间尺度为 30 min，其中 ECMWF 风场和 GEBCO 水深数据空间分辨率为 0.2°。因此 SAR 拍摄时间和 WW3 输出之间的时间差在 15 min 以内。虽然模型运行开关是默认的，但应该指出的是，在 4 个台风中，WW3 采用了由四个波浪组成的相互作用的非线性项，即广义多重离散交互近似（DIA）（Shao et al., 2018a）。

为了验证 WW3 模式在 2016 年 8 月 27 日至 9 月 6 日台风 Lionrock 期间的模拟结果，我们总共收集了 5 000 多个 Jason-2 高度计的匹配点。高度计 Jason-2 测得的 H_s 高达 7 m。经对比分析表明，WW3 模拟的 H_s 与通过卫星高度计 Jason-2 收集的数据对比结果相吻合，其均方根误差（RMSE）等于 0.29 m，散射指数（SI）为 0.24（图 8-22），同时运用 NOAA 的 NDBC 浮标的实测数据进行验证，得到 H_s 的 RMSE 为 0.11 m，SI 为 0.23（图 8-23）。通过验证，采用 WW3 模式模拟的 H_s 是可靠的。

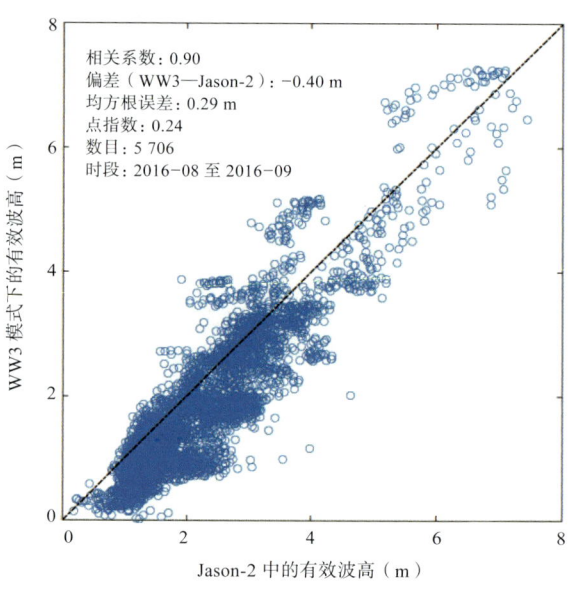

图 8-22　WW3 的 H_s 模拟，对照同位高度计 Jason-2 测量结果

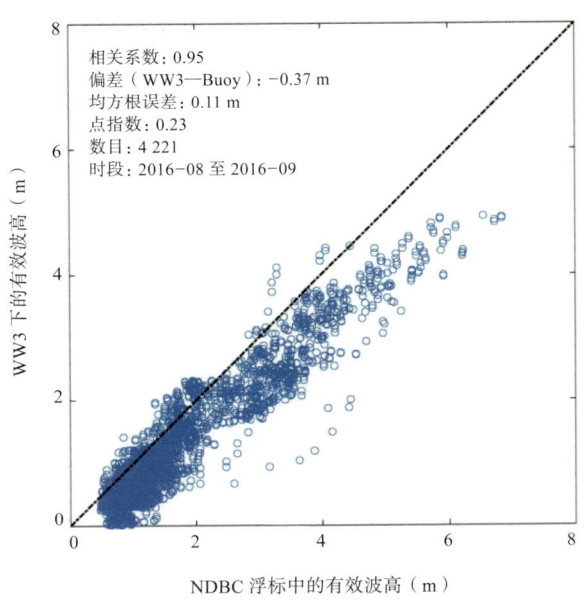

图 8-23 WW3 的 H_s 模拟，对照 NOAA NDBC 浮标数据

8.3.4.2 数据处理

将 128×128 空间分辨率的 S-1 SAR 进行划分，在 S-1 EW 和 IW 模式下，得到较大空间分辨率范围 1 km×1 km 和 4 km×4 km。在极端天气条件下，由速度聚束引起的非线性现象更为显著，无法观察到短波信息。此外，降雨对 SAR 的干扰也会影响台风的雷达特征。综合考虑上述因素，需排除低质量的 SAR 图像谱的非均匀子图像。对于每个子图像，计算 SAR 图像谱并提取给定范围 ϕ 的峰值波长和方向。

图 8-24 展示了清晰的处理步骤。图 8-24（a）显示了 2016 年 9 月 4 日 16:31（UTC）时间收集到的 SAR 图像中提取的子图像。相应的二维图像谱如图 8-24（b）所示。从该频谱中，提取给定范围内峰值的波长和方向。为了估计方位截断波长，需对一维谱进行高斯函数拟合，数学公式为 $\exp[\pi(k_x/k_c)]$，其中 k_x 是方位角波数，k_c ($=2\pi/\lambda_c$) 是方位角截断波数。如图 8-24（c），显示了与图 8-24（a）子图像相对应的高斯拟合结果。

8.3.4.3 H_s 与 SAR 相关参数的关系

为了研究 SAR 相关参数与 WW3 模拟的 H_s 之间的关系，我们使用了 6 幅包含台风的 S-1 SAR 图像。这些图像都在 WW3 模拟区域内，可以匹配到三万多个匹配点。SAR 相关参数包括 β 归一化的方位截断波长，即 λ_c/β、cvar、VV 极化和 VH 极化 NRCS（dB）、波长 λ 和方位角 ϕ。基于 SAR 的各项参数分别与 WW3 模拟的 H_s 进行相关性分析,如图 8-25 中(a)至(f)所示。对于每幅图片,颜色区间表示在 [20°, 50°] 入射角范围内,步长为 5° 的入射角。可以发现,λ_c/β 和 WW3 模拟的 H_s 之间存在轻微的相关性,特别是在入射角低于 35° 时,随着入射角的增大,相关性得到增加。正如预期,当入射角大于 25° 时,WW3 模拟的 H_s 与 VV 极化的 NRCS 和 cvar 呈线性关系(Ji et al., 2017),且在入射角为 40° 和 45° 时,相关性最好。对于 VH 极化,尽管其与 WW3 模拟的 H_s 存在一定相关性,但结果比 VV 极化要差,尤其在较高入射角下,相关性更弱。如图 8-25(e),(f)所示,对于 λ 和 ϕ,尽管它们与海浪 SAR 成像机制有关(Wang et al., 2012),但与 WW3 模拟的 H_s 没有明确的关系。这可以通过极端天气条件下海浪谱的复杂性来解释(Shao et al., 2017b)。例如,海浪谱的右侧和左侧事实上分别由风浪和交叉涌浪所支配。

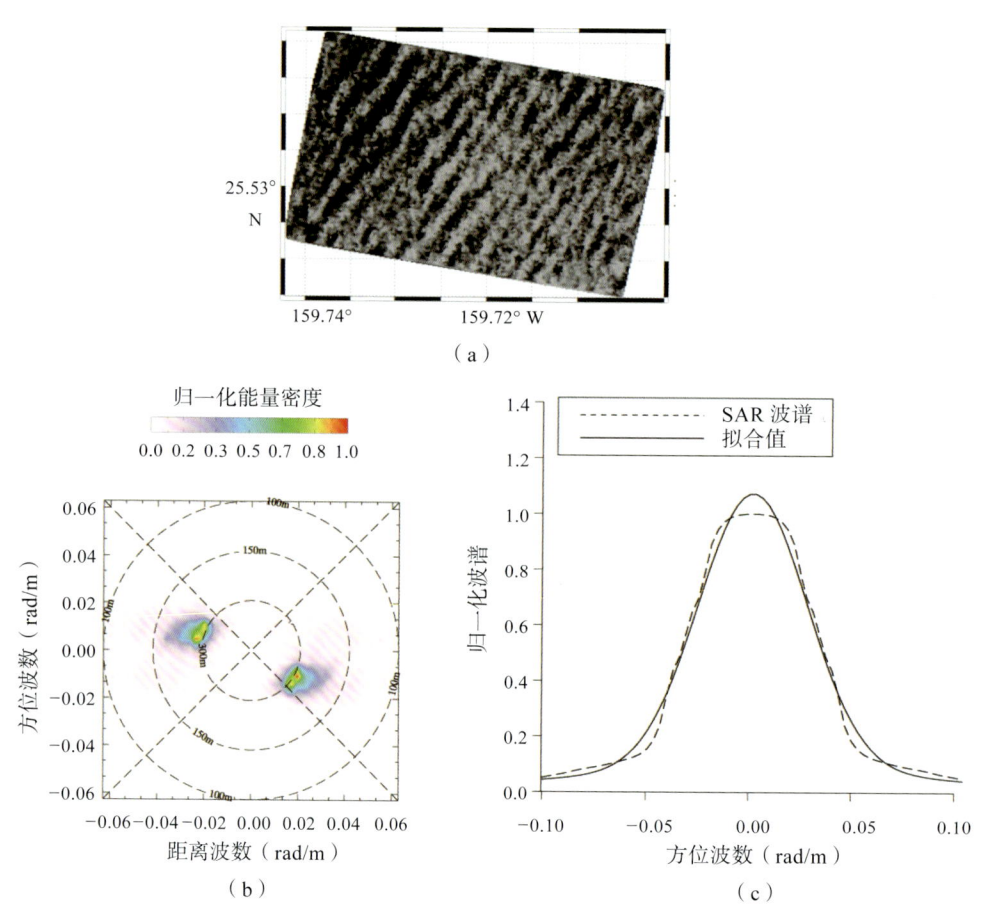

图 8-24 处理步骤

(a)VV 极化 SAR 图像的子图像,2016-09-04 16:31(UTC);
(b)二维 SAR 频谱;(c)对应(a)子场景的高斯拟合

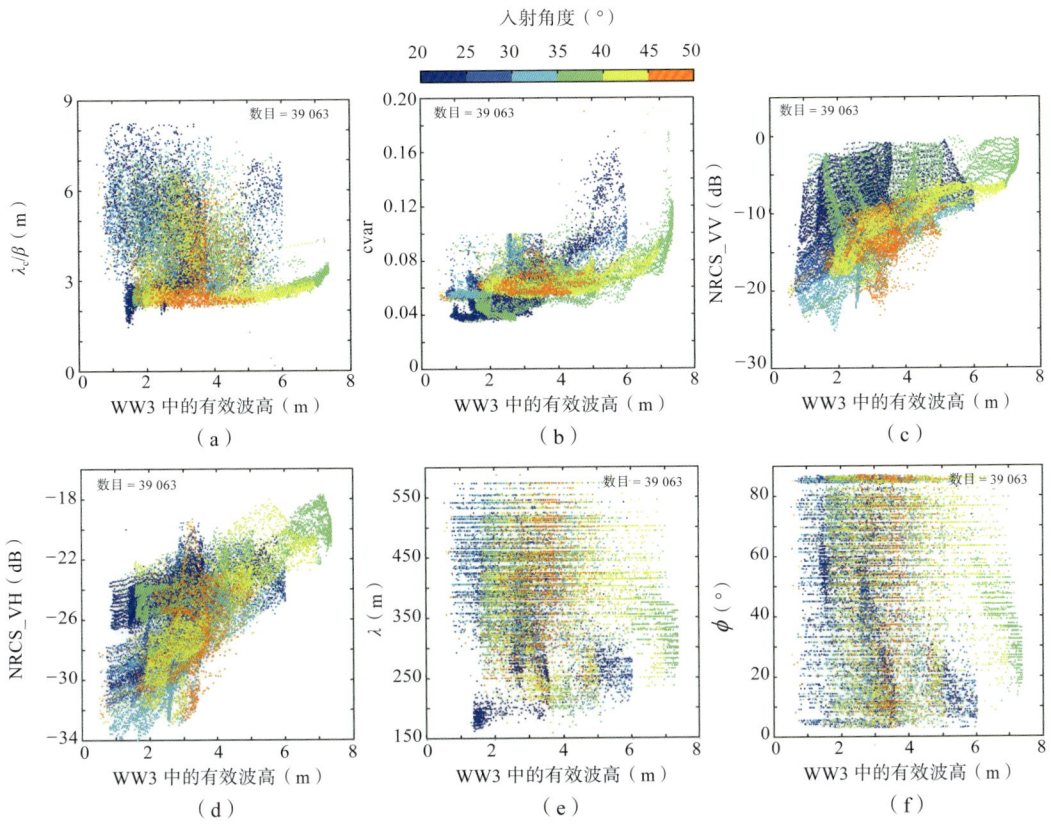

图 8-25 WW3 H_s 模拟与 S-1 SAR 各反演参数的对比

颜色编码表示入射角 20°，50°，5°

（a）λ_c/β ；（b）cvar ；（c）VV NCRS ；（d）VH NCRS ；（e）λ ；（f）ϕ

8.3.4.4 反演方式

对 SAR 相关参数与 WW3 模拟 H_s 之间关系分析表明，两者在气旋条件下存在一定的线性关系。因此，利用该关系设计了一个经验函数，对系数 A_i 进行拟合，就可以由一组基于 SAR 的参数 S_i（$i=1,\cdots,n$）来确定 SAR 反演得到的 H_s。该函数（以下简称为 CWAVE）还包括与 SAR 相关参数之间的非线性组合相关的二阶项，通过系数 $A_{i,j}$（$i \leq j \leq n$）来计算非线性。CWAVE 函数的基本模型，已成功用于处理 ERS（Schulz-Stellenfleth et al.，2007），Envisat-ASAR（Li，et al.，2011），S-1（Stopa et al.，2016）和 GF-3（Sheng，et al.，2018）收集的 SAR 图像数据，其公式

$$H_s = A_0 + \sum_{i=1}^{n} A_i \times S_i + \sum_{i,j=1}^{n} A_{(i,j)} \times S_i \times S_j \tag{8-15}$$

其中，向量由 λ_c/β、cvar、VV 极化和 VH 极化 NCRS、$\sin\theta$ 构成，需通过匹配数据集

采用最小二乘法来确定，总计 21 个系数 A。应注意，下标（1，…，5）代表相应的变量（NRCS_VV，cvar，$\sin\theta$，NRCS_VH，λ_c/β）。例如，A_{23} 是 CVAR × NRCS_VV 项的系数。为了获得最佳结果，分别针对 EW 和 IW 模式中的具有不同空间分辨率的 S-1 图像调整系数，如下表 8-5 所示。

表 8-5　所提出的算法中的系数 A

系数	EW	系数	EW	系数	EW
	IW		IW		IW
A_0	−10.951 2	A_{12}	2.697 3	A_{25}	−4.128 5
	−41.409 8		−0.236 4		22.503 1
A_1	1.708 9	A_{13}	−0.828 0	A_{33}	−20.478 5
	0.006 9		−0.619 2		−83.103 4
A_2	−1.520 3	A_{14}	0.078 5	A_{34}	0.838 8
	−14.780 7		0.005 8		1.685 5
A_3	36.741 0	A_{15}	0.010 9	A_{35}	−0.033 4
	113.961 7		0.056 6		22.016 0
A_4	−1.168 1	A_{22}	−41.115 1	A_{44}	−0.039 6
	−0.508 9		16.001 9		0.020 7
A_5	−0.254 2	A_{23}	28.678 1	A_{45}	−0.037 1
	0.994 4		−106.010 3		0.328 4
A_{11}	−0.029 3	A_{24}	−2.473 7	A_{55}	−0.037 9
	−0.020 2		−1.057 4		−1.637 8

注：下标（1，…，5）表示相应的变量（σ_{VV}^0，cvar，$\sin\theta$，σ_{VH}^0，λ_c/β），例如，A_{12} 是项 σ_{VV}^0 × CVAR 的系数。

该算法使用了 6 幅 S-1 SAR 图像（见图 8-10）进行反演，另外 2 幅（见图 8-11）进行验证，结果如图 8-26 所示。反演得到的 H_s 与 WW3 模拟结果进行对比，其中红线表示使用线性回归方程的统计结果。结果表明，SAR 反演的 H_s 和 WW3 模拟的 H_s 存在显著的相关性（COR = 0.83，偏差 = 0.15），H_s 的 SI 为 0.18，RMSE 为 0.35 m。该算法的表现优于使用单极化（COR = 0.5）的情况（Ji et al.，2017）。这意味着，在气旋条件下，双极化 S-1 SAR 图像优于单极化 SAR 反演的 H_s。

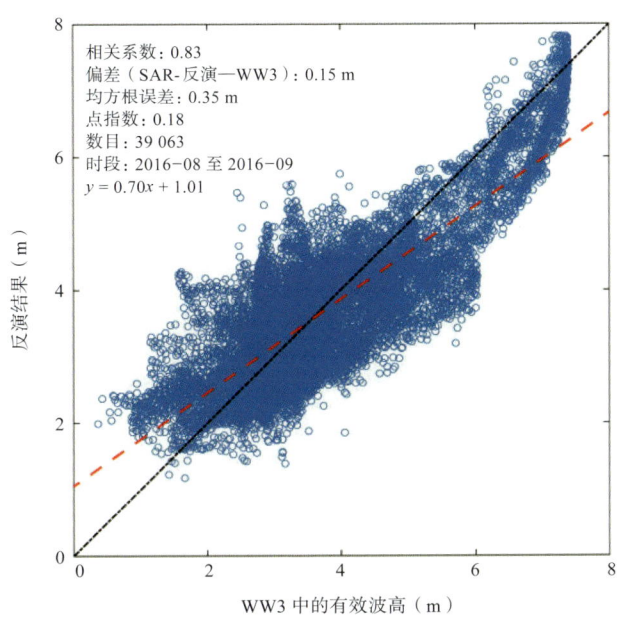

图 8-26 利用图 8-10 的 6 幅数据，WW3 模拟结果和反演的 H_s 对比，红虚线表示线性回归方程统计结果，黑实线为参考线

8.4 验证与讨论

8.4.1 C 波段 SAR 台风风速反演算法结果的验证和讨论

高风速反演过程的流程图如图 8-27 所示。首先将 12 个飓风中的 C 波段 SAR 图像以网格形式分成若干个子图像。然后对图像方差与图像均方之比小于 1.05 的均匀子图像进行处理，以反演风速。由于 SAR 能够观测到涌浪和风浪，而涌浪不是由风产生的，因此我们需要消除涌浪干扰。为此，我们首先使用每个子图像的局部梯度计算环境风条纹方向。当反演出的波向与环境风场不同时，因涌浪干涉而将其排除在外。在这些预处理步骤之后，得到图 8-28（a）（b）所示的二维 SAR 图像谱，分别对应于图 8-1（c）和图 8-2（i）中的方框 A 和方框 B 区域的处理结果。

使用机载 SFMR 数据和模型数据（不可用区域）进行算法验证。采用的模型是对称飓风风速反演模型（SHEW）。它可以从交叉极化 SAR 图像中反演完整风场，将其在 10 ~ 40 m/s 范围内与 SFMR 数据进行验证，显示出良好的一致性（Zhang et al., 2017a）。

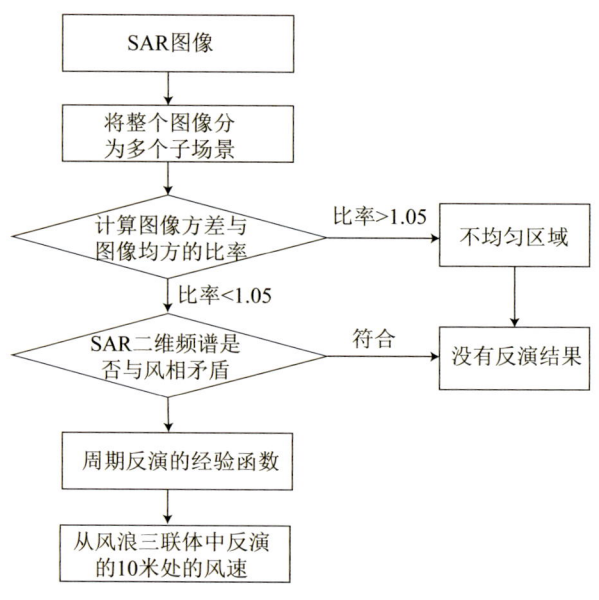

图 8-27 基于风浪周期与有效波高关系的热带气旋风速反演处理流程图

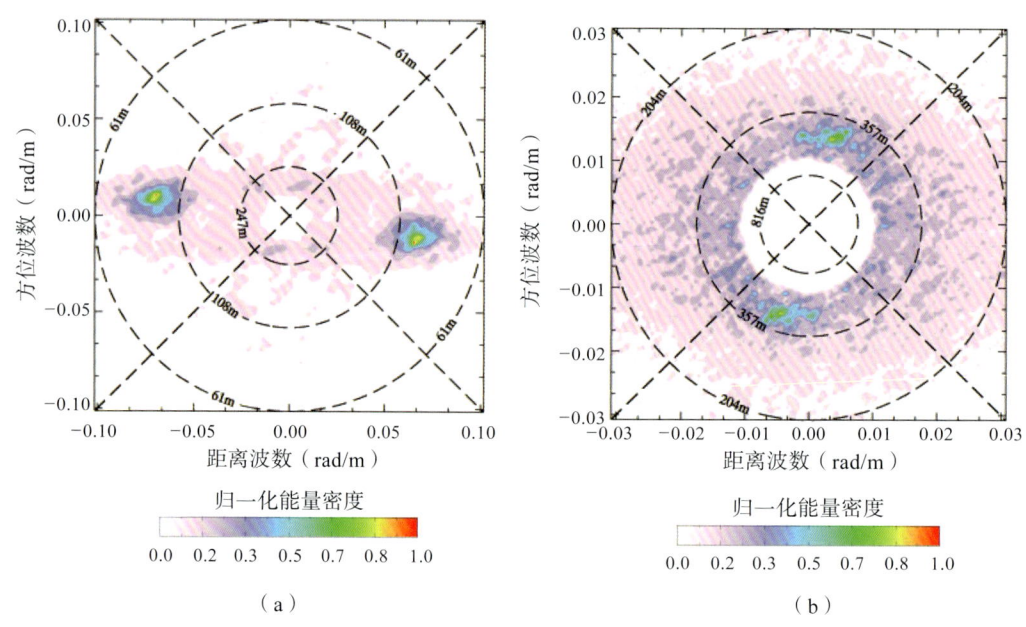

图 8-28 二维 SAR 图像谱的示例
(a) 图 8-1 中 (c) 图的方框 A；(b) 图 8-2 中 (i) 图的方框 B

图 8-29 显示了 SHEW 模型结果与 9 幅 R-2 SAR 图像中反演得到的风速（取以 0.5 m/s 间隔的平均值）的比较。图 8-29（a）、（b）和（c）分别表示位于气旋中

心的左侧，右侧和后侧的子图像。在气旋中心背面 RMSE 为 3.9 m/s，偏差 0.1 m/s，气旋中心的左侧和右侧具有更好的 RMSE，RMSE 分别为 2.4 m/s、偏差 0.3 m/s 以及 2.6 m/s、偏差 0.35 m/s。

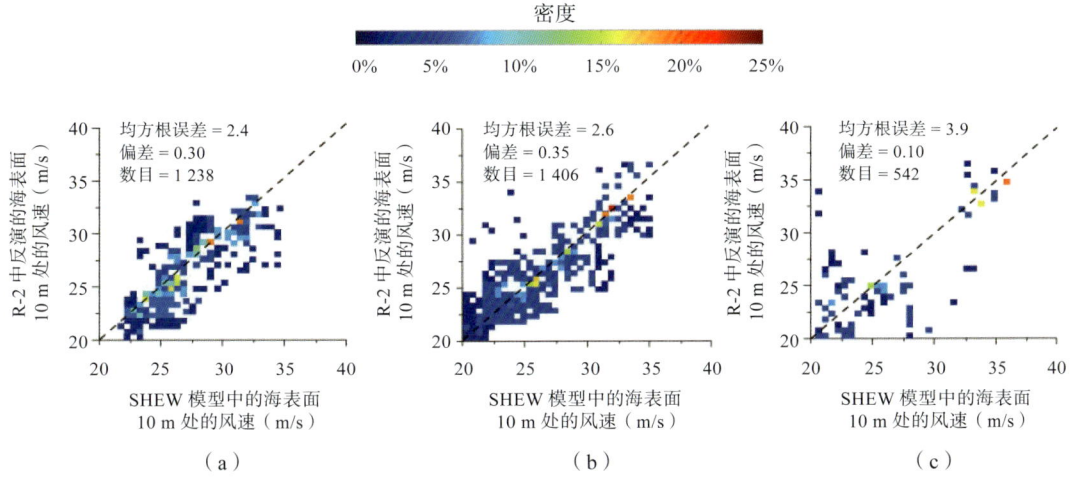

图 8-29　9 幅 R-2 SAR 图像的风速与 SHEW 模型的风速比较

（a）气旋中心左侧；（b）气旋中心右侧；（c）气旋中心后侧

图 8-30 显示了 SFMR 测量值与 3 幅 S-1 SAR 图像反演结果之间的风速（取以 0.5 m/s 间隔的平均值）比较。在气旋中心的左侧（背面）RMSE 为 1.7 m/s（2.9 m/s），偏差 0.20 m/s（0.56 m/s）。而旋风中心右侧没有数据。

飓风波浪参数研究（Hu et al., 2011；Holthuijsen et al., 2012）表明，横向涌浪在飓风运动的左侧占主导地位，反向涌浪在后侧占主导地位。图 8-31 显示的是在北半球东北移动的热带气旋中的涌浪系统（Holthuijsen et al., 2012）。黑色虚线表示飓风的最大半径，实曲线和虚曲线表示局部产生的风浪和远离黑色标记的波浪，相应的箭头表示传播方向。

由于气旋后侧的涌浪和风浪的传播方向相反，故很难将风浪谱和涌浪谱分离，这或许可以解释风速反演在气旋后侧的均方根误差较大的情况。而在热带气旋的左右两侧，涌浪则向风浪前进方向传播。虽然涌浪也会影响这两个地区的海面风速反演，但其影响不大。图 8-29、图 8-30 显示了较好的反演结果。因此推测此方法适用于风浪主导区域的高风速反演，且不存在信号饱和问题。另外，由于 S-1 轨道较低，其速度聚束效应小于 R-2，且前者空间分辨率更高。这些事实使得 S-1 的海浪和风场反演精度优于 R-2 图像。

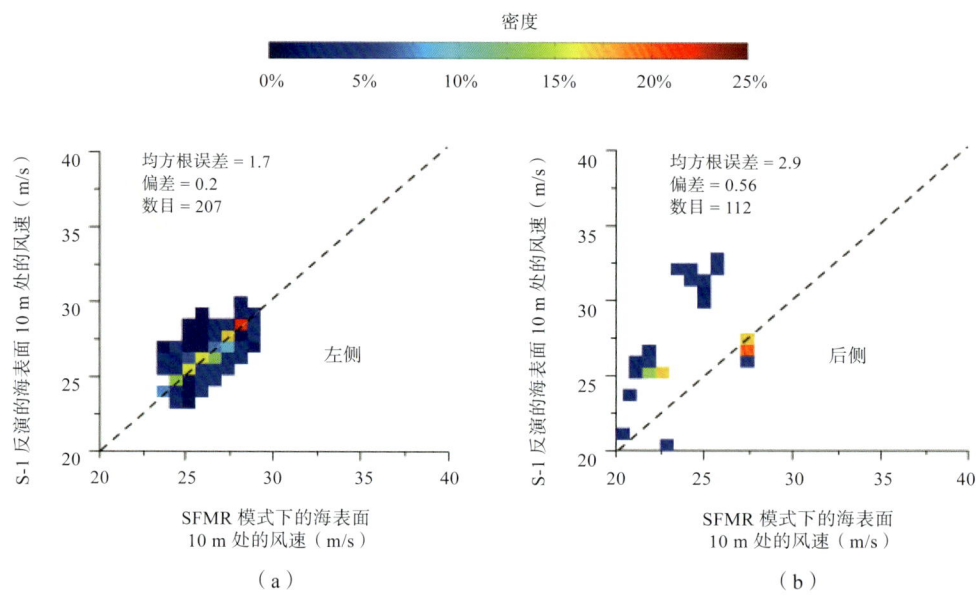

图 8-30　通过 SFMR 测量的 3 幅 S-1 SAR 图像的风速比较

风速为大于 20 m/s 的风，取以 0.5 m/s 间隔的平均值，（a）位于气旋中心左侧；
（b）位于气旋中心后侧右侧没有可用数据

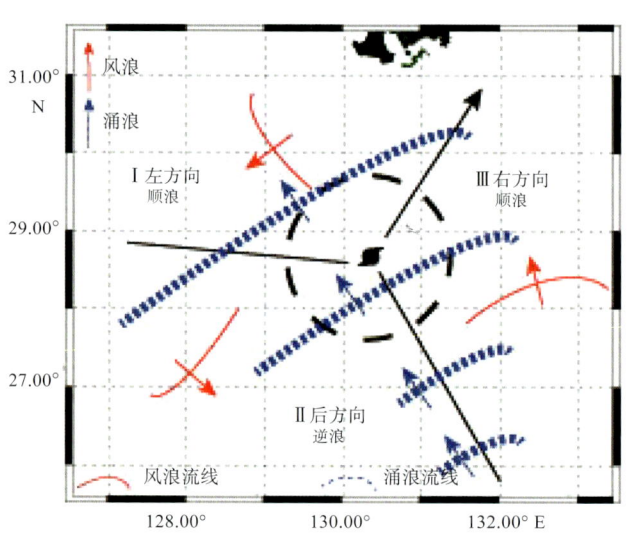

图 8-31　在北半球的假想热带气旋中的涌浪类型

黑色箭头表示气旋传播方向，气旋系统中有三个分区（右，左和后），由黑色实线分隔，虚线黑线代表风的最大半径，红色实心和蓝色虚线箭头表示局部产生的风和波浪传播方向

（Holthuijsen et al.，2012）

8.4.2 VH 极化 GF-3 SAR 的台风风速经验反演算法的结果验证与讨论

8.4.2.1 验证

除了用于调整算法的 3 幅图像外,还利用来自台风 Noru,Hato 和 Talim 的 4 幅 VH 极化 GF-3 SAR 图像进行验证。在数据集中有超过 400 个匹配数据的情况下,可将反演结果与来自 WindSAT 雷达辐射计的 0.25° 空间分辨率风场数据进行比较。

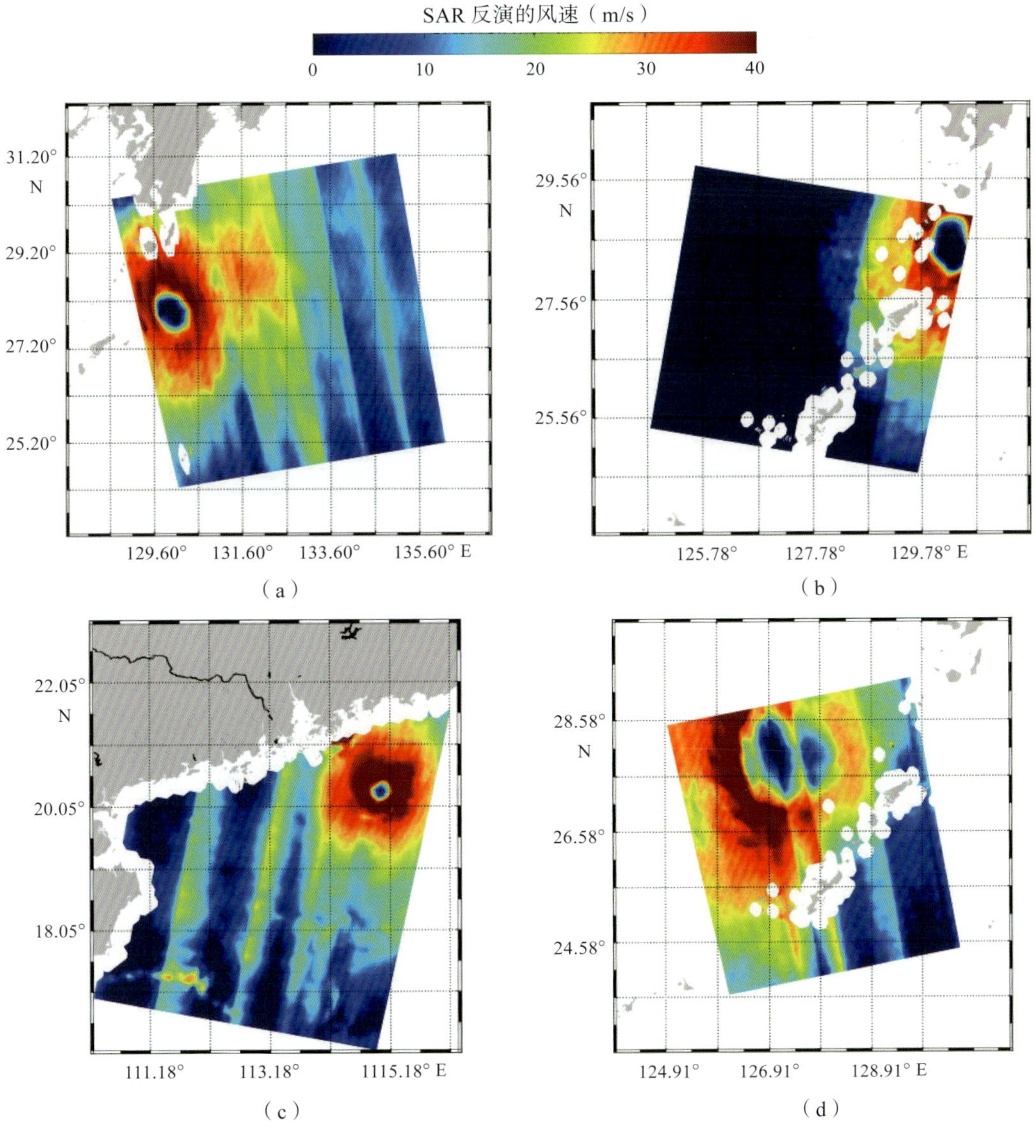

图 8-32 4 幅 S-1 图像风向图

(a)台风 Lionrock,2016-08-29 08:32(UTC);(b)台风 Lester,2016-08-31 03:15(UTC);
(c)台风 Gaston,2016-09-01 20:30(UTC);(d)台风 Lester,2016-09-04 16:31(UTC)

图 8-32 显示了与图 8-6 四幅 GF-3 图像相对应所反演出的风场图。在此说明，当风速小于 10 m/s 时，所反演的风不可靠。虽然 WindSAT 风速高达 40 m/s，但反演的风会遇到 C 波段同极化 GMF 应用中的饱和问题。因为在 GLO 和 WSC 模式下采集的 GF-3 SAR 图像由若干雷达波束组成，故反演得到的风场图中存在不连续性。特别是，由于雷达波束的仪器噪声，会出现如图 8-32（d）中所示反演（台风 Lester）的 TE 失真的情况。因此，反演的风速在每个雷达波束的边缘周围会明显不同于其他区域。

8.4.2.2 讨论

SAR 反演的风速与 WindSAT 风场数据之间的比较如图 8-33 所示。结果表明，在 2～40 m/s 之间，两者风速均存在 5.5 m/s 左右的均方根误差，其中误差棒表示以 2 m/s 间隔平均风速的标准差。正如之前所述，"去噪"程序不适用于 VH 极化 GF-3 SAR 图像，这也可能解释了为什么分析结果比 Shen 等（2014）更差，后者比较来自 VH 极化 R-2 SAR 图像的飓风中的风速与 NOAA 飓风研究区（HRD）的风速，风速的 RMSE 为 4.5 m/s。然而，验证结果仍然表明 VH 极化 GF-3 SAR 具有从台风反演高风速的能力，因为交叉极化不像同极化那样信号容易饱和。

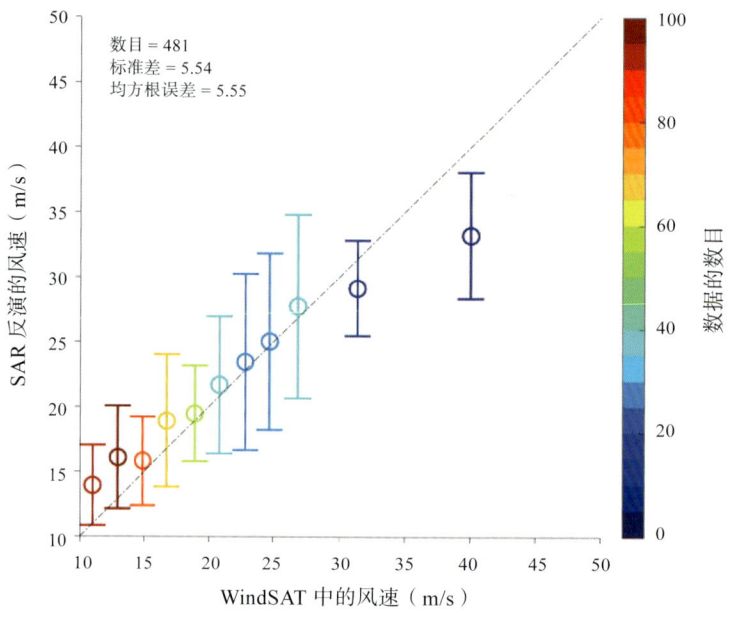

图 8-33　SAR 计算风速与 WindSAT 风测值比较

其中误差棒表示以 2 m/s 间隔平均风速的标准差

第 8 章 台风与台风浪反演技术

在风速大于 30 m/s 的情况下，没有更多的匹配数据。因此，将 SAR 反演的风与 GRAPES-TYM 的 0.12°×0.12° 空间分辨率数据进行比较。利用 GRAPES-TYM 模型对图 8-6 所示的 4 幅 GF-3 VH 极化 SAR 图像进行模拟，以进一步研究强风反演的准确性。图 8-34 给出了 GRAPES-TYM 风场图，其中矩形表示 4 幅 VH 极化 GF-3 SAR 图像的空间覆盖。

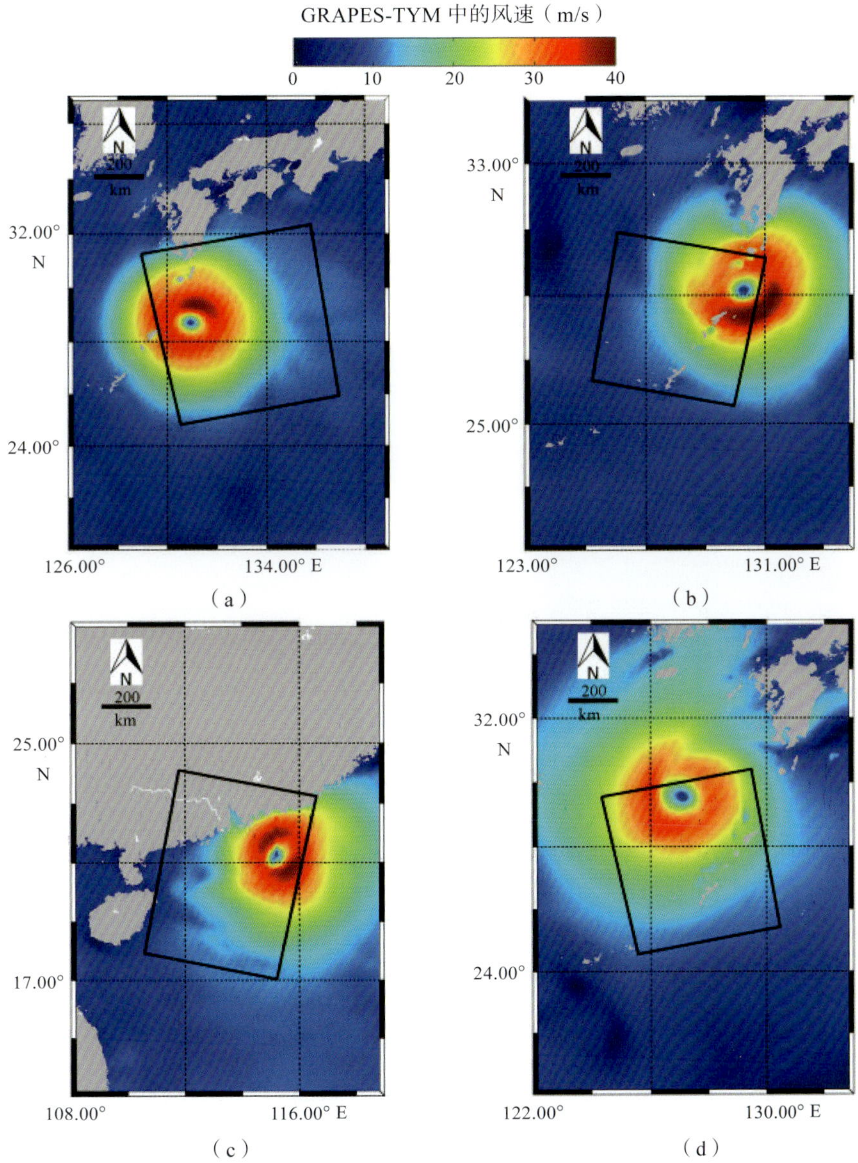

图 8-34　GRAPE-TYM 风图

其中矩形表示图 8-6 中的 4 幅 VH 极化 GF-3 SAR 图像的覆盖范围
（a）台风 Noru，2017-08-04 09:00（UTC）；（b）台风 Noru，2017-08-04 21:00（UTC）；
（c）台风 Hato，2017-08-22 22:00（UTC）；（d）台风 Talim，2017-09-16 09:00（UTC）

SAR 反演出的风速和 GRAPES-TYM 风速之间的比较如图 8-35 所示。发现风速的 RMSE 为 5.1 m/s，小于图 8-32 中的统计结果。由于该经验算法使用了独立的风场数据来调整和验证，因此这并不奇怪。另外，在风速达到 40 m/s 时没有出现信号饱和问题。因此，可以认为所提出的算法适用于从 VH 极化 GF-3 SAR 图像中反演台风风场，交叉极化 GF-3 SAR 是台风条件下监测强风的有效方法之一。

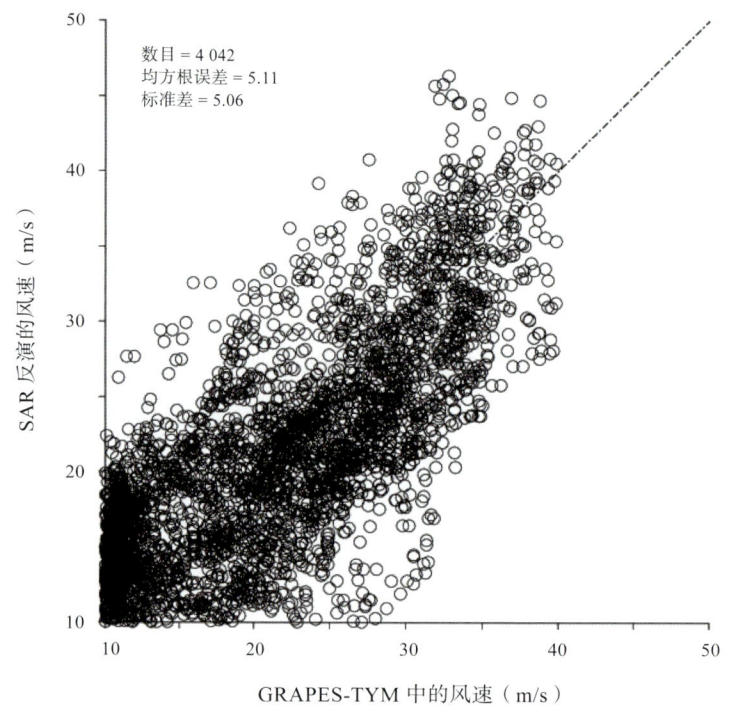

图 8-35 算法反演的 SAR 风速和 GRAPES-TYM 风的比较

使用现有 4 种交叉极化算法（Vachon et al., 2011；Zadelhoff, et al., 2014；Shen et al., 2014；Zhang et al., 2017）将 SAR 反演的结果与 GRAPES-TYM 风进行比较分析。4 种交叉极化算法中多数的公式与式（8-12）相同，可通过全极化或双极化 R-2 SAR 数据进行系数拟合。尽管（Zhang, et al., 2017b）提出的算法包括风速项和入射角，但 NRCS 与入射角存在一阶线性关系。图 8-36 为使用上述 4 种算法反演结果与 GRAPES-TYM 风的对比情况，风速的 RMSE 分别为 6.4 m/s、9.6 m/s、6.7 m/s 和 10.9 m/s。这表明，这些算法的性能都不如本方法，反演得到的 GF-3 SAR 风速结果好。

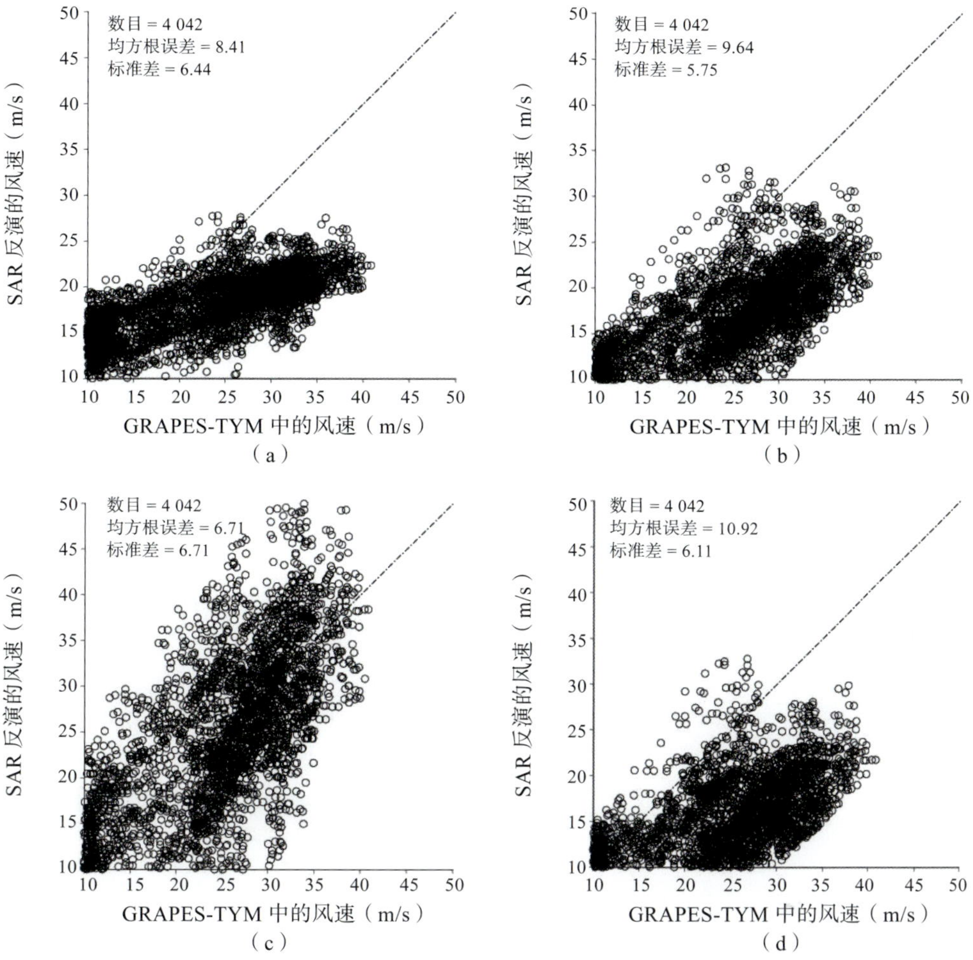

第8章 台风与台风浪反演技术

图 8-36 利用上述 4 种算法计算 SAR 风和 GRAPES-TYM 风的比较

（a）Vachon 等（2011）；（b）Zadelhoff 等（2014）；（c）Shen 等（2014）；（d）Zhang 等（2017b）

8.4.3 VV 极化 GF-3 SAR 的台风浪经验反演算法的结果验证与讨论

在经验波浪反演算法中，海面的海浪信息与海面以上 10 米处的风相关，NRCS（dB）与固定入射角处无量纲量 cvar 有关。将这些参数假定为 NRCS 的基本变量（Romeiser et al., 2015；Schulz-Stellenfleth et al., 2007；Li et al., 2011），可以直接从 SAR 图像谱导出，并且与台风中不易存在的可见波浪条纹无关。在本节中，我们分析了 H_s 与风，NRCS 和 cvar 之间的关系，发展出一种台风波浪反演算法。

8.4.3.1 SAR 图像处理

为了获得合理的数据集，将整幅 VV 极化 GF-3 SAR 图像分成若干个方形子图像，空间覆盖范围约为 20 km × 20 km。去除由于强降雨导致的不均匀的子图像（图像方差和平方图像的比值大于 1.05）（Li et al., 2011；Shao et al., 2017，2018b），选择有 0.1° 空间分辨率 WW3 模型数据覆盖的子图像，得到总计超过 1 500 个匹配数据集用于研究，包括 WW3 模式模拟的 H_s、反演的风速和 5 幅 VV 极化 GF-3 SAR 图像的 cvar。

8.4.3.2 反演算法的建立

图 8-37（a）显示了 WW3 模型模拟的 H_s 与 SAR 测量的风速之间的关系。彩色线代表入射角（范围 10°～50°，以 10° 为间隔）的一般趋势。根据 Elfouhaily 等（1997）的研究，在风速大于 20 m/s 的风场中，低于 100 m 波长对 H_s 的相对贡献率小于 30%。因此，波长较长的波浪，包括涌浪，是台风波谱中的主要部分。这可能是风速大于 20 m/s 时，H_s 存在波动的原因。

H_s 与 NRCS 和 cvar 具有线性关系，如图 8-37（b）（c）所示。有趣的是，在 Romeiser 等（2015）的研究中，通过数值波浪模型对多幅 Radarsat-1/Envisat 的 HH 极化 SAR 图像进行 H_s 模拟时，也观察到这种现象。此外，NRCS 与入射角呈负相关，而 H_s 一定时，cvar 与入射角呈正相关。尽管可用数据集中 H_s 仅为 5m，但可以明确的是，NRCS 和 cvar 与台风中的 H_s 直接相关。另外，在小于 20° 的低入射角条件下，上述趋势不明显，这是由 SAR 成像时 Bragg 后向散射很弱导致的。

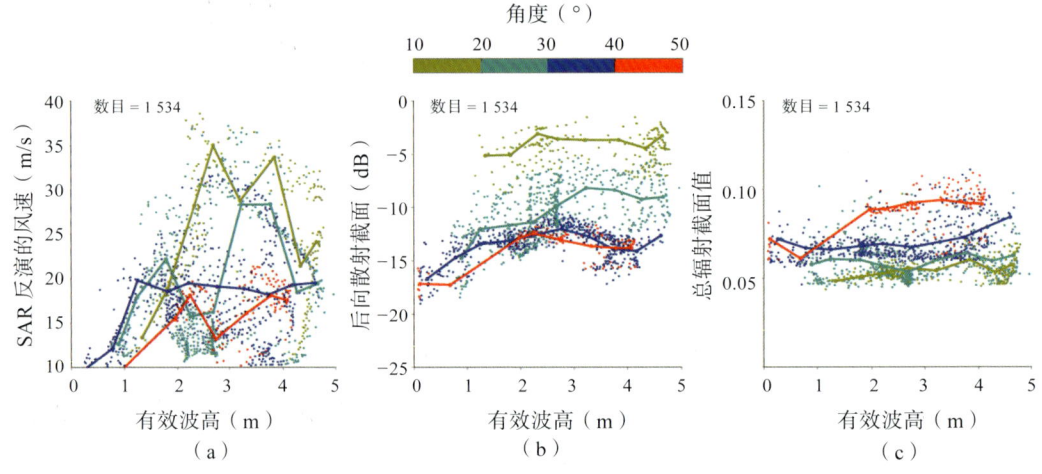

图 8-37　WW3模型模拟的与3个SAR测量参数之间的关系
其中彩色线表示不同入射角（范围10°～50°，以10°为间隔）的每个参数的趋势
（a）风速；（b）NRCS；（c）cvar

8.4.3.3 讨论

我们知道，大部分波纹在低空间分辨率的 SAR 图像中是不可见的。而 GF-3 SAR 在 GLO 和 WSC 模式下的分辨率大于 100m，这使得在台风条件下几乎不可能将 GF-3

SAR 的图像谱转化为海浪频谱。考虑到上述因素，针对 GF-3 SAR 的台风波反演，提出了两种方便有效类似于传统风反演的 GMF 方法的 GF-3 SAR 经验台风波浪反演算法。采用如下的非常规公式：

$$H_s = a \left(\frac{\sigma_{VV}^0}{cvar} \right) + b \tag{8-16}$$

其中，σ_{VV}^0 是以 dB 为单位的 NRCS；系数 a 和 b 是拟合常数，表 8-6 列出了 10°～50° 间，以 10° 为间隔的入射角和相应的 NRCS、cvar 项的系数。

表 8-6 由数据拟合确定的式（8-16）的系数

	θ	10°～20°	20°～30°	30°～40°	40°～50°
NRCS 项	a	0.021	0.201	0.185	0.147
	b	3.531	4.769	5.000	4.991
cvar 项	a	43.557	5.197	17.623	29.397
	b	1.070	2.360	1.280	0.330

图 8-38 显示了整个数据集与 WW3 模型模拟的 H_s 的对比结果。使用包括 NRCS 项和 cvar 项的经验波浪反演算法，相关性分别为 0.5 和 0.4。发现含 NRCS 项的算法的性能优于含 cvar 项的算法的性能。尤其当 H_s 大于 3 m 时，含 cvar 项的算法得到的斜率近乎饱和。这可能是由入射角小于 30° 的相对较小的斜率引起的［图 8-37（c）］。因此，可进一步发展 Romeiser 等（2015）提出的经验函数，假定 NRCS 为主要变量，引入风速，cvar 和入射角等其他参数，从而得到在台风中能更准确反演 H_s 的经验函数。

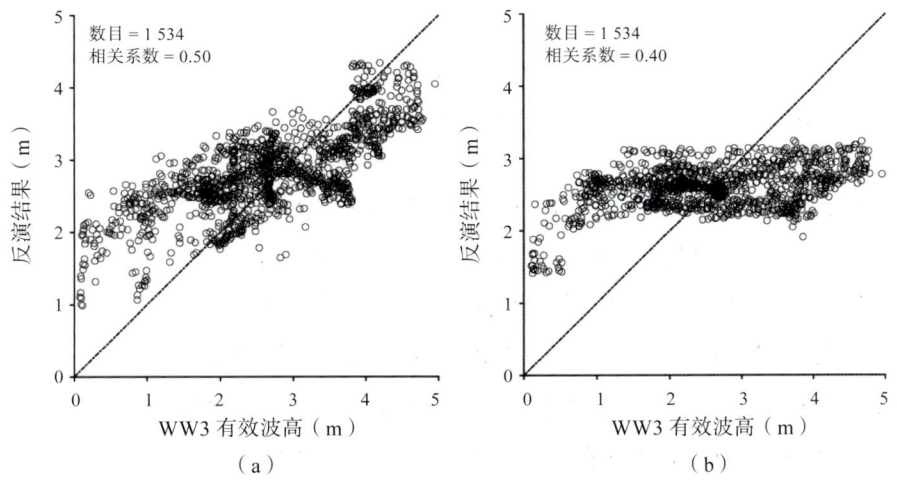

图 8-38 整个数据集与 WW3 模型模拟的 H_s 的对比结果
（a）使用 NRCS 项在内的经验函数；（b）使用 cvar 项在内的经验函数

8.4.4 改进的 CWAVE 台风浪经验反演算法的结果验证与讨论

为了验证新的 CWAVE 反演方案，使用图 8-11 所示的 2 幅 SAR 影像。图像如图 8-39 所示，图中的（a）和（b）分别对应 2016 年 9 月 1 日 23:44（UTC）以 IW 模式获得的飓风 Hermine 和 2016 年 9 月 23 日 22:23（UTC）以 EW 模式获得的 Kurl 飓风。由于所提出的方法依赖于足够准确的 SAR 图像谱，因此排除了明显不均匀的子图像（约占总数的 20%）。可以发现，整个图像上的波浪场分布与图 8-13 WW3 模式模拟的结果一致。由于 S-1 SAR 图像具有较好的空间分辨率，因此在台风眼和近岸海域也能观测到波浪细节。

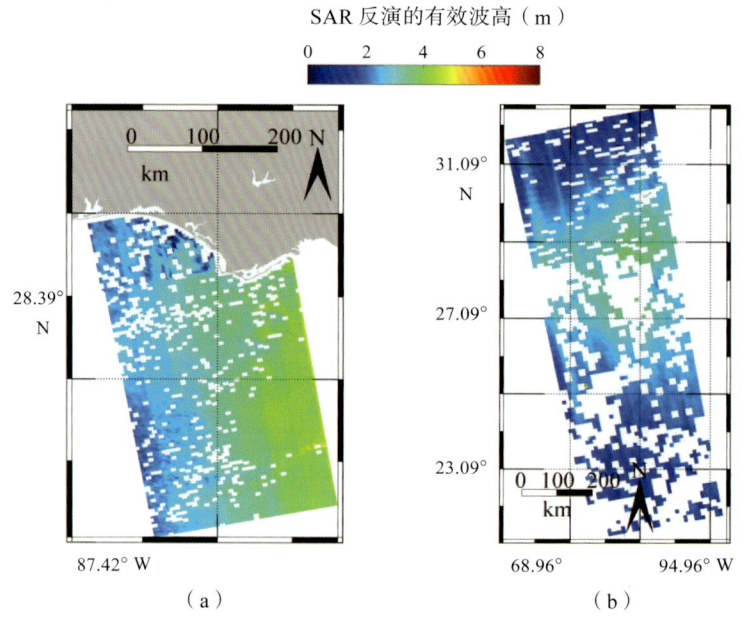

图 8-39　SAR 反演的 H_s

（a）IW 模式 Hermine，2016-09-01 23:44（UTC）；（b）EW 模式 Karl，2016-09-23 22:23（UTC）

令人遗憾的是，在 2 个 S-1 SAR 图像所覆盖的区域内，没有可用的锚系浮标和 Jason-2 高度计的数据。因此，使用 WW3 模拟来验证 SAR 反演 H_s 的准确性。图 8-40 显示了在气旋条件下收集的 2 幅 S-1 SAR 图像中反演到的 H_s 与 WW3 模拟得到的 H_s 的对比图，图中红线表示使用线性回归函数的统计结果。计算得到，SAR 反演的 H_s 均方根误差为 0.3 m，偏差 -0.05，该结果与经验参数有关，但经验参数使用的数据集与此验证的数据集存在重复。因此，为了获得独立有效验证，使用空间分辨率为 0.125° 的 ECMWF 实时海浪数据，得到了其显著性分析（见图 8-41）。结果显示，SAR 反演的 H_s 均方根误差为 0.28 m，偏差 -0.12。应该注意的是，SAR 成

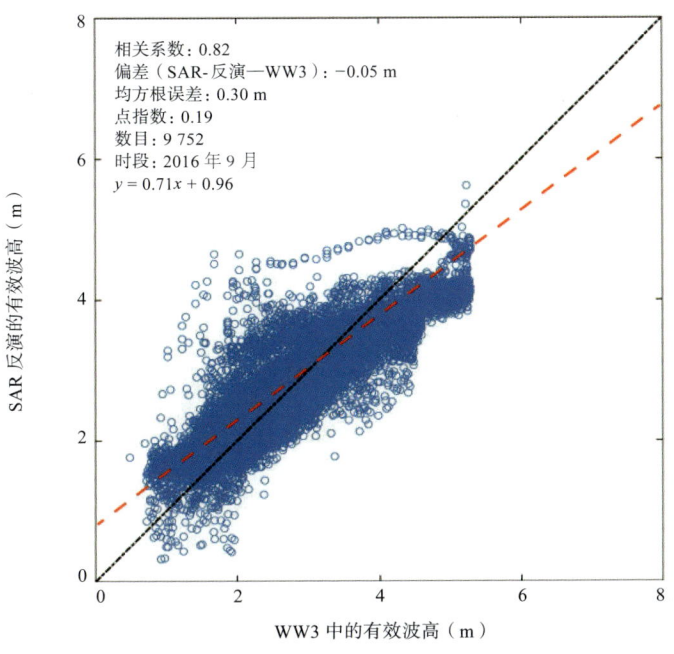

图 8-40　SAR 反演的 H_s（取自图 8-11 的验证集）和 WW3 模拟结果对比

红虚线表示线性回归方程统计结果，黑实线为参考线

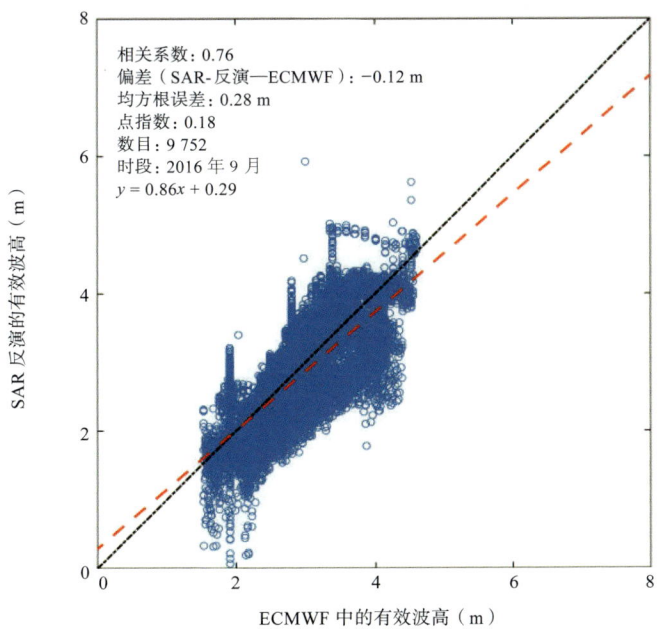

图 8-41　SAR 反演的 H_s（取自图 8-11 的验证集）和 ECMWF 中的对比

红虚线表示线性回归方程统计结果，黑实线为参考线

像时间与 ECMWF 数据的时间差在 2 小时内。由于使用 WW3 模拟的 H_s 来调整和验证所提出的算法，这也解释了图 8-13 中 COR（COR=0.82）优于图 8-14（COR=0.76）。当与浮标或高度计（Schulz-Stellenfleth et al., 2005；Li, et al., 2011；Wang et al., 2012）在低到中等海域的测量结果进行对比时，H_s 的散射指数（SI）为 0.18，接近 C 波段 SAR 图像反演 H_s 时的 SI（≈0.2）。然而，在台风和飓风条件下，仍需通过更多图像和实测数据（如锚系浮标和高度计等）对所提出的算法进行验证。

有必要说明的是，这里使用的大多数 S-1 SAR 图像都位于美国周围的沿海水域。设计的算法在公海的适用性有待进一步研究，例如西太平洋、印度洋和大西洋。因为沿海水域和公海之间的波浪特性是不同的。例如，近岸水域中可能存在由水深变化引起的波浪反射、衍射和破碎等。

8.5　本章小结

在过去的几十年中，人们致力于利用 C 波段 SAR 进行高分辨率风场反演（Mouche et al., 2015；Monaldo et al., 2016）。尽管已经开发出若干种 C 波段同极化 GMF 算法来进行风场反演，但由于信号饱和问题，无法适用于热带气旋条件下。同时，强风中的信号饱和也是其他微波波段进行风场反演的常见问题。交叉极化 GMF 在某种程度上可以解决该问题，但也包含其自身的局限性。一般而言，同极化信号具有很高的信噪比，然而交叉极化的信噪比较低，因此在低风至中等风速条件下，同极化 GMF 算法适用性优于交叉极化的 GMF 算法。然而在强风速条件下，由于信号饱和，同极化 GMF 无效，而交叉极化信号不仅远高于噪声（Zhang et al., 2017b），而且随着风速的增加而增强。最新研究成果表明，交叉极化 R-2SAR 的 NRCS 与风速具有很强的线性关系，且饱和边界达到 55 m/s（Hwang et al., 2015b）。Huang 等（2017）的研究表明，交叉极化 S-1 SAR 也可用于风速监测。由于 Radarsat-2 和 S-1 SAR 都是同极化，因此在低风到中等风速条件下的同极化数据可用于风场反演。

在 C 波段 SAR 台风风速反演算法中，基于飓风内波浪参数的有限特征，利用扫描雷达高度计测量热带气旋内的风浪三要素（U_{10}，H_s 和 T_p），建立了从波高或波浪周期反演风场的参数化方程（Wright et al., 2001）。迄今为止，在不使用 U_{10} 进行基于理论模型或经验算法的情况下获得准确的 H_s 仍然是一个巨大的挑战，并且很多学者在这方面做了大量的工作。另一方面，Romeiser 等（2015）提出了一种在飓风中直接从 C 波段 SAR 图像谱中获得主波波长的方法，从中可计算出 T_p。将 T_p 反演技术应用于 12 个 C 波段 SAR 风场反演中，使用波浪增长函数进行风速反演。对 3 幅 S-1 SAR 图像和 3 幅 SAR 反演的 SFMR 风速结果进行对比，结果表明，在气旋中心左、后侧分别存在 1.7 m/s 和 2.9 m/s 的 RMSE。然而，在气旋中心的背面，RMSE 为 3.9 m/s，这与 SHEW 模式反演风速结果是一致的，该方法适用于 R-2 图像。其他验证结果显示，气旋中心左侧 RMSE 为 2.4 m/s，右侧为 2.6 m/s。其偏差较大是由于风浪和涌浪混合造成的，而风浪能量则通过气旋中心后侧的涌浪所影响。在传统的 C 波段风场反演算法应用中，亦没有出现信号饱和问题的迹象。

VH 极化 GF-3 SAR 的台风风速经验反演算法研究了 VH 极化 GF-3 SAR 的 NRCS 对风速和雷达入射角的依赖性，并对经验风场反演算法进行了调整。2017 年夏季台风期间，在中国海收集到 7 幅 VH 极化的 GF-3 SAR 图像，已被处理为 L-1B 产品，由于仪器噪声的存在，不同特征光束边缘附近仍存在不连续性。在这些图像中，有 3 幅图像与 GRAPES-TYM 风场相匹配。GRAPES-TYM 在 2013 年西北太平洋和南海的台风模拟中具有良好的适用性（Zhang et al., 2017）。分析结果表明，NRCS 随风速线性增加，且不会在风速高达 40 m/s 后出现信号饱和问题。然而，VH 极化 GF-3 SAR 的 NRCS 与雷达入射角的线性关系并不是很明显，这可能是由每个雷达波束具有不同的仪器噪声引起的。因此，基于最近的强风反演 C 波段交叉极化 R-2 SAR（Vachon et al., 2011）和 S-1 SAR（Huang et al., 2017）的成果，通过匹配数据集调整了一种经验算法，用于在台风中 VH 极化 GF-3 SAR 的风速反演，并考虑了风速和雷达入射角。提出的经验算法被应用于另外 4 幅台风 SAR 图像。将 SAR 反演的风与 0.25° 空间分辨率的 WindSAT 风速进行验证，比较显示风速 RMSE 约为 5.5 m/s；同时也与 GRAPES-TYM 风速进行比较，风速的 RMSE 为 5.1 m/s。尽管使用传统的 GMF 方法，VH 极化 GF-3 SAR 的风速反演精度已较高，但是本经验算法能在没有风向信息的情况下进行反演，且在强风条件下不会遇到信号饱和问题。有必要说明的是，所提出的算法仅适用于风速大于 10 m/s 且子图像均匀的情况，因为 SAR 成像会受到台风噪声和降雨弱特征的影响。

因此，此算法是一种很有前途的技术，可以用于台风期间从 C 波段 VH 极化 GF-3 SAR 图像中进行风速反演。随着 GF-3 卫星的运行，将捕获到更多极端天气下的 GF-3 SAR 图像。特别地，可以研究在 GLO 和 WSW 模式中获得的 VH 极化 GF-3 SAR 的 NRCS 与仪器噪声之间的依赖性。未来，将进一步调整经验算法，以提高从 VH 极化台风 GF-3 SAR 图像中反演风场的准确性。

在 VV 极化 GF-3 SAR 的台风浪经验反演算法的研究中采用了 5 幅在 4 次台风期间具有明显台风眼的 GF-3 SAR 图像。采用 WW3 模式模拟台风中的波浪，对比高度计 Jason-2 的测量数据，验证显示 H_s 的 STD 小于 0.5 m。从这些图像中提取的具有 20

km×20 km 空间覆盖的若干个子图像（来自 0.1° 空间分辨率 WW3 模型的并置）。通过数据集，我们研究 H_s 与三个 SAR 相关参数（风速、NRCS 和 cvar）之间的关系，其入射角范围 10°～50°，以 10° 为间隔。有趣的是，发现 H_s 与 NRCS 和 cvar 呈线性相关，这与 Romeiser 等（2015）提出的结论一致。因此，我们调整了两种用于台风波浪反演的经验算法，得到相对独立的经验函数，该算法不依赖于 SAR 频谱，且可以在没有任何信息的情况下应用。使用含 NRCS 项的算法和 WW3 模型模拟结果，两者 H_s 的 COR 为 0.5；而对于含 cvar 项的算法，COR 为 0.4。该算法的尝试开发为从 GLO 和 WSC 模式 GF-3 SAR 图像（扫描覆盖范围超 400km）中获取台风波浪提供了可能。利用 SAR 实测的 NRCS 是发展台风波浪反演算法的一种有前途的解决方案，具有一定的应用价值。在 Shao 等（2017）的研究案例中，Sandy 飓风条件下从 X 波段 SAR 图像上获得海浪反演，已经证明了 NRCS 替换反演风速的 XWAVE 算法的效果（Elfouhaily et al.，1997；Bruck，2015）。在今后的工作中，可以发展更精确的算法，并通过更多的双极化 GF-3 SAR 台风图像（尤其是极端海况下）进行验证。

改进的 CWAVE 台风浪经验反演算法是一种经验算法，用于从极端天气条件下采集的 S-1 双极化 SAR 图像中反演 H_s。该算法是基于 CWAVE 经验模型函数，综合频谱的特征，即方位截断波长和海面频谱峰值波长和方向，均匀性特征（cvar）以及 VV 极化、VH 极化 NRCS 的基础上建立的。首先，针对 SAR 反演参数与 WW3 模拟 H_s 之间的关系进行相关性分析，以验证基于 SAR 的参数对 WW3 模拟 H_s 的相关性。其次，进入调整阶段，旨在使用在极端天气下收集的 S-1 匹配数据集来调整 CWAVE 函数的经验系数。最后，使用 WW3 模拟和 ECMWF 实时 H_s 数据进行验证。显示反演算法的有效性，当我们使用 WW3 和 ECMWF 数据，其 RMSE 和 SI 分别为 0.3 m、0.19 和 0.28 m、0.18。结果表明，尽管该经验算法依赖于高质量的 SAR 图像谱，但能在极端天气条件下从 S-1 SAR 图像中反演 H_s。我们计划在不久的将来进一步调整和实施该算法，以适用于 Radarsat-2 SAR 和 GF-3 SAR 影像。

参考文献

AARNES O J, et al., 2015. Marine wind and wave height trends at different ERA-Interim forecast ranges[J]. J. Clim, 28: 819−837.

ALPERS W R, BRUENING C, 1986. On the relative importance of motion-related contributions to the SAR imaging mechanism of ocean surface waves[J]. Geoscience & Remote Sensing IEEE Transactions on, GE-24(6): 873−885.

ALPERS W R, ROSS D B, RUFENACH C L, 1981. On the detectability of ocean surface waves by real and synthetic aperture radar[J]. Journal of Geophysical Research Oceans, 86(C7): 6481−6498.

BADULIN S I, et al., 2005. Self-similarity of wind-driven seas, Nonlinear Process[J. Geophys., 2(6): 891−946.

BADULIN S I, et al., 2007. Weakly turbulent laws of wind-wave growth[J], J. Fluid Mech., 591(591): 339−378.

BELMONTE M, STOFFELEN A, ZADELHOFF G, 2013. The benefit of HH and VV polarizations in retrieving extreme wind speeds for an ASCAT-Type scatterometer[J]. IEEE Trans. Geosci. Remote Sens., 52: 4273−4280.

BI F, et al., 2015. Evaluation of the simulation capability of the Wavewatch III model for Pacific Ocean wave[J]. Acta Oceanol. Sin., 34: 43−57.

BLACK P G, et al., 2007. Air-sea exchange in hurricanes: synthesis of observations from the coupled boundary layer air-sea transfer experiment[J]. Bulletin of the American Meteorological Society, 88(3): 357−374.

BRUCK M, 2015. Sea state measurements using the XWAVE algorithm[J]. Int. J. Remote Sens., 36: 3890−3912.

COLLARD F, ARDHUIN F, CHAPRON B, 2005. Extraction of coastal ocean wave fields from SAR images[J]. IEEE J. Ocean. Eng., 30: 526−533.

DONELAN M A, HAMILTON J, HUI W H, 1985. Directional spectra of wind-generated waves[J]. Phil.trans.r.soc.london Ser.a, 315(1534): 509−562.

ELFOUHAILY T, et al., 1997. A unified directional spectrum for long and shortwind-driven waves[J]. J. Geophys. Res., 102: 15781−15796.

FERNANDEZ D E, et al., 2006. Dual-polarized C- and Ku-band ocean backscatter response to hurricane-force winds[J]. Journal of Geophysical Research, 111(C8): C08013.

FOIS F, et al., 2015. Future ocean scatterometry: On the use of cross-polarscattering to observe very high winds[J]. IEEE Trans. Geosci. Remote Sens., 53: 5009−5020.

FRIEDMAN K, LI X, 2000. Storm patterns over the ocean with wide swath SAR[J]. J. Hopkins APL Tech. D, 21(1): 80−85.

GRIECO G, et al., 2016. Dependency of the Sentinel-1 azimuth wavelength cut-off on significant wave height and wind speed[J]. Int. J. Remote Sens, 37: 5086−5104.

HASSELMANN K, et al., 1973. Measurements of wind-wave growth and swell decay during the Joint North Sea Wave Project (JONSWAP)[J]. Ergänzungsheft, 12: 8−12.

HASSELMANN K, et al., 1985. Theory of synthetic aperture radar ocean imaging: a MARSEN view[J]. Journal of Geophysical Research: Oceans, 90(C3): 4659−4686.

HASSELMANN K, HASSELMANN S, 1991. On the nonlinear mapping of an ocean wave spectrum into a synthetic aperture radar image spectrum[J]. J. Geophys. Res., 96: 10713−10729.

HASSELMANN S, BRUNING C, HASSELMANN K, 1996. An improved algorithm for the retrieval of ocean wave spectra from synthetic aperture radar image spectra[J]. J. Geophys. Res., 101: 6615−6629.

HERSBACH H, 2010. Comparison of C-band scatterometer CMOD5.N equivalent neutral winds with ECMWF[J]. Journal of Atmospheric and Oceanic Technology, 27(4): 721−736.

HERSBACH H, STOFFELEN A, HAAN S D, 2007. An improved C-band scatterometer ocean geophysical model function: CMOD5[J]. J. Geophys. Res., 112: 225−237.

HOLTHUIJSEN L H, POWELL M D, PIETRZAK J D, 2012. Wind and waves in extreme hurricanes[J]. Journal of Geophysical Research Oceans, 117(C9): C09003.

HU K, CHEN Q, 2011. Directional spectra of hurricane-generated waves in the Gulf of Mexico[J]. Geophysical Research Letters, 38(19): 570−583.

HUANG L Q, et al., 2017. Technical evaluation of Sentinel-1 IW mode cross-pol radarbackscattering from the ocean surface in moderate wind condition[J]. Remote Sens., 9: 854.

HWANG P, et al., 2010a. Comparison of composite Bragg theory and quad-polarization radar backscatter from Radarsat-2: With applications to wave breaking and high wind retrieval[J]. J. Geophys. Res., 115: 246−255.

HWANG P, et al., 2015. Cross polarization geophysical modelfunction for C-band radar backscattering from the ocean surface and wind speed retrieval[J]. J. Geophys. Res., 120: 893−909.

HWANG P, ZHANG B, PERRIE W, 2010b. Depolarized radar return for breaking wave measurement and hurricane wind retrieval[J]. Geophys. Res. Lett., 37: 70−75.

HWANG P A, 2006. Duration-and fetch-limited growth functions of wind - generated waves parameterized with three different scaling wind velocities[J]. Journal of Geophysical Research Oceans, 111(C2): C02005.

HWANG P A, et al., 2011. Observations of wind wave development in mixed seas and unsteady wind forcing*[J]. Journal of Physical Oceanography, 41(12): 2343−2362.

HWANG P A, 2015a. Fetch- and Duration-Limited Nature of Surface Wave Growth inside Tropical Cyclones: With Applications to Air-Sea Exchange and Remote Sensing[J]. Journal of Physical

Oceanography, in press(1): 41-56.

HWANG P A, F FOIS, 2015b. Surface roughness and breaking wave properties retrieved from polarimetric microwave radar backscattering[J]. J. Geophys. Res. Oceans, 120: 3640-3657.

HWANG P A, LI X, ZHANG B, 2017. Retrieving Hurricane Wind Speed From Dominant Wave Parameters[J]. IEEE Journal of Selected Topics in Applied Earth Observations & Remote Sensing, PP(99): 1-10.

HWANG P A, WANG D W, 2004. Field Measurements of Duration-Limited Growth of Wind-Generated Ocean Surface Waves at Young Stage of Development[J]. Journal of Physical Oceanography, 34(10): 2316-2326.

JANSSEN P, HANSEN B, BIDLOT J R, 1997. Verification of the ECMWF wave forecasting system against buoy and altimeter data[J]. Weather Forecast, 12: 763-784.

JI Q, et al., 2017. A promising method of cyclone wave retrieval from Gaofen-3 synthetic aperture radar image in VV-polarization[J]. Sensors, 18: 2064.

JIN S H, et al., 2017. A salient region detection and pattern matching-based algorithm for center detection of a partially covered tropical cyclone in a SAR image[J]. IEEE Transactions on Geoscience & Remote Sensing, 55(1): 280-291.

LEE I K, et al., 2016. Extracting hurricane eye morphology from spaceborne SAR images using morphological analysis[J]. ISPRS Journal of Photogrammetry and Remote Sensing, 117: 115-125.

LI X, et al., 2002. Observation of hurricane-generated ocean swell refraction at the Gulf Stream north wall with the RADARSAT-1 synthetic aperture radar[J]. IEEE Transactions on Geoscience & Remote Sensing, 40(10): 2131-2142.

LI X, et al., 2013. Tropical Cyclone Morphology from Spaceborne Synthetic Aperture Radar[J]. Bulletin of the American Meteorological Society, 94(2): 215-230.

LI X F, 2015. The first Sentinel-1 SAR image of a typhoon[J]. Acta Oceanol. Sin., 34: 1-2.

LI X M, LEHNER S, BRUNS T, 2011. Ocean wave integral parameter measurements using envisat ASAR wave mode data[J]. IEEE Transactions on Geoscience and Remote Sensing, 49(1): 155-174.

LIN B, et al., 2017. Development and validation of an ocean waveretrieval algorithm for VV-polarization Sentinel-1 SAR data[J]. Acta Oceanol. Sin., 36: 95-101.

LIN C, et al., 2012. EPS-SG wind scatterometer concept tradeoffs and wind retrieval performance assessment[J]. IEEE Trans. Geosci. Remote Sens., 50: 2458-2472.

LIU G H, et al., 2013. A systematic comparison of the effect of polarization ratio models on sea surface wind retrieval from C-band synthetic aperture radar[J]. IEEE Journal of Selected Topics in Applied Earth Observations & Remote Sensing, 6(3): 1100-1108.

LIU Q X, et al., 2016. Wind and wave climate in the Arctic ocean as observed by altimeters[J]. J. Clim., 29: 7957−7975.

LIU Q X, et al., 2017. Numerical simulations of ocean surfacewaves under hurricane conditions: Assessment of existing model performance[J]. Ocean Model, 118: 73−93.

MASTENBROEK C, DE VALK C F, 2000. A semiparametric algorithm to retrieve ocean wave spectra from synthetic aperture radar[J]. Journal of Geophysical Research, 105(C2): 3497−3516.

MEISSNER T, WENTZ F J, 2012. The emissivity of the ocean surface between 6 and 90 GHz over a large range of wind speeds and earth incidence angles[J]. IEEE Trans. Geosci. Remote Sens., 50: 3004−3026.

MEISSNER T, F J WENTZ, L RICCIARDULLI, 2014. The emission and scattering of L-band microwave radiation from rough ocean surfaces and wind speed measurements from the Aquarius sensor[J]. J. Geophys. Res. Oceans, 119: 6499−6522.

MOUCHE A, CHAPRON B, 2015. Global C-Band Envisat, Radarsat-2 and Sentinel-1 SAR measurements in copolarization and cross-polarization[J]. Journal of Geophysical Research: Oceans, 120(11): 7195−7207.

PLANT William J, 2009. The Ocean Wave Height Variance Spectrum: Wavenumber Peak versus Frequency Peak[J]. Journal of Physical Oceanography, 39(9): 2382−2383.

PUGLIESE E, DENTALE F, REALE F, 2007. Reconstruction of SAR wave image effects through pseudo randomsimulation[J]. In Proceedings of the Envisat Symposium, 613.

QUILFEN Y, et al., 1998. Observation of tropical cyclones by high-resolution scatterometry[J]. Journal of Geophysical Research Oceans, 103(C4): 7767−7786.

REN L, et al., 2015. Significant wave height estimation using azimuth cutoff of C-band RADARSAT-2 single-polarization SAR images[J]. Acta Oceanol. Sin., 34: 93−101.

REPPUCCI A, et al., 2010. Tropical cyclone intensity estimated from Wide-Swath SAR images[J]. IEEE Trans. Geosci. Remote Sens., 48: 1639−1649.

ROMEISER R, et al., 2015. A new approach to ocean wave parameter estimates from C-band ScanSAR images[J]. IEEE Transactions on Geoscience and Remote Sensing, 53(3): 1320−1345.

SCHULZ-STELLENFLETH J, LEHNER S, HOJA D, 2005. A parametric scheme for the retrieval of two-dimensional oceanwave spectra from synthetic aperture radar look cross spectra[J]. J. Geophys. Res., 110: 297−314.

SCHULZ-STELLENFLETH J, KONIG T, LEHNER S, 2007. An empirical approach for the retrieval of integral ocean waveparameters from synthetic aperture radar data[J]. J. Geophys. Res, , 112: 1−14.

SHAO W Z, LI X F, SUN J, 2015. Ocean wave parameters retrieval from TerraSAR-X images validated against buoymeasurements and model results[J]. Remote Sens, 7: 12815−12828.

SHAO W Z, et al., 2016. Ocean wave parameters retrieval from Sentinel-1 SAR imagery[J]. Remote Sensing, 8(9): 707.

SHAO W Z, et al., 2017a. An empirical algorithm for wave retrieval from co-polarization X-band SAR imagery[J]. Remote Sens., 9: 711.

SHAO W Z, et al., 2017b. Bridging the gap between cyclone wind and wave by C-band SAR measurements[J]. J. Geophys. Res., 122: 6714−6724.

SHAO W Z, et al., 2018a. Analysis of wave distribution simulated by WAVEWATCH-Ⅲ model in typhoons passing Beibu Gulf, China[J]. Atmosphere, 9: 265.

SHAO W Z, et al., 2018b. Development of wind speed retrieval fromcross-polarization Chinese Gaofen-3 synthetic aperture radar in typhoons[J]. Sensors, 18: 412.

SHAO W Z, SHEN Y X, SUN J, 2017c. Preliminary assessment of wind and wave retrieval from Chinese Gaofen-3 SAR imagery[J]. Sensors, 17: 1705.

SHEN H, et al., 2014. Wind speed retrieval from VH dual-polarization Radarsat-2 SAR images[J]. IEEE Trans. Geosci. Remote Sens., 52: 5820−5826.

SHEN H, PERRIE W, HE Y J, 2016. Evaluation of hurricane wind speed retrieval from cross-dual-pol SAR[J]. Int. J. Remote Sens., 37: 599−614.

SHENG Y X, et al., 2018. Validation of significant wave height retrieval from co-polarization Chinese Gaofen-3 SAR imagery[J]. Acta Oceanol. Sin., 37: 1−10.

STOFFELEN A, ANDERSON D, 1997. Scatterometer data interpretation estimation and validation of the CMOD4[J]. J. Geophys. Res., 102: 5767−5780.

STOPA J E, et al., 2016. Estimating wave orbital velocities through the azimuth cut-off from space borne satellites[J]. J. Geophys. Res., 120: 7616−7634.

STOPA J E, CHEUNG K F, 2014. Intercomparison of wind and wave data from the ECMWF reanalysis interim and the NECP climate forecast system reanalysis[J]. Ocean Model, 75: 65−83.

SUN J, GUAN C L, 2006. Parameterized first-guess spectrum method for retrieving directional spectrum ofswell-dominated waves and huge waves from SAR images[J]. Chin. J. Oceanol. Limnol., 24: 12−20.

VACHON P W, WOLFE J, 2011. C-band cross-polarization wind speed retrieval[J]. IEEE Geosci. Remote Sens. Lett., 3: 456−459.

VAN ZADELHOFF G J, et al., 2014. Retrieving hurricane wind speeds using cross-polarization C-band measurements[J]. Atmospheric Measurement Techniques, 7(2): 437−449.

VORONOVICH A, ZAVOROTNY V, 2014. Full-polarization modeling of monostatic and bistatic radar scattering from a rough sea surface[J]. IEEE Trans. Antennas Propag., 62: 1362−1371.

WANG H, ZHU J, YANG J S, 2012. A semi-empirical algorithm for SAR wave height retrieval and its validation using Envisat ASAR wave mode data[J]. Acta Oceanol. Sin., 31: 59−66.

WRIGHT C W, et al., 2001. Garcia .Hurricane directional wave spectrum spatial variation in the open ocean at landfall[J]. Phys. Oceanogr., 31(8): 2750−2752.

YANG X F, et al., 2010. Comparison of ocean-surface winds retrievedfrom QuikSCAT scatterometer and Radarsat-1 SAR in offshore waters of the U.S. west coast[J]. IEEE Geosci.Remote Sens. Lett., 8: 163−167.

YANG X F, et al., 2011. Comparison of ocean surface winds from Envisat ASAR, MetopASCAT scatterometer, buoy Measurements, and NOGAPS model[J]. IEEE Trans. Geosci. Remote Sens., 49: 4743−4750.

YOUNG I R, 1998. Observations of the spectra of hurricane generated waves[J]. Ocean Engineering, 25(25): 261−276.

YOUNG I R, 2006. Directional spectra of hurricane wind waves[J]. Journal of Geophysical Research Oceans, 111(C8): C08020.

YOUNG I R, VLEDDER G P V, 1993. A review of the central role of nonlinear interactions in wind-wave evolution[J]. Philosophical Transactions of the Royal Society A: Mathematical, Physical and Engineering Sciences, 342(1666): 505−524.

ZADELHOFF G J, et al., 2014. Retrieving hurricane windspeeds using cross polarization C-band measurements[J]. Atmos. Meas. Tech., 7: 437−449.

ZAKHAROV V E, et al., 2015. Universality of sea wave growth and its physical roots[J]. Journal of Fluid Mechanics, 780: 503−535.

ZHANG B, et al., 2012a. Ocean vector winds retrieval from C-band fully polarimetric SAR Measurements[J]. IEEE Transactions on Geoscience and Remote Sensing, 50(11): 4252−4261.

ZHANG B, et al., 2014a. High-resolution hurricane vector winds fromC-band dual-polarization SAR observations[J]. J. Atmos. Ocean. Technol., 31: 272−286.

ZHANG B, et al., 2015. Synergistic measurements of ocean winds and waves from SAR[J]. Journal of Geophysical Research: Oceans, 120(9): 6164−6184.

ZHANG B, PERRIE W, 2012b. Cross-polarized synthetic aperture radar: A new potential technique for hurricanes[J]. B. Am. Meteorol. Soc., 93: 531−541.

ZHANG B, PERRIE W, 2014b. Recent progress on high wind-speed retrieval from multi-polarization SAR imagery: A review[J]. Int. J. Remote Sens., 35: 4031−4045.

ZHANG G S, et al., 2017a. A hurricane wind speed retrieval modelfor C-band RADARSAT-2 cross-polarization ScanSAR images[J]. IEEE Trans. Geosci. Remote Sens., 55: 4766−4774.

ZHANG G S, et al., 2017b. A hurricane morphology and sea surface wind vector estimation model based on C-band cross-polarization SAR imagery[J]. IEEE Transactions on Geoscience and Remote Sensing, 55(3): 1743−1751.

ZHANG J, et al., 2017. The improvements of GRAPES_TYM and its performance in northwest

Pacific Ocean and South China Sea in 2013[J]. J. Trop. Meteorol., 33: 64−73.

ZHENG G, et al., 2016. Comparison of typhoon centers from SAR and IR images and those from best track data sets[J]. IEEE Transactions on Geoscience & Remote Sensing, 54(2): 1000−1012.

ZHENG K W, et al., 2016. Analysis of the global swell and wind-sea energy distribution using WAVEWATCH III[J]. Adv. Meteorol., 8419580.

ZHOU X, et al., 2013. Stimation of tropical cyclone parameters and wind fields from SAR images[J]. Sci. China Earth Sci., 56: 1977−1987.

ZIEGER S, et al., 2015. Observation-based source terms in the third-generationwave model WAVEWATCH[J]. Ocean Model, 96: 2−25.